W0049472

BusinessVillage

DAS NEUE
EMPFEHLUNGS
MARKETING

Durch Mundpropaganda und Weiterempfehlungen neue Kunden gewinnen

BusinessVillage

Anne M. Schüller
Das neue Empfehlungsmarketing
Durch Mundpropaganda und Weiterempfehlungen neue Kunden gewinnen
2. Auflage 2015
© BusinessVillage GmbH, Göttingen

Bestellnummern
ISBN 978-3-86980-312-8 (Druckausgabe)
ISBN 978-3-86980-313-5 (E-Book, PDF)

Direktbezug www.BusinessVillage.de/bl/975

Bezugs- und Verlagsanschrift
BusinessVillage GmbH
Reinhäuser Landstraße 22
37083 Göttingen
Telefon: +49 (0)5 51 20 99-1 00
Fax: +49 (0)5 51 20 99-1 05
E-Mail: info@businessvillage.de
Web: www.businessvillage.de

Layout und Satz
Sabine Kempke

Illustration auf dem Umschlag
pay404, www.istockphoto.de

Druck und Bindung
Westermann Druck Zwickau GmbH

Inhalt

Über die Autorin

 Anne M. Schüller ist Diplom-Betriebswirt, Keynote-Speaker, Businesscoach und mehrfach preisgekrönte Bestsellerautorin. Sie gilt als Europas führende Expertin für Touchpoint-Management, Loyalitäts- und Empfehlungsmarketing. Managementbuch.de zählt sie zu den wichtigen Managementdenkern.

Sie hat zwölf Managementbücher geschrieben, drei Hörbucheditionen veröffentlicht und den *Leitfaden WOM* mitherausgegeben. Wenn es um das Thema Kunde geht, zählt sie zu den meistzitierten Experten.

Über zwanzig Jahre lang hatte sie Führungspositionen in Vertrieb und Marketing verschiedener internationaler Dienstleistungsunternehmen inne und dabei mehrere Auszeichnungen erhalten. Zu ihrem Kundenkreis als Beraterin, Trainerin und Speaker zählt die Elite der deutschen, österreichischen und schweizerischen Wirtschaft.

Sie ist Gastdozentin an der Bayerischen Akademie für Werbung und Marketing (BAW) sowie am Management Center Innsbruck (MCI). Ihr Touchpoint-Institut bildet zertifizierte Touchpoint-Manager aus und vergibt Lizenzen.

Kontakt:
www.anneschueller.de, www.touchpoint-management.de und
www.empfehlungsmarketing.cc

1.
Einblick: Die neue Empfehlungsgesellschaft

Die gute alte Mundpropaganda, die seit jeher die Geschicke der Menschen begleitet, erlebt gerade einen mächtigen Wandel. Wir leben in einer neuen Empfehlungszeit. Digitale Lagerfeuer ergänzen die klassischen Orte fürs Weiterempfehlen. Via Handy-Recherche ist es nun möglich, von überall her und rund um die Uhr an einen benötigten Ratschlag heranzukommen. Webportale, soziale Netzwerke und mobile Apps sind zu einer wahren Spielwiese für innovative Formen des Empfehlungsmarketings geworden. Doch das Weiterempfehlen ist vor allem Offline zu Hause – und wichtiger als jemals zuvor. Gerade in informationsüberfluteten Zeiten wie diesen kann das Zu- und Abraten Dritter für kluge Entscheidungen sorgen – und das eigene Leben damit auch ein wenig vollkommener machen. Denn Empfehlungen trennen das Gute vom Schlechten.

Wir sind die Nachfahren solcher Menschen, die den wohlmeinenden Hinweisen ihres sozialen Umfelds folgten, wenn ihr eigenes Wissen nicht reichte. Und mehr als jemals zuvor leihen wir unser Ohr vor allem denen, die uns nahe stehen, die glaubwürdig sind und ihre wertvollen Erfahrungen freigiebig teilen: verlässlichen Empfehlern. Zu 80 Prozent vertrauen wir dem, wozu unser persönliches Umfeld uns rät, und folgen solchen Hinweisen gern. Und zu 64 Prozent bauen wir auf das, was die Menschen auf Onlineplattformen erzählen. Doch höchstens noch zu 45 Prozent glauben wir den Werbeformaten der Anbieter im Markt, wie eine Nielsen-Studie aus 2013 ergab.

Die Unternehmenskommunikation hat sich in einen gigantischen Vertrauensverlust hineinmanövriert. Zu oft sind wir belogen und betrogen worden. Dieser Makel der Werbung, die uns zudem ungefragt überfällt, hat Zweifel gesät und Misstrauen geerntet. Solche Umstände bringen vor allem die konsumfreudigen Digital Natives, also die nach 1980 geborenen und im Internetzeitalter aufgewachsenen Menschen dazu, klassische Werbeformate weitestgehend zu verschmähen, diese mithilfe von Adblockern zu unterdrücken und stattdessen auf die Empfehlungen Dritter zu bauen. Marken-Stalking, also die aggressive Aufdringlichkeit eines Unternehmens und seiner Marken, ist out. Kaufbestimmend ist in erster Linie, was das eigene Netzwerk empfiehlt.

Alles, was die Anbieter sagen, kann heute live und vor Ort auf den Wahrheitsgehalt überprüft und blitzschnell mit den Erfahrungen anderer abgeglichen werden. Jeder Kunde ist heute ein potenzieller Pressesprecher. Das Reh hat nun die Flinte in der Hand. Umsätze steigen nicht länger proportional zum Werbedruck, sondern mit der Qualität von Mundpropaganda und Weiterempfehlungen. Diese stehen immer öfter am Anfang eines Entscheidungsprozesses und am Ende eines Kundenerlebnisses. Sie gelten als Kaufauslöser Nummer eins. Die Konsumenten sind die neuen Vermarkter: agile Markenbotschafter, lautstarke Meinungsmacher, machtvolle Berater, tatkräftige Verhaltensbeeinflusser, effiziente Vorverkäufer. Wertvolle Mundpropaganda und aktive Weiterempfehlungen sind die beste Lebensversicherung für ein Unternehmen.

1.1 Die Bedeutung des Empfehlungsmarketings wächst und wächst

Ein gut gemachtes Empfehlungsmarketing ist der Zukunftsweg zu neuen Kunden. Und dies aus drei Gründen:

1. Vertrauensbonus: Wer in Marketing und Vertrieb, Service und Kommunikation mit Empfehlungen und Referenzen agiert, lobt nicht länger sich selbst, sondern wird von seinen Kunden gelobt. Als Empfehler agierende Kunden haben einen Vertrauensbonus. Sie machen neugierig und verbreiten Kauflaune. Sie wirken glaubhaft und neutral. Denn Empfehlungen basieren auf Erfahrungswissen. Und sie sind für den Empfänger relevant. Hierdurch verringern sich Kaufwiderstände erheblich – und das Ja-sagen fällt leicht.

2. Datenschutz: Im Zuge der fortschreitenden Digitalisierung werden sich die Verbraucherschutzgesetze weiter verschärfen. Gleichzeitig steigen die technologischen Möglichkeiten, sich vor unerwünschter Werbung zu schützen. So wird es für Unternehmen immer schwieriger, Interessenten kalt anzusprechen. Eine unpassende Kontaktaufnahme kann heute nicht nur zu Fehlinvestitionen und rechtlichen Konsequenzen, sondern auch zu schwerwiegenden Reputationsschäden führen. Ein Empfehler hingegen schafft nicht nur Wärme, sondern auch ein perfektes Entrée.

3. Komplexitätsreduktion: Verlässliche Empfehlungen geben uns Orientierung im Dschungel der Möglichkeiten. Sie erlösen uns aus Entscheidungskonflikten. Sie verringern das Risiko einer fatalen Fehlentscheidung. Sie ersparen uns Zeit und reduzieren Enttäuschungsgefahr. Und sie schaffen Sicherheit in einer zunehmend komplexen Welt. So helfen sie uns, die Spreu vom Weizen zu trennen. Sie sorgen also für etwas, das unser Gehirn besonders goutiert: die Weitergabe von Informationspaketen, die sich bewährt haben. Außerdem mag unser Oberstübchen Brain-Convenience und Peace of Mind, also Einfachheit, Klarheit, Ruhe und Frieden. Genau deshalb folgen wir wohlmeinenden Empfehlern oft nahezu blind.

Aus diesen und vielen weiteren Gründen, die wir sogleich vertiefen, wird das Empfehlungsmarketing in professioneller Form immer beliebter. Als ich vor über zehn Jahren mein erstes Buch zum Thema geschrieben habe, erkannten bereits viele Unternehmen, dass Empfehlungen zu wichtig sind, um sie allein dem Vertrieb zu überlassen. Heute und in Zukunft wird ein gezielt entwickeltes Empfehlungsmarketing für immer mehr Anbieter der ganz große Renner. Es kommt immer öfter an die erste Stelle im Marketingplan. Und die Empfehlungsrate wird zur wichtigsten Kennzahl. Sie ist gleichzeitig Ausgangspunkt und Ziel eines neuen, planmäßigen Strebens, in welchem sich Unternehmen über Abteilungsgrenzen hinweg neu auf den Kunden ausrichten.

1.2 Die Empfehlungsgesellschaft und das neue Businessmantra

Die Social Media machen aus uns allen Geschichtenerzähler und Weiterempfehler. Und ob das den Unternehmen nun gefällt oder nicht: Was immer sie heute tun, im Internet spricht es sich wie ein Lauffeuer herum. Vernebeln, vertuschen und Marketinglügen sind in diesem Szenario ein Auslaufmodell. Selbst kleinste Fehler werden einem um die Ohren gehauen. Und minderwertige Angebote werden vom Kunden gnadenlos aussortiert. Wer unbeschadet davonkommen will, tut gut daran, eine Top-Performance zu bieten, moralisch sauber zu sein und in einen offenen, ehrlichen Dialog zu treten. Denn im Social Web gibt es keine Geheimnisse mehr. Onlinenetzwerke verstärken immer, was in sie eingespeist wird. Und sie intensivieren die Persönlichkeit eines Unternehmens – im Guten wie im Bösen.

Übrigens hat das, was die Menschen über einen Anbieter sagen, sogar in den Suchmaschinen Vorrang vor dem, was die Unternehmen selbst über sich sagen. Denn Suchmaschinen-Algorithmen bevorzugen People-Buzz – und bringen ihn ganz weit nach vorn auf die Trefferlisten. Immer öfter ist das Suchfeld von Google und Co. auch der Startpunkt für eine potenzielle Kundenbeziehung – und nicht selten zugleich das Ende.

Sei wirklich gut, und bring die Menschen dazu, dies engagiert weiterzutragen.

So lautet das Mantra in einer Empfehlungsgesellschaft. Exzellenz und Multiplikation sind die wesentlichen Zutaten dafür. Viel Zeit bleibt auch nicht. Denn wer heute nicht empfehlenswert ist, ist morgen nicht mehr kaufenswert – und übermorgen tot.

1.3 Man muss empfehlenswert sein, um empfohlen zu werden

Empfehlungen sind die ehrlichste Form der Werbung. Aber nur heraus-ragende Leistungen erhalten gute Mundpropaganda. Deshalb gilt: Nur wer empfehlenswert ist, wird auch weiterempfohlen. Dafür muss die Basis stimmen. Und diese liegt weit jenseits der Nulllinie von Mittelmaß und Zufriedenheit. Mundpropaganda- und Empfehlungsmarketing kommen erst in der Begeisterungszone in Gang. Sie brauchen verlässliche Fans, Ideen-funken und Sternenstaub.

Doch Empfehlungen fallen nicht vom Himmel. Selbst enthusiastische Kunden denken nicht zwangsläufig und vollautomatisch daran, sich mit großartiger Mundpropaganda zu bedanken. Wer heute aktives Empfeh-lungsmarketing betreibt, wartet nicht in aller Bescheidenheit darauf, rein zufällig entdeckt zu werden. Er vertraut auch nicht allein auf sein exzel-lentes Angebot, sondern treibt den Empfehlungsprozess aktiv und syste-matisch voran. Neues Empfehlungsmarketing bedeutet, dass aus zufälligen Empfehlungsgesprächen absichtliche werden. Das Schaffen und Gestalten von Empfehlungsgründen und -wegen wird zur Daueraufgabe des gesamten Unternehmens.

Die unterschiedlichen Formen der Mundpropaganda, die im Folgenden be-schrieben werden, können Ihre Vertriebs- und Marketingaktivitäten kräf-tig unterstützen, Sie vor Preisattacken bewahren, die heute wie zukünftig mühsame Neukundengewinnung maßgeblich erleichtern und eine Menge Werbekosten sparen. Dies ist die alles entscheidende Frage:

Wie mache ich meine Kunden und Kontakte zu Top-Verkäufern meiner Angebote und Services?

Eine Fülle von Antworten auf diese Frage erwartet Sie sehnlichst in diesem Buch.

Kein Zweifel schon jetzt: Aktive Empfehler sind die wahren Treiber einer positiven Unternehmensentwicklung. Denn das Weiterempfehlen bringt nicht nur gutes Neugeschäft, es stärkt auch die Loyalität. So konnte nachgewiesen werden, dass sich Kunden nach Abgabe einer Empfehlung dem Unternehmen in stärkerem Maße verbunden fühlen. Ebenso hat sich gezeigt, dass das Aussprechen einer Empfehlung eine positive Wirkung auf die eigene Wiederkaufabsicht hat.

Die, die ein Unternehmen mit Inbrunst und Leidenschaft weiterempfehlen, werden dieses also kaum mehr verlassen. So kommt man schließlich zu Kunden mit quasi eingebauter Bleibe-Garantie. Demnach ist es in Zeiten abnehmender Kundenloyalität sogar dreifach sinnvoll, sein Empfehlungsmarketing gezielt zu entwickeln: Es sorgt

- für vermehrten Bestandskundenumsatz,
- für eine höhere Kundentreue und
- für kostenfreie Neukundengewinnung.

Na dann, legen wir los! Ich heiße Sie herzlich willkommen zur intelligentesten und gleichzeitig auch ertragsstärksten Wertschöpfungsstrategie aller Zeiten.

2.
Ihr größter Schatz:
Aktive positive Empfehler

Wer ist Ihr bester Verkäufer? Er ist nicht im Vertrieb angestellt. Er ist kein freier Mitarbeiter oder Handelsvertreter. Er arbeitet auch nicht als Vermittler. Ihr bester Verkäufer heißt: Empfehler, aktiver positiver Empfehler. Er sagt anderen Menschen, dass sie mit Ihnen zusammenarbeiten oder bei Ihnen kaufen sollen. Solche Empfehler sind wirksamer als jeder Starverkäufer – und kosten keinen Cent auf Ihrer Gehaltsliste. Sie sind ungebunden, uneigennützig, unwiderstehlich. Doch meist bleiben sie unerkannt und unbelohnt. Wie oft hat man sich zum Beispiel bei Ihnen schon einmal für eine Weiterempfehlung ausdrücklich und mit einer besonderen Geste bedankt? Viele Unternehmen haben jede Menge kostenlose Verkäufer im Markt, doch keiner kümmert sich um sie. Das war in der Vergangenheit vielleicht noch zu verschmerzen, doch heute, in Zeiten, wo Kunden immer mehr mit Kunden reden, wird dies schnell bedenklich. Denn: Die beste Werbung ist die, die der Kunde für Sie macht.

»Willst du, dass man Gutes von dir sagt, so sage es nicht selbst«, schreibt Blaise Pascal, ein französischer Philosoph aus dem 17. Jahrhundert. Wer würde da widersprechen? Empfehlungen führen schneller und sicherer zum Abschluss als die ausgefeilteste Argumentationskette eines Spitzenverkäufers. Denn der Empfehler hat einen Vertrauensbonus. Er macht neugierig und verbreitet Kauflaune. Sein guter Rat wirkt glaubwürdig und neutral. Hierdurch verringern sich Kaufwiderstände erheblich. »Die Sache muss ja gut sein, wenn's mein bester Freund und guter Geschäftspartner empfiehlt. Der würde sich nie etwas andrehen lassen«, sagt Ihr Interessent. »Von dem weiß ich, dass er besonders kritisch ist und alles sorgfältig prüft. Auf seine Hinweise kann ich mich wirklich verlassen. Wenn er dieser Firma vertraut, dann tu ich das auch.«

Eine wohlwollende Empfehlung ist jeder Unternehmenswerbung überlegen. Denn empfohlenes Geschäft ist quasi schon vorverkauft. Dies führt bei dem, der die Empfehlung erhält, zu einer positiveren Wahrnehmung, zu einer höheren Gesprächsbereitschaft und zu zügigen Entscheidungen. Die Preissensibilität ist geringer, die Käufe sind hochwertiger und eine Bindung entwickelt sich rasch. Dies alles sorgt auch schnell für ein neues Empfehlungsgeschäft. Denn wer empfohlen wurde, spricht, wenn die Erfahrung damit eine gute war, selbst gern Empfehlungen aus. So kommt am Ende eine Empfehlungsspirale in Gang, die sich immer weiter nach oben dreht.

Übrigens gibt es aktive und passive Empfehler. Passive Empfehler warten, bis sie gefragt werden. Aktive Empfehler hingegen ergreifen von sich aus die Initiative. Und sie erzielen hohe Trefferquoten. Denn ohne Streuverluste sprechen sie ganz genau die Personen in ihrem Umfeld an, die sich für eine Sache auch tatsächlich interessieren. Aktive Empfehler sind oft anspruchsvolle Kunden mit hoher Durchsetzungskraft. Sie reden gerne darüber, wofür sie ihr Geld ausgeben. Sie sind Vorreiter und kennen die neuesten Trends. Sie sind Experten auf ihrem Gebiet. Und sie genießen einen guten Ruf. Von daher wird ihr Rat besonders geschätzt. Sie sprechen allerdings eine Empfehlung erst dann aus, wenn sie sich ihrer Sache absolut sicher sind. Denn mit jeder Empfehlung steht immer auch die eigene Reputation auf dem Spiel.

Aktive positive Empfehlungen sind also das wertvollste Geschenk, das ein Unternehmen von seinen Kunden bekommen kann. Im neuen Empfehlungsmarketing müssen das Marketing und die komplette Vertriebsmannschaft lernen, gezielt ihre Kunden als Kommunikatoren des eigenen Produkts wahrzunehmen und sie so mit einbinden, dass diese begeistert Empfehlungen aussprechen. Solchermaßen infizierte Kunden können selbst dann, wenn jemand Böses erzählt, zu vehementen Verteidigern werden. »Da haben die sicher einen schlechten Tag erwischt«, heißt es in diesem Fall. »Bei mir hat immer alles prima geklappt. Ich kann Ihnen dieses Unternehmen wirklich wärmstens empfehlen.«

2.1 Empfehlungsmarketing schlägt klassisches Marketing

»Neue Produkte haben nur dann eine Chance, sich auf dem Markt durchzusetzen, wenn sie so bemerkenswert sind, dass die Verbraucher selbst Werbung dafür machen«, sagt Seth Godin, der Vater des Permission-Marketings in seinem Buch *Purple Cow*. Das tun Konsumenten aber nur dann, wenn sie von einer Sache begeistert sind. Oder dann, wenn etwas sie emotional so intensiv berührt wie das Bauchkribbeln bei einer neuen Liebe. Oder dann, wenn etwas so außergewöhnlich war, dass der Drang unwiderstehlich wird, dies so schnell wie möglich weiter zu tragen. Anbieter müssen also dem

Inwieweit vertrauen Sie folgenden Werbeformen?

Deutschland   ▨ absolut ▨ durchaus ■ nicht sehr ■ absolut nicht

	absolut	durchaus	nicht sehr	absolut nicht
Empfehlungen von Bekannten		32	48	13 / 6
Online-Konsumentenbewertung	10	54	26	11
Redaktionelle Inhalte, z. B. Zeitungsartikel	6	51	33	9
Markenwebsites	4	43	40	12
Anzeigen in Zeitungen	4	41	41	14
Werbespots im Radio	5	39	42	14
Werbespots im Fernsehen	4	36	45	15
Produktplatzierungen im Fernsehprogramm	3	37	42	18
Werbung vor Filmen	4	35	44	16
Anzeigen in Zeitschriften	3	36	44	17
Marken-Sponsoring	2	36	47	15
Plakate/sonstige Außenwerbung	2	32	48	17
Abonnierte E-Mail-Newsletter	3	28	44	24
Werbung in Ergebnissen von Suchmaschinen	3	27	49	21
Anzeigen in Sozialen Netzwerken	2	26	48	24
Online-Werbespots	2	25	51	22
Online-Werbebanner	1	22	51	26
Werbung auf mobilen Endgeräten	2	19	50	29
Werbe-SMS	1	17	49	33

Abbildung 1: Nielsen-Studie zum Thema Verbraucher-Vertrauen – Ergebnisse für Deutschland; Erhebung 17. Februar bis 8. März 2013 (Quelle: Nielsen Globel Survey).

Markt wirklich gute Gründe geben, um ins Gespräch zu kommen – und nicht ins Gerede.

Alle zwei Jahre ermittelt das internationale Marktforschungsinstitut Nielsen das Vertrauen der Konsumenten in die verschiedensten Werbeformen. Und sowohl in Deutschland, Österreich und der Schweiz als auch weltweit: An oberster Stelle stehen die Empfehler aus dem persönlichen Umfeld. An zweiter Stelle stehen die Onlineempfehler. Und erst mit deutlichem Abstand folgt dann die Anbieter-Werbung. Diese Zahlen sind allerdings weder neu noch wirklich überraschend. Schon zur Jahrtausendwende klagten immer mehr Werbetreibende über nachlassende Wirksamkeit ihrer Werbeanstrengungen, und Verbraucher begannen, sich über ein Übermaß an Werbung zu beschweren. Mit der zunehmenden Popularität des Internets und später der Social Media hat sich diese Entwicklung dann noch verschärft.

Auch ohne ein solches Schaubild ist klar: Die Grenzen der klassischen Werbung (TV, Radio, Print, Plakat) sind längst erreicht. Zwar wird der Werbedruck ständig erhöht, doch die Wirkung sinkt dramatisch. Wir Verbraucher sind immer schwieriger zu packen. Bei Fernsehspots zappen wir kurzerhand weg. Für Anzeigen bleibt keine Zeit. Mailings landen ungelesen im Müll. Werbung im Web verbannen wir mithilfe von Blockern, damit sie uns nicht mehr belästigen kann. Gegenüber den meisten Werbeformen, egal ob klassisch oder digital, sind wir inzwischen immun: Wir schauen nicht mehr hin, wir hören nicht mehr zu. Wir schalten ab – oder um. Die ständigen Unternehmensskandale zerstören unseren letzten Rest an Vertrauen. Wir glauben nicht länger der blumigen Prosa in Hochglanzbroschüren, dem Sirenengesang der Verkäufergeschwader und dem Werbegedudel von Radio Gong. Wir fühlen uns gestört, wir sind angeödet und lassen uns nicht länger täuschen. Druckverkauf und werblicher Dauerregen sind ungewollt – und von daher nicht länger erwünscht. Zack! Peng! Bumm! Schon bald werden sich Marken wohl darauf einstellen müssen, dass sie höchstens noch angefragt werden, selbst aber niemanden mehr belästigen dürfen. Nur das, was den Konsumenten passt, kommt dann noch durch.

Was tun, wenn Werbedruck nicht hilft?

Sog ist stärker als Druck. Deshalb schlägt das Empfehlungsmarketing die klassische Werbung. Der alte Weg, die herkömmliche Neukundenakquise, ist bei durchweg gleichartigen Angeboten und in gesättigten Märkten äußerst beschwerlich. Erstnutzer werden immer seltener. Und die Kunden der Mitbewerber gewinnt man fast nur noch über den Preis. Doch aggressive Preisstrategien erzeugen – genauso wie hektische Erweiterungen des Produktportfolios und die fieberhafte Marktanteilsaufstockung durch Übernahmen – meist nur kurzfristiges Wachstum und schlechte Gewinne.

Während schlechte Gewinne auf Kosten der Kunden gemacht werden, werden gute Gewinne mit deren Hilfe gemacht. Gute Gewinne entstehen vor allem dann, wenn »großartige Unternehmen das Leben der Menschen, die mit ihnen in Berührung kommen, bereichern und Beziehungen aufbauen, die echte Loyalität verdienen«, sagt der Loyalitätsexperte Fred Reichheld. Ganz genau! Vielerorts werden Kunden ja noch immer als Melkkühe (Cash Cows) gesehen und genauso behandelt. Doch Wir-hoffen-mal-dass-sie-es-nicht-merken-Strategien funktionieren nicht mehr. Niemand lässt sich noch länger für blöd verkaufen. Selbst dort, wo die Kunden nicht durchschauen, wie sie über den Tisch gezogen werden, wird es bald düster. Denn die Mitarbeiter wissen das nur zu gut. Und irgendeiner wird es nach draußen tragen. Erarbeiten Sie also besser zusammen mit Ihren Leuten, wie sich an allen Touchpoints, den Interaktionspunkten zwischen Anbieter und Kunde, kundenfeindliche Praktiken aufdecken und abschaffen lassen.

Haben Unternehmen dieses Ziel erst erreicht, dann sind Empfehlungen ganz gewiss. Und eine fundierte Empfehlung hat manchmal geradezu magische Anziehungskraft. Gut gestreut und in das richtige Umfeld gebracht, löst sie Wellen weiterer Empfehlungen aus. So sind Empfehlungen auch die neuen Konsumtreiber. Denn Empfehlungen machen uns das Leben leicht. Sie sind wie Leuchtfeuer im unendlichen Meer der Möglichkeiten. Sie haben mit Vertrauen, mit Freude am Teilen und auch mit sozialem Handeln zu tun. Das Empfehlungsmarketing folgt demnach einem Weg, der mit emotionaler Power agiert, und bei dem zwischenmenschliche Beziehungen eine entscheidende Rolle spielen. Dieser Weg wird dem technokratisch-unterkühlten, emotionsbereinigten Managementdenken, bei dem es vornehmlich um Sachliches und Fachliches, um Instrumente und Tools, um Strukturen, Prozesse, Regeln und Normen geht, in jeder Hinsicht überlegen sein. Starre Vorschriften, anonyme Systeme, lähmende Hierarchien sind wie ein Käfig. Darin erstarren Mitarbeiter – und Kunden werden ganz still. Empfehlungen dagegen sind wie Singvögel. Sie flattern durch die Welt und erzählen was Schönes. Und wir hören ganz gebannt zu.

2.2 Empfehlungen sind die neue Werbung

Das Neukundengewinnen ist leicht, wenn man viele Empfehler hat. Gerade in turbulenten Zeiten leihen wir unser Ohr vor allem denen, die uns nahe stehen, denen wir wirklich vertrauen, die ihre praktischen Erfahrungen wohlwollend mit uns teilen: verlässlichen Empfehlern. Sie werden zunehmend wieder genau die Rolle spielen, die sie, seit die Menschen Handel treiben, immer schon hatten: Botschafter, Fürsprecher, Mittler und Vorverkäufer. Und das Schöne daran: Mit ihnen können wir uns heute über viele Kanäle austauschen – und zwar rasend schnell. Mobile Endgeräte und der Überall-Zugang zum Internet sorgen dafür, dass wir uns Informationen genau dann beschaffen, wenn wir sie brauchen – und nicht, wenn sie uns ungefragt vorgesetzt werden.

Wir lassen uns nichts mehr reindrücken, schon gar nicht durch Briefkastenterror, Spam in der Mailbox und nervige Banner im Web. Was uns nicht passt, klicken wir weg. Doch was uns fesselt, da verweilen wir. Und was uns gefällt, das leiten wir sofort an unsere Netzwerke weiter. Social Networks verändern das Konsumentenverhalten total. Virtuelle Marktplätze laden zum Liken, Kommentieren und Teilen geradezu ein. Und das Austauschen von Empfehlungen spielt dabei eine entscheidende Rolle.

Mundpropaganda und Weiterempfehlungen sind imposante Ausdrucksmittel von Verbrauchermacht. Das beste Werkzeug, um diese Macht zu manifestieren? Eben das Internet. Wo was am billigsten ist, was man unbedingt haben muss und wovon man besser die Finger lässt verbreitet sich im Netz rasend schnell. Wer etwas zu sagen hat, stellt dies ins Web. Daran Interessierte geben die gefundenen Erkenntnisse bei Gefallen gleich weiter. So wirken Meinungsäußerungen in Beziehungsnetzen stärker auf Image und Umsatz eines Unternehmens ein als alle teuer erkauften Werbesequenzen zusammen.

Dummerweise brüllen viele Firmen ihre Botschaften noch immer per Megafon in den Markt. Dabei müssten sie längst ein Stethoskop benutzen, um die leisen Wünsche der Kunden mitzubekommen. Hinhören statt zuquatschen, fragen statt sagen, beobachten, sich einfühlen, auf Augenhöhe sein, so agiert, wer die Zukunft erreichen will. Denn nicht, worauf die Unternehmen so stolz sind, sondern einzig und allein, was die Kunden über deren Produkte und Angebote, Services und Marken, kurz über deren Performance sagen, was auf der Straße hinter vorgehaltener Hand geredet oder in den Medien an die große Glocke gehängt wird, entscheidet über das Wohl und Wehe am Markt.

Besser also, die Unternehmen ermutigen ihre Kunden, sie in den höchsten Tönen zu loben. Dieses Vorgehen beeinflusst inzwischen das gesamte Marketing: Es entwickelt sich immer mehr zum Mitmach-Marketing. Hierbei werden die Konsumenten verstärkt in alle Stufen des Wertschöpfungsprozesses involviert – und so zu kreativen Mitgestaltern ihrer Marke. Dies sorgt nicht nur für einen Kick im Kopf, sondern vor allem für einen Kick im Herzen. Die Chancen stehen gut, dass solchermaßen emotional eingebundene Kunden sich begeistert als aktive Empfehler betätigen – kostenlos, aus eigenem Antrieb und gern.

»Statt Kunden müssen Fans gewonnen werden, die die Markenbotschaft leben und weitertragen. Dazu ist Werbung nicht das richtige Mittel«, sagt Hubertus Bessau, Geschäftsführer des Senkrechtstarters mymuesli, einem Anbieter von individuell zusammenstellbaren Müsli-Mischungen, den es erst seit wenigen Jahren gibt, und der vor allem online erfolgreich gegen Giganten wie Kellogs und Nestlé antritt. Die Blogging-Szene machte ihn bekannt – und dann sprang der Hype auf die Presse über. Selbst namhafte TV-Sender und große Printtitel wurden zu Fans. Sie berichteten ausführlich – und immer wieder. So wurde aus einem Drei-Mann-Studentenbetrieb eine höchst erfolgreiche Marke.

2.3 Am Anfang und am Ende einer Kauferfahrung: eine Empfehlung

Die Sache mit dem Hörensagen funktioniert bei Kleinstanbietern genauso wie bei Global Playern, bei Dienstleistern und Herstellern, im realen und im virtuellen Raum. Wer eine verlässliche Empfehlung erhält, kann die Versuch-und-Irrtum-Phase drastisch verkürzen – und Risiken minimieren. Ob der Schönheitschirurg, für den man sich gerade entschieden hat, wirklich ein Profi ist, merkt man ja leider erst hinterher. Und wer für dickes Geld einen Unternehmensberater beauftragt, weiß meist erst lange nachdem dieser die Firma wieder verlassen hat, ob seine Ratschläge wirklich was taugen.

Fundierte Empfehlungen sind also sehr nützlich. Und praktisch. Vor allem dann, wenn man sie sich im Internet blitzschnell beschaffen kann. So entstehen dort immer mehr Marktplätze, Foren, Meinungsplattformen und Frage-Antwort-Portale, auf denen die User ihre einschlägigen Erfahrungen einstellen, Bewertungen abgeben, vergleichen und Empfehlungen teilen. Bevor wir eine Anschaffung in Erwägung ziehen und uns hierzu an einen Anbieter wenden, informieren wir uns zunächst einmal dort. 73 Prozent aller Nutzer lesen vor einer Bestellung die Bewertungen anderer Kunden, und 35 Prozent geben selbst Bewertungen ab. [1] Auf diese Weise verliert so mancher schlechte Anbieter seine potenziellen Kunden bereits, bevor es überhaupt zu einem ersten Kontaktversuch kommt. Das schlimmste dabei: Er wird es niemals erfahren.

Im Rahmen einer Studie von Fittkau & Maaß gaben 55 Prozent der Befragten zu Protokoll, Nutzermeinungen und Produktbewertungen anderer habe sie von einem konkreten Kauf abgehalten, in 49 Prozent der Fälle haben sie zu einem konkreten Kauf geführt. Das bedeutet: Jede zweite Kaufvorentscheidung fällt heute im Web. Im B2B, also unter Geschäftskunden, dürfte diese Zahl sogar noch höher liegen, weil dort nahezu jeder Anschaffung eine ausführliche Onlinerecherche vorausgeht. Und diese beginnt zunehmend mobil. 2014 wurden erstmals mehr Suchanfragen vom Smartphone aus gestartet als von jedem anderen Gerät. Bei den 16- bis 18-Jährigen liegt diese Zahl schon bei 89 Prozent, sagt die Bitkom-Studie *Jung und vernetzt*. Suchmaschinen, die von ihnen ausgewählten Treffer und die dort zu findenden O-Töne Dritter spielen also heute eine entscheidende Rolle. Google nennt sie die Zero Moments of Truth (ZMOT). Nutzergenerierte Mundpropaganda wird dabei auch als Earned Media bezeichnet, weil die Anbieter sich diese durch gute Arbeit verdient haben.

Aus all dem folgt: Der klassische Kaufkreislauf (Buying Cycle) muss umgeschrieben, neu gewichtet und vor allem auch erweitert werden. In vielen Organisationen steht das Kundenjagen ja nach wie vor an erster Stelle. Ein Kunde wird nur umgarnt, solange er ein Neukunde ist. Bestandskunden hingegen haben oft das Gefühl, nurmehr 2. Klasse zu sein. Im Vertrieb wird geklotzt, im Service nur gekleckert. Solche Strategien gibt es bei weitem nicht nur beim Zeitschriftenabo oder Handyvertrag, sondern in sehr vielen Branchen: Neukunden werden preislich bevorzugt. Sie bekommen Schnupperpreise, fette Prämien, kostenlose Testangebote. So werden der Konkurrenz die Kunden abgekauft. Doch während man vorne fleißig mit Baggern beschäftigt ist, laufen einem hinten die eigenen Kunden weg. Die haben nämlich bemerkt: Treue zahlt sich nicht aus.

Erzielte Verkaufsabschlüsse werden unternehmensseitig oft wie ein Endpunkt betrachtet, aus Sicht des Kunden aber sind sie ein Start: Der Beginn einer hoffentlich langen, wunderbaren Freundschaft, über die er oft und gerne spricht. Neue Kunden sind nur dann wertvoll, wenn man sie nicht auf Kosten seiner Bestandskunden gewinnt. Denn wer seine Bestandskunden vernachlässigt, wird keine Empfehlungen erhalten.

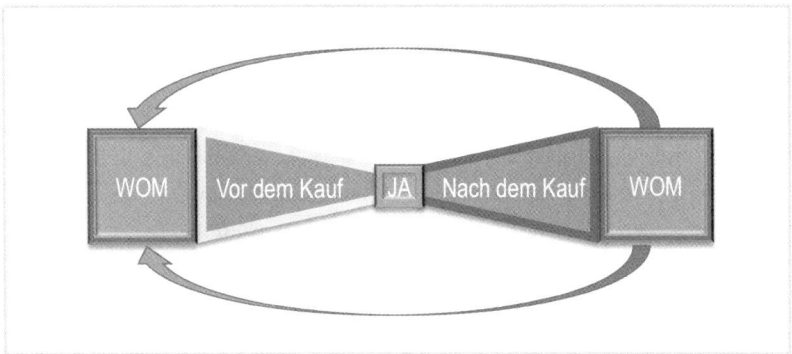

Abbildung 2: Der neue Kaufkreislauf: am Anfang und am Ende stehen Mundpropaganda und Weiterempfehlungen (WOM). Die Basis dafür wird im Produkterlebnis beziehungsweise im After-Sales-Service gelegt.

Insgesamt geht es also nicht länger nur darum, was unmittelbar vor, während und nach einer Kauftransaktion passiert, und wie ein Anbieter dies steuert. Heute spielt der Austausch zwischen den Konsumenten oft die entscheidende Rolle. Am Anfang und am Ende eines Kauferlebnisses stehen Mundpropaganda und Weiterempfehlung. Die beste Basis dafür? Sie heißt Kundenloyalität. Durch und durch loyale Immer-wieder-Kunden sind in aller Regel auch eingeschworene Fans. Und Fans sind Botschafter, Fürsprecher, Multiplikatoren.

Der Aufbau einer hohen Kundentreue ist also die Vorstufe zum Empfehlungsmarketing. Somit gilt es herauszufinden, welche Kunden sich besonders loyal verhalten und warum dies so ist. Statt weiter blind in Werbung zu investieren, beginnen fortschrittliche Unternehmen heute damit, sich in neuer Weise auf ihre Kunden einzulassen. Sie lernen, zunächst zuzuhören, was Kunden wünschen. Oder sie versuchen, via Datenanalyse verborgene Kundenwünsche aufzuspüren. Der Lohn solcher Bemühungen: mehr Empfehlungen und mehr bleibende Kunden.

Im Zuge dessen wird das internetbasierte Empfehlungsmarketing an Bedeutung gewinnen. Hier können per einfachem Mausklick über geografische und kulturelle Grenzen hinweg Tausende von Menschen schnell und kostengünstig auf ein empfehlenswertes Angebot aufmerksam gemacht werden. In den sozialen Netzwerken findet zudem die beste Echtzeit-Marktforschung aller Zeiten statt: demokratisch, unabhängig, unverblümt. Sie kann, gut und richtig genutzt, zu einem mächtigen Kommunikationsmittel in Sachen guter Ruf und Mundpropaganda werden.

2.4 Über positive und negative Empfehlungen

Für seine Freunde will man nur das Beste. Doch selbst dann, wenn ein Kunde tatsächlich mit Ihren Leistungen zufrieden ist, reicht das nicht. Zufrieden bedeutet befriedigend. Und das wiederum heißt: mittelmäßig, beliebig, austauschbar. Wer gerade mal zufrieden ist, wird für Sie nie und nimmer empfehlend aktiv. Mittelmaß wird noch nicht mal erinnert. Nur der, der uneingeschränkt begeistert ist, wird Sie in den höchsten Tönen loben. Die Krux dabei: Heute sind fast alle Produkte ziemlich gut, kaum ein Anbieter ist wirklich schlecht. Begeisterung braucht dann mehr als nur eine objektive Spitzenleistung. Entscheidend ist vielmehr, die Menschen emotional zu berühren. Denn wenn Menschen emotional berührt werden, suchen sie den Kontakt zu Mitmenschen und erzählen gern. Mit maximaler Überzeugungskraft und großer Leidenschaft werden sie Andere dazu ermuntern, nur noch bei Ihnen zu kaufen.

In den letzten zehn Jahren habe ich unzählige Unternehmen kennengelernt, die erfolgreiches Empfehlungsmarketing betreiben. Dabei konnte ich beobachten, dass Empfehlungen keine Budgetfrage sind. Es ist vor allem das wohltuende Verhalten von wollenden Mitarbeitern, die den Kunden spüren lassen, dass er wichtig ist, welches Mundpropaganda und Empfehlungsabsichten bewirkt. Alle teuren Werbe- und Kundenbindungsprogramme sind also zwecklos, solange es drinnen im Unternehmen nicht stimmt. Denn Servicemiseren entstehen durch Führungsmiseren.

Eine Hinwendung zum aktiven Gewinnen von Empfehlungen bedeutet oftmals zwangsläufig auch eine grundsätzliche Neuorientierung in Vertrieb und Verkauf. Wer mit einem Übermaß an Druck in den Markt hineinverkauft, wird im Empfehlungsgeschäft scheitern. Die superdominanten Helden des Hardselling, die mit machiavellischen Kriegslisten in den täglichen Kampf gegen den Kunden ziehen und an der Verkaufsfront Abschüsse machen, haben nun wirklich ausgedient. Wer Kunden erschreckt oder einschüchtert und ihnen etwas anzudrehen versucht, verzeichnet höchstens noch einen Soforterfolg, aber das war's dann auch schon. Von aufgeklärten Verbrauchern wird Druckverkauf längst als solcher entlarvt. Sie wenden sich angewidert ab und Besserem zu. Wer sich in die Enge getrieben oder übers Ohr gehauen fühlt, der wird sich früher oder später immer rächen, indem er anderen reichlich und gerne davon erzählt.

Denn natürlich gibt es nicht nur positive, sondern auch negative Empfehler. Und mit Kunden kann man es sich auf vielfache Weise verderben. Wer wegen nicht eingehaltener Werbeversprechen frustriert ist, wer sich inkompetent beraten oder übervorteilt fühlt, wer eine schlechte Qualität oder einen miserablen Service erhalten hat, wer nicht beachtet und respektlos behandelt oder auf eine andere Weise enttäuscht wurde, wird sich garantiert rächen: mit massenhaft schlechter Mundpropaganda. »Um Gottes willen! Kaufen Sie bloß nicht bei ...!«, heißt es dann. Und sogleich folgt eine dramatische Schilderung dessen, was man dort alles erlebt hat. So wollen wir selbst Dampf ablassen – und andere vor Schaden bewahren.

Hierbei kann ein einziger Kunde dafür sorgen, dass in seinem Umfeld wirklich niemand mehr bei Ihnen kauft. Und über das Web kann er das der ganzen Welt erzählen. Gerade Negativberichte verbreiten sich im Netz rasend schnell. Mit etwas Pech folgen die Medien und weiten das Ganze skandalträchtig aus. Shitstorm nennt man das dann. Der ihn begleitende Medienrummel kann zu massiven Verbraucherboykotten führen – und Firmen ruinieren. In Kapitel elf wird gezeigt, wie man sich davor schützt.

Oft tappen Unternehmen lange im Dunkeln, weil sie sich, ihr Image betreffend, falschen Illusionen hingeben. Oder weil sie zu selbstsicher sind. Oder weil sie blind und taub sind für die Unzufriedenheit ihrer Kunden. Wir alle kennen die lieblos-uninteressierte Frage des Kellners nach dem Essen, ob es uns geschmeckt hat. Und wie oft haben wir »Danke, gut« gesagt, obwohl wir uns schon längst entschlossen hatten, in dieses Restaurant nie wieder zu gehen und alle zu warnen, indem wir unseren Erfahrungsbericht dem Web anvertrauten. Die Besitzer von Restaurants und Hotels schauen da zunehmend hin, doch viele andere Unternehmer haben keinen blassen Schimmer, was sich so hinter ihrem Rücken bereits zusammenbraut.

Wenn Sie tatsächlich etwas über das Befinden und die Zufriedenheit Ihrer Kunden erfahren wollen, dann stellen Sie Fragen, die zu wertvollen Hinweisen führen. Und stimulieren Sie Reklamationen, damit die, die was auf dem Herzen haben, sich bei Ihnen beschweren – und nirgendwo sonst. Fragen, die sich zu diesem Zweck lohnen:

• Von all den Dingen, die Sie bei uns mögen, was gefällt Ihnen davon am besten?
• Wenn es eine Sache gibt, die wir schnellstmöglich ändern sollten, was wäre da das Wichtigste für Sie?
• Wie würde für Sie eine perfekte Leistung aussehen? Erzählen Sie mal!

Und nun hören Sie genau hin. Lesen Sie auch in den feinen Spuren der Gestik und Mimik. Unsere Körpersprache ist viel ehrlicher als das gesprochene Wort. Sie sagt uns eine Menge über die Begeisterung unserer Kunden. Sie verrät uns aber auch ihre kalte Gleichgültigkeit oder gar ihre wabernde Abscheu.

Und wenn der Befragte nun eine bitterböse Story auf Lager hat? Na, Gottseidank! Den Kunden muss es leicht gemacht werden, Reklamationen aussprechen zu können, damit sich ein etwaiger Schaden in Grenzen hält. Denn Reklamationen wandern heutzutage oft direkt ins Web. Fragen zur rechten Zeit, ein proaktives Beschwerdemanagement und im Ernstfall eine professionelle Reklamationsbearbeitung sind demnach weitere Bausteine auf dem Weg zum Empfehlungschampion.

Guter Service beginnt in Zukunft auch nicht erst dann, wenn ein enttäuschter Kunde von sich aus an das Unternehmen herantritt. Webaffine Kunden erwarten heute ganz selbstverständlich zumindest von den großen Marken, dass man ihren Gesprächen auf den Social-Media-Plattformen lauscht. So ist aus einer Bringschuld – der Kunde tritt mit einem Anliegen an einen Anbieter heran – heute eine Holschuld geworden. Mehr noch: Die ganze Welt kann nun beobachten und ist live dabei, wie ein Unternehmen mit den Anforderungen, Wünschen und Problemen der User hantiert.

Enttäuschte und Frustrierte machen dabei vor niemandem halt. Nur Ihre Fans geben Ihnen eine zweite Chance hinter verschlossener Tür. Auf der großen Bühne Internet hingegen sind Unternehmen hüllenlos, nackt. Wer aber nackt ist, der sollte besser fit aussehen. Im Kampf um die Marktanteile von morgen wird es verstärkt ja auch darum gehen, wer im öffentlichen Meinungsbild zu den Guten und wer zu den Bösen zählt. Unternehmen benehmen sich also besser ordentlich und behandeln ihre Kunden gut, denn im Web kommt es raus. Vorbildliches wird dort vergnüglich gefeiert und Gutes kräftig gelobt, Übles hingegen herbe bestraft. Früher geschah das im kleinen Kreis, doch heute kommt Fehlverhalten vor der ganzen Welt an

den Pranger. Man wird geteert, gefedert und gnadenlos vorgeführt. Und ob
das den Unternehmen nun gefällt oder nicht: Die Menschen machen rigoros
davon Gebrauch.

2.5 Empfehlungen sind kein Zufall: Mit Empfehlungsgebern richtig umgehen

»Wenn wir Glück haben, entsteht zusätzlich zu unserer Werbung auch ein
wenig Mundpropaganda«, höre ich so manchen Marketing- und Vertriebs-
leiter hoffnungsvoll sagen. Meine Botschaft für heute und die Zukunft
hingegen lautet: Empfehlungen sind kein Glücksfall, sondern die Ernte
zielgerichteter Arbeit. Die meisten gut besuchten Urlaubsorte bekommen
mehr Gäste durch Mundpropaganda als durch alle anderen Werbemaßnahmen zusammen – und das zu einem Bruchteil der Kosten. Gleiches gilt für
den aktuellen Kinohit, den kompetenten Rechtsanwalt, den angesagten
Friseur, den zuverlässigen Handwerker – und für viele andere auch.

Gerade für Freiberufler und KMU, die kleinen und mittelständischen Unternehmen, ist ein wirkungsvolles Empfehlungsmarketing unumgänglich.
Denn sie können sich die satten Werbekampagnen der Großen ganz einfach
nicht leisten. Doch auch die Großen entdecken mehr und mehr die Kosten
dämpfenden, Image steigernden und umsatzträchtigen Früchte des Empfehlungsmarketings. Und bei Unternehmen, die stark vom Einmal-Geschäft
leben, wie zum Beispiel Fertighaus-Hersteller, Immobilienmakler und Aus-
flugslokale, spielt die Stimulierung des Empfehlungsgeschäftes eine geradezu existenzielle Rolle. Ein rühriges Empfehlungsmarketing ersetzt hier
die besonders mühsame Neukundenakquise.

Doch wie wir schon wissen: Damit eine Leistung guten Gewissens weiterempfohlen werden kann, muss diese empfehlenswert sein. Wer fair berät,
Spitzenleistungen erbringt und mächtig begeistert, kommt sicher an die
vorderste Stelle. Denn mit einer exzellenten Empfehlung erzielt man Auf-

merksamkeit und Anerkennung, erntet Lob und Dank. Mit einem schlechten Rat dagegen riskiert man Spott und Tadel. Nun versetzen Sie sich einmal in die Lage eines Empfehlers. Dank Ihrer Spitzenleistung wird er zusätzliche Wertschätzung von Dritten erfahren. Das wird seine Loyalität weiter stärken. Versagen Sie dagegen, haben Sie vielleicht einen Feind fürs Leben.

Eine Empfehlung ist der beste Beweis, dass jemand vollends überzeugt und begeistert ist. Solche Kunden bringen uns bei anderen wohlwollend ins Gespräch, sie wecken Neugierde auf unsere Leistungen, sie wollen uns unterstützen und anderen Gutes tun. Das machen sie in selbstloser Absicht oder mit eigenen Interessen im Hintergrund. Dabei geht es aber in den meisten Fällen gar nicht um Geld, sondern eher um Ansehen, um Hilfsbereitschaft und andere gute zwischenmenschliche Gefühle. Auch wenn sich das nicht immer so pauschal sagen lässt: Männer nutzen Empfehlungen nicht selten dazu, Dominanz auszudrücken und damit ihren Status zu stärken. Und Frauen? Sie sichern über Empfehlungen soziale Bindungen und wollen entgegenkommend sein.

Jede Empfehlung ist darüber hinaus ein Vertrauensbeweis. Wer sein Empfehlungsgeschäft systematisch aufbauen will, sollte also Wert auf verlässliche Höchstleistungen legen. Sie müssen auf Ihrem Gebiet bekannt und anerkannt, also Experte und Spitzenleister sein. So kann sich der Empfehler mit Ihnen und seinem Know-how-Vorsprung schmücken – oder in seinem Umfeld viel Gutes tun. »Gib mir etwas, das mich gut aussehen lässt, womit ich mich profilieren kann, wofür ich Bewunderung oder Dankbarkeit von anderen bekomme. Das hat die Chance, von mir empfohlen zu werden.« So wird er denken, während Sie nach Empfehlungen fragen.

Spitzenunternehmen gewinnen übrigens rund 52 Prozent ihrer Kunden durch Weiterempfehlungen. Bei Durchschnittsunternehmen hingegen sind dies nur 17 Prozent. Das hat eine Studie des Marktforschungsinstituts Forum aus Mainz herausgefunden. Für einzelne Branchen können solche

Durchschnittswerte natürlich auch höher oder niedriger sein. Bekäme zum Beispiel mein Zahnarzt nur die Hälfte seiner Patienten durch Empfehlungen, würde ich mir einige Sorgen um ihn machen.

Eine Empfehlung ist auch ein Geschenk

Jede Empfehlung ist ein Geschenk: an den, der die Empfehlung erhält – und an das empfohlene Unternehmen. Geben Sie Ihrem Empfehler, wenn irgend möglich, also eine Rückmeldung darüber, was aus seiner Empfehlung geworden ist: unverzüglich und überschwänglich, vorzugsweise telefonisch oder besser noch persönlich. Wertschätzen Sie die Person, die Sie durch ihn kennen gelernt haben. Das kann sich in etwa so anhören: »Ich muss schon sagen, Sie kennen wirklich interessante/einflussreiche/angenehme Leute.« Und bedanken Sie sich. Hierzu können Sie den Empfehler beispielsweise zum Essen einladen, ihm einen Erlebnisgutschein senden, beim nächsten Kauf eine individuelle Überraschung bereithalten oder ihn im Onlineshop etwas aussuchen lassen.

Da, wo es passt: Legen Sie sich eine kleine Empfehler-Schublade mit Präsenten zur Auswahl an. Erstens können Sie die Kunden auf diese Art zu sich locken – und mit etwas Glück aus lauter Dankbarkeit weitere Empfehlungen oder sogar einen neuen Auftrag ergattern. Zweitens schätzen die Menschen es sehr, wenn sie wählen können. Zwangsbeglückung hingegen mögen wir nicht. Gehen Sie deshalb auch nie von Ihren eigenen Vorlieben aus. Versetzen Sie sich besser in die Lage des Kunden. So kann Ihre Danke-Aktion dann zum Volltreffer werden. Zu aufwendig das Ganze? Dann überlegen Sie mal, wie teuer und beschwerlich die kalte Neukundengewinnung ist.

Wenn Sie etwas versenden: Überlegen Sie, wie Sie gleichzeitig auch im Umfeld des Empfängers für Gesprächsstoff sorgen können, so dass Sie und Ihr Thema Wellen schlagen. Schicken Sie also zum Beispiel für einen Tipp, der zu einem größeren Auftrag führte, die XXL-Torte eines Nobelkonditors per Expressdienst an den Arbeitsplatz des Empfehlers. So kommen

Sie vollautomatisch bei all denen ins Gespräch, mit denen der Beschenkte die süße Bescherung dann teilt. Verschenken Sie hingegen eine Flasche Wein, so berührt das höchstens noch den, mit dem man diese zusammen verkostet.

Und schon gleich hier ein wichtiger Tipp: Legen Sie in Ihrer Kundendatenbank eine Extrarubrik für das Thema Empfehlungen an. Markieren Sie darin gut sichtbar jeden Kunden, den Sie durch eine Empfehlung gewonnen haben. Markieren Sie ebenfalls, wer Sie bereits wie oft empfohlen hat. Notieren Sie darüber hinaus das Geschenk, das dieser Empfehler dafür erhielt, und wie es ihm gefiel. Das System enthält aber nicht nur die Daten und Fakten, die zu den von Ihnen identifizierten Empfehlern gehören, sondern auch die so wichtigen emotionalen Details. Gerade das Wissen um kleine Schrullen, geliebte Hobbys und familiäre Besonderheiten kann für den entscheidenden Anknüpfungspunkt sorgen, aus dem sich neue Empfehlungsmöglichkeiten ergeben.

2.6 Wie Sie mit Empfehlungsempfängern richtig umgehen

Auch mit einem Empfehlungsempfänger muss man sorgfältig umgehen. Dazu ist zunächst herauszufinden, wen Sie aufgrund einer Empfehlung gewonnen haben. Wie das geht? Einfach fragen! Eruieren Sie außerdem, soweit möglich, den Namen des Empfehlers, und darüber hinaus, welche spezifischen Leistungen er empfohlen hat. Denn auf diese Leistungen wird der Empfänger einer Empfehlung besonders achten, deswegen ist er ja gekommen. Hier sind seine Erwartungen hoch. Eine Enttäuschung fiele nicht nur negativ auf Sie, sondern auch auf den Empfehler zurück. Und das wollen Sie nicht nur sich selbst, sondern vor allem auch Ihrem Empfehler ersparen.

- Wie haben Sie zuallererst von uns erfahren?
- Oder: Wie sind Sie ursprünglich auf uns aufmerksam geworden?
- Oder: Wo haben Sie zum ersten Mal von uns gehört?
- Oder: Wer oder was hat Sie bei Ihrer Entscheidung am stärksten beeinflusst?

Sofern eine Empfehlung im Spiel war, geht es dann weiter wie folgt:

- Das ist sehr interessant. Was hat der Empfehler über uns/unser Produkt/ unseren Service denn so gesagt?
- Und jetzt bin ich mal neugierig: Wer war das denn, der uns empfohlen hat?

Aus der Persönlichkeitsstruktur und dem Kaufverhalten eines Empfehlers lassen sich bereits erste Rückschlüsse auf die voraussichtlichen Wünsche und Bedürfnisse des Interessenten ableiten. Menschen umgeben sich bevorzugt mit Ihresgleichen, verbringen ihre Zeit mit Menschen, die ähnliche Interessen, Hobbys, Ansprüche und Erwartungen haben. Und Ihr Empfehler hätte Ihre Leistungen niemals empfohlen, würde er nicht davon ausgehen, dass sein guter Rat beim Empfänger auf Gegenliebe stößt. Also: Da niemand den Empfehlungsempfänger so gut kennt wie Ihr Kunde, kommen genau von ihm die wertvollsten Hinweise, welche Argumente zum Beispiel in einem Angebotsschreiben hervorgehoben werden können.

Auch das noch: Sollte der Empfehlungsempfänger mit einem schlechten Eindruck zum Empfehler zurückkehren, wird sich womöglich auch dessen Meinung zu Ihnen und Ihren Leistungen ändern. Da eine Empfehlung ja meist im direkten Umfeld ausgesprochen wird, stehen sich beide Parteien recht nahe. Der Empfehler wird sich also vermutlich auf die Seite des Enttäuschten schlagen und nun Ihre Leistungen aus einem neuen Blickwinkel betrachten. Und zwar aus einem negativen.

Wie lassen sich negative Empfehlungseffekte vermeiden?

Menschen empfehlen Leistungen, mit denen Sie besonders zufrieden sind. Wenn Sie also Ihr Augenmerk beim neuen Kunden auf die (Über-)Erfüllung der empfohlenen Handlungen legen, steuern Sie selbst, ob eine Weiterempfehlung die erste und letzte oder der Beginn einer ganzen Serie ist. Menschen reden gerne miteinander – und besonders gerne über andere Menschen. Es ist daher sehr wahrscheinlich, dass Ihr Empfehler eine Rückmeldung erhalten wird. Daher bietet es sich auch an, selbst den Kontakt zum Empfehler zu suchen. Sie sollten ihm, wie schon angeklungen, Ihre Freude darüber zeigen, dass Sie durch ihn einen neuen Kunden gewonnen haben. So bestätigen Sie ihn erstens in seinem Vertrauen zu Ihrer Leistung und zweitens in seinem Wirken. Die erfreuliche Folge: Er wird gerne weitere Empfehlungen aussprechen. Menschen verstärken nämlich Verhalten, für das sie Anerkennung bekommen. Denn das setzt Glückshormone frei, und die wirken wie eine Droge. Davon wollen wir mehr.

Indem Sie also sowohl mit Empfehlern als auch mit Empfehlungsempfängern gut und richtig umgehen, optimieren Sie zugleich Ihren Zielgruppenmix. Denn Unternehmer kennen eine Menge anderer Unternehmer. Man sieht sich auf Kongressen und Verbandstagungen oder kommt in ERFA-Gruppen (Erfahrungsaustauschgruppen) zusammen. Viele Branchenvertreter treffen sich auf ihren jeweiligen Fachmessen. Das Top-Management weilt in edlen Sommer-Camps oder honorigen Clubs. Und worüber redet man? Über die besten und die schlechtesten Dienstleister, Zulieferer, Partner ... Mit welchem Anbieter man welche Erfahrungen gemacht hat ... Was man unbedingt einmal ausprobieren muss ... Und wen man meiden sollte wie die Pest.

So ist zu determinieren, welche Zielgruppe Ihnen die liebste ist, und wer Ihnen den Weg dorthin ebnen kann. Weiter stellt sich die Frage, was Sie tun können, damit diese Leute Sie fachlich schätzen und darüber hinaus auch mögen. Denn nur wenn beides erfüllt ist, wird man Sie gerne weiterempfehlen. Wenn Sie sich also verstärkt in homogenen Geschäftskreisen bewegen, wird folglich Ihr Kunden-Mix mit zunehmender Dauer homogener. Hierdurch können Sie sich immer besser auf die besonderen Anforderungen Ihrer Kunden einstellen. Sie werden schließlich *der* Spezialist, *der* Experte in Ihrem Bereich und für Ihre Zielgruppe die Nummer eins. So lassen sich komfortable Marktnischen erobern. Oder anders gesagt: Wer sich spezialisiert, kann besonders gut das Empfehlungsmarketing nutzen.

2.7 Was ist alles Empfehlungsmarketing? Und was nicht?

Die Begriffe Mundpropaganda und Weiterempfehlung respektive Mundpropaganda- und Empfehlungsmarketing werden meist mehr oder weniger synonym verwendet. Doch dies ist für ein professionelles Vorgehen wenig hilfreich, denn es gibt Unterschiede. Diese haben einerseits mit der Intensität zu tun, mit der man über ein Unternehmen und seine Angebote spricht. Andererseits geht es um die Wirkungsstärke, mit der ein entsprechender Hinweis von Dritten angenommen wird. Und da schlägt eine Weiterempfehlung die Mundpropaganda oder neuere Erscheinungen wie Buzz- und Viralmarketing, denn sie beinhaltet einen kaufaktivierenden Handlungsappell: Kauf das! Ich kann es dir wärmstens empfehlen.

Durchforstet man die Literatur, so findet man alle möglichen Versuche, die zahlreichen Begriffe rund um das Thema Empfehlungsmarketing unter einen Hut zu bringen. Vertriebsorientierte Autoren haben eine besonders reduzierte Sichtweise auf das Empfehlungsmarketing. Sie verstehen darunter nur das Generieren von Empfehlungsadressen und ordnen das Empfehlungsmarketing gerne den Instrumenten der Vertriebssteuerung zu. Für die amerikanische Word of Mouth Marketing Association (WOMMA) ist (logischerweise) Word of Mouth, also WOM der Oberbegriff. Dieser entspricht dem deutschen Wort Mundpropaganda, ein Terminus, der für manche allerdings noch immer ein Geschmäckle hat. Bisweilen spricht man auch von Mund-zu-Mund- oder Mund-zu-Ohr-Propaganda. In der Onlinewelt hört man gelegentlich von Maus-zu-Maus-Propaganda, wobei dieser Begriff in Zeiten von Smartphones und Tablet-Computern wohl bald verschwindet.

Seit dem Einzug des Internets in das Marketing liest man auch viel über Advocating, Virals, eWOM und Buzz. »Während im Zentrum des Buzz-Marketings das Gespräch, im Zentrum des Advocating die positive Erfahrung und beim Fan-Marketing die begeisterte Person steht, dreht sich beim viralen Marketing alles um die epidemische Verbreitung«, erläutert der Onlineexperte Alexander Körner. Und eWOM steht für elektronische Mundpropaganda.

Viralmarketing ist vor allem im Cyberspace zu Hause. Laut Mark Leinemann, der sich selbst Mr. WOM nennt, geht es dabei um eine »digitale aufsehenerregende Werbebotschaft, die viral von Nutzern über das Web weiterverbreitet wird. Absender ist die Marke, der Inhalt ist stets markenbezogen inszeniert.« Eines der erfolgreichsten Beispiele dafür ist der Epic Split mit Jean-Claude van Damme auf zwei rückwärtsfahrenden Volvo-LKWs. Das Video hatte allein auf YouTube im ersten Jahr mehr als 75 Millionen Aufrufe.

Buzz-Marketing (to buzz = schwirren, summen, brummen) findet definitionsgemäß vor allem in der physischen Welt statt und umfasst Mark Leinemann zufolge eine »disruptive, provokante oder faszinierende Markeninszenierung mit dem Ziel, eine möglichst hohe Anzahl an Medienberichten zu erreichen.« Eines der imposantesten Beispiele dafür ist der Stratosphären-Sprung von Felix Baumgartner im Auftrag von Red Bull, der rund 50 Millionen Dollar gekostet und einen Mediagegenwert von über einer Milliarde Dollar erzeugt hat.

Hier kommen nun meine Definitionen zum Thema:

Empfehlungsmarketing: Eine Empfehlung impliziert über die reine Kommunikation hinaus einen Einfluss nehmenden Handlungshinweis, sei er positiver oder negativer Natur, dem in den meisten Fällen eine eigene Erfahrung vorausgeht. (Kann ich dir empfehlen! oder: Kauf das bloß nicht!) Dabei wird in aller Regel ein nicht kommerzielles Interesse des Empfehlers unterstellt. Dies macht ihn glaub- und vertrauenswürdig.

Empfehlungsmarketing will demzufolge mithilfe einer geeigneten Wahl der Mittel eine möglichst große Anzahl von positiven Empfehlungen stimulieren, um auf diese Weise Neukundengeschäft und dauerhaft steigende Umsätze zu generieren. Dies ist nicht nur die Sache einer bestimmten Abteilung wie etwa Sales und Marketing, sondern letztlich die Verpflichtung des gesamten Unternehmens. Insofern ist Empfehlungsmarketing eher langfristiger Natur und geht mehr in die Tiefe. Empfehlungsmarketing ist sowohl für B2C- als auch für B2B-Märkte gut geeignet, vor allem bei hochwertigen Produkten und im Dienstleistungsbereich.

Mundpropaganda-Marketing: Bei der Mundpropaganda geht es vorrangig um das mehr oder weniger meinungsbildende Gerede über ein Unternehmen und seine Angebote. (Ich hab da was gesehen? oder: Hast du das schon gehört?) Dies kann persönlich, telefonisch oder schriftlich sowohl verbal als auch bildlich in der realen und/oder virtuellen Welt geschehen.

Mundpropaganda-Marketing will demzufolge Aktivitäten auf solche Weise steuern, dass in den passenden Zielgruppen möglichst positiv über einen Anbieter respektive über seine Marken, Produkte und Services kommuniziert wird. Dies soll Aufmerksamkeit und Interesse wecken, den Bekanntheitsgrad, die Reputation und in der Folge auch die Abverkäufe steigern. Die Aktionen gehen mehr in die Breite, die zeitliche Ausrichtung ist eher kurzfristiger Natur. Mundpropaganda-Marketing ist insbesondere in den relativ schnell drehenden Consumer-Märkten (B2C) ein Mittel der Wahl.

Im weitesten Sinne lässt sich natürlich vieles mit Empfehlungsmarketing in Zusammenhang bringen. Wenn gut gemacht, kann jede Anzeige, jedes Plakat und jeder TV-Spot Mundpropaganda auslösen. Jedes Event, jedes gezielte Product Placement in Film und Fernsehen und natürlich auch jede Form von Sponsoring kann wie eine Empfehlung wirken. Celebrity-Marketing, wenn sich also Promis bezahlt für eine Sache engagieren, kann Anbieter und ihre Produkte von heute auf morgen ganz groß ins Gespräch bringen. Und wenn sie als Testimonial in Werbespots ein Produkt empfehlen, kann dies Verkäufe kräftig nach oben treiben. Auch das Multilevel-Marketing (MLM) und Strukturvertriebe mit ihren Pyramidensystemen werden manchmal dem Empfehlungsmarketing zugeordnet. Doch letztlich sind dies alles Spielarten üblicher Werbung – oder es handelt sich um diskutierbare Geschäftsmodelle.

Im Verlauf dieses Buches wollen wir uns also nur mit den Methoden befassen, die im engeren Sinne und unmittelbar darauf zielen, hochwertige Mundpropaganda auszulösen und wirkungsvolle Empfehlungen zu generieren. Und diese Aufgabe ist äußerst facettenreich. Aus ökonomischer Sicht favorisiere ich dabei das Empfehlungsmarketing. Während nämlich Mundpropaganda sowie Buzz- und Viralmarketingaktionen eher kurzlebiger Natur sind, ad hoc durchgeführt werden und vor allem von kreativen Ideen leben, benötigt anhaltendes Empfehlungsgeschäft ein solides Fundament. Dieses stützt sich auf Spitzenleister, die Spitzenleistungen erbringen – auf einer Basis von Vertrauen und Begeisterung. Ohne dieses Fundament wird es keine wiederkehrenden Empfehlungen geben.

Dennoch oder gerade wegen seiner kurzfristigen Orientierung ist Mundpropaganda vor allem in seinen digitalen Facetten heute um ein Vielfaches populärer und professioneller geworden als noch vor wenigen Jahren. Diese einstmals exotische Sonderform der Werbung profitiert von der Hinwendung des Marketings zum Internet und ist dabei, fast schon selbst zu einem klassischen (digitalen) Instrument zu werden. Weil nämlich in der (viralen) Onlinewelt das Messen von Ergebnissen in Form von Klickraten relativ einfach ist, passiert – wie so oft – auch hier wieder dies: In den Management-Etagen zählen (nur) Zahlen, daher tut man (besonders gerne) das, was sich zählen und messen lässt. Doch von Kennziffernfreaks wird leicht übersehen, dass das eigentlich Wichtige nicht in Zahlenkolonnen passiert, sondern an den Touchpoints zwischen Mitarbeiter, Unternehmen und Kunde. Es sind die wirklichen Produkt- oder Serviceerfahrungen, die am Ende zählen, und nicht die besonders coole oder ungewöhnliche Werbekampagne.

Und nicht Reichweite oder Bekanntheitsgrad, sondern einzig und allein Abverkäufe können den Mehrumsatz bringen. Das Empfehlungsmarketing ist der zugleich wirkungsvollste wie auch kostengünstigste Weg zu diesem Ziel. Es kann zwar die anderen Marketing- und Vertriebsanstrengungen nicht völlig ersetzen, diese aber nachhaltig ergänzen. Einen Überblick über die Einsatzfelder gibt das Schaubild in Abbildung drei.

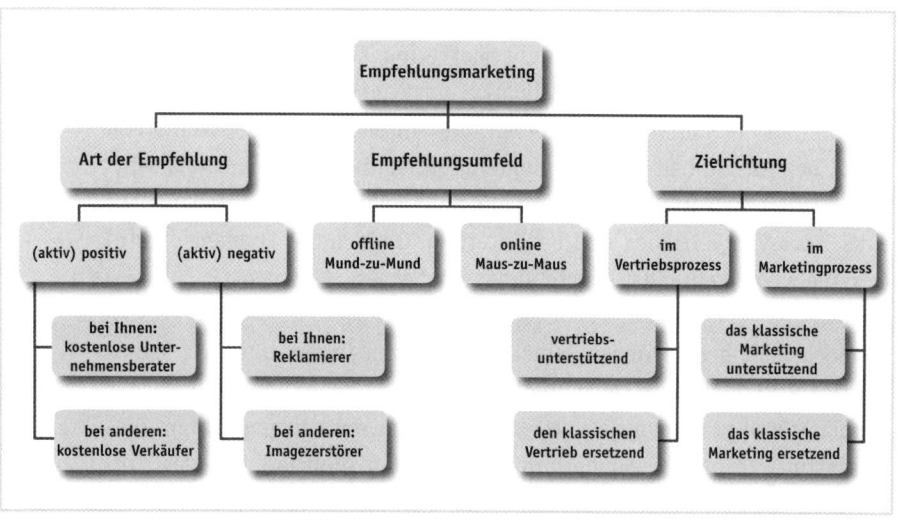

Abbildung 3: Die verschiedenen Zielrichtungen im modernen Empfehlungsmarketing.

Die Bandbreite des Empfehlungsmarketings ist also enorm. Doch wie macht man sich empfehlenswert? Und auf was ist dabei psychologisch gesehen zu achten? Selbst der begeistertste Kunde denkt ja nicht immerzu vollautomatisch daran, Empfehlungen auszusprechen. Wie lässt sich also behutsam nachhelfen, ohne dass dies gleich platt und aufgesetzt, lästig oder gezwungen wirkt? Welche Geschichten zum Weitererzählen sind dabei hilfreich? Wie kommt man im Verkaufsgespräch an Empfehlungsadressen? Wie geht man am besten mit Referenzkunden um? Wie nutzt man Influencer, das Internet und neue Marketingformen, um sein Empfehlungsgeschäft systematisch auszubauen?

Um Antworten auf all diese und viele weitere Fragen geht es sogleich.

3.
Warum die Menschen so gerne weiterempfehlen

Weiterempfehlungen sind das wertvollste Geschenk, das ein Anbieter von seinen Kunden bekommen kann. Diese werden allerdings erst dann ausgesprochen, wenn man sich seiner Sache absolut sicher ist. Denn mit jeder Empfehlung steht ja immer auch der eigene gute Ruf auf dem Spiel. Und niemand will sich blamieren. Empfohlen wird also nur, was herausragend, einzigartig, aufsehenerregend ist. Solche Superlative sorgen für den so wichtigen Erzählstoff, der Mundpropaganda auslöst und Empfehlungen bewirkt.

Weiterempfehlungen sind erlebte Perfektion – und immer mit Emotionen verbunden. Denn nur, wer von Ihrer Sache restlos überzeugt *und* Ihnen wohl gesonnen ist, wird Sie enthusiastisch weiterempfehlen. So gilt es also, vertrauenswürdig *und* sympathisch zu wirken. Kopf und Herz Ihrer Fürsprecher müssen erobert werden, erst dann kommt das Empfehlungsgeschäft so richtig in Gang. Selbst das beste Produkt nutzt nichts, wenn es letztlich an Zuneigung mangelt. Wir mögen Menschen, die uns mögen. Und wir empfehlen nur den, den wir gut leiden können. Wen wir also nicht mögen, den empfehlen wir nicht. Diese Gedanken lassen sich in eine einfache Formel bringen:

Kennen + klasse finden + gerne mögen = weiterempfehlen

Für den Menschen als Gemeinschaftstier sind zudem die Gruppenzugehörigkeit und der Herdentrieb von großer Bedeutung. Deshalb spielt das eigene Umfeld beim Teilen von Empfehlungen eine wichtige Rolle. So lässt sich die Formel wie folgt erweitern:

• Kennen heißt: Ich kenne es, und mein Netzwerk kennt es.
• Klasse finden heißt: Ich und mein Netzwerk finden es klasse.
• Gerne mögen heißt: Ich und mein Netzwerk mögen es.

Ferner kommt es nicht nur darauf an, die Motive von Empfehlungsgeber und -empfänger gut zu verstehen. Es wird auch Wissen darüber benötigt, wie Gemeinschaften und Gruppen funktionieren. Denn Menschen sind sozial vernetzte Individuen. Isolation gehört zu unseren schlimmsten Ängsten. Alleingänge fernab einer Gruppe wurden einstmals nicht selten mit dem Leben bezahlt. So erklären sich aus der Evolution psychologische Phänomene wie Gruppenzwänge, Schwarmintelligenz, Massenbewegungen und konformes Kohorten-Verhalten. Und so erklärt sich auch der kometenhafte Aufstieg der Social Networks, also Facebook, Twitter, YouTube und Co. Ein gut gemachtes Empfehlungsmarketing wird Kunden und Interessenten deshalb immer die Möglichkeit bieten, sich untereinander auszutauschen.

Denn zwischenmenschliche Beziehungen färben und lenken sehr stark, was wir für gut oder schlecht befinden. Manches erscheint uns nur deshalb begehrenswert, weil andere es haben – oder wollen. Soziale Ansteckung sagt man dazu. Wir sind so verdrahtet, dass wir mit denen mitschwingen, die in unserer Nähe sind. Die mehr als 200 Millionen Spiegelneuronen in unserem Gehirn sind verantwortlich dafür. Dies führt zu emotionalem Einklang, zu spontaner Imitation, zum Gleichschritt und sogar zur Kopie von Duktus und Habitus. Was viele denken, glauben und tun, das kann so falsch nicht sein. Deshalb viralisiert sich empfehlenswertes Gedankengut auch so schnell. Und dort, wo gehypte Produkte verkauft werden, bilden sich lange Schlangen. Wenn Sie also Ihre Renner als »Unser beliebtestes Produkt« und »Bestseller« deklarieren oder hervorheben, wofür sich die meisten Ihrer Kunden entscheiden, lässt das die Kassen klingeln. Social Proof, also soziale Bewährtheit, wird dieser Effekt auch genannt.

Durch die Meinung derer, die uns wichtig sind, kann selbst der beste Ersteindruck schnell ins Wanken geraten: Denn Entscheidungen sind sehr verletzlich. Was andere zu einer neuen Errungenschaft sagen, kann einem ganz schön die Stimmung vermiesen. Plötzlich gefällt einem das gerade teuer erworbene Gut überhaupt nicht mehr. Andererseits kann ein ermunternder Zuspruch unsere letzten Zweifel in Luft auslösen. Deshalb ist es also auch wichtig, die Meinung derer, die sich im Umfeld eines Interessenten befinden, positiv zu stimmen.

Gerade im Web findet man oft Hunderte, die das Produkt, das man kaufen will, schon getestet haben. Auf wessen Rat legt man dabei besonderen Wert? Erste Priorität haben die Peers, die Gleichrangigen um uns herum. Mit denen auf der gleichen Stufe der sozialen Hierarchie beschäftigt sich unser Hirn am meisten. »Gleich und gleich gesellt sich gern«, sagt wissend der Volksmund. Von Ähnlichkeiten fühlen wir uns wie magisch angezogen, denn Ähnlichkeit gibt uns Sicherheit. Ähnlichkeit bestätigt uns in unseren eigenen Werten. Ähnlichkeit sorgt für Sympathie und schafft auch Vertrauen. Ähnlichkeiten sollten deshalb im Empfehlungsmarketing besonders hervorgehoben werden. Interessant dabei ist: Im Web glauben wir unseren Peers sogar dann, wenn sie sich Tiger93 oder Schatzi26 nennen – und anonyme Avatare für sich reden lassen.

Gleichzeitig hören wir auch sehr gern auf das, was Influencer und Opinion-Leader, also Meinungsführer von sich geben – und sind ganz schnell der gleichen Meinung. So beeinflusst deren Urteil das Konsumverhalten ganzer Gruppen. Die wenigsten unter uns sind ja Vormacher, die meisten sind Nachmacher. So kommt es, dass Menschen sich an denen orientieren, die oben sind und das Sagen haben – oft sogar dann, wenn deren Leistung in keinem Verhältnis zu dem Lärm steht, den sie machen.

In jedem Fall ist es hilfreich, die Psychologie im Beziehungsdreieck zwischen Empfehlendem, Empfehlungsempfänger und empfohlenem Unternehmen gut zu verstehen. Dabei geht es vor allem um folgende Fragen:

1. Aus welchen Gründen suchen wir den Rat unserer Mitmenschen? Und wieso folgen wir deren Hinweisen so überaus gern?
2. Was motiviert einen Menschen, für ein Unternehmen und seine Angebote als Botschafter wohlwollend tätig zu sein?

Schauen wir uns das sogleich mal genauer an.

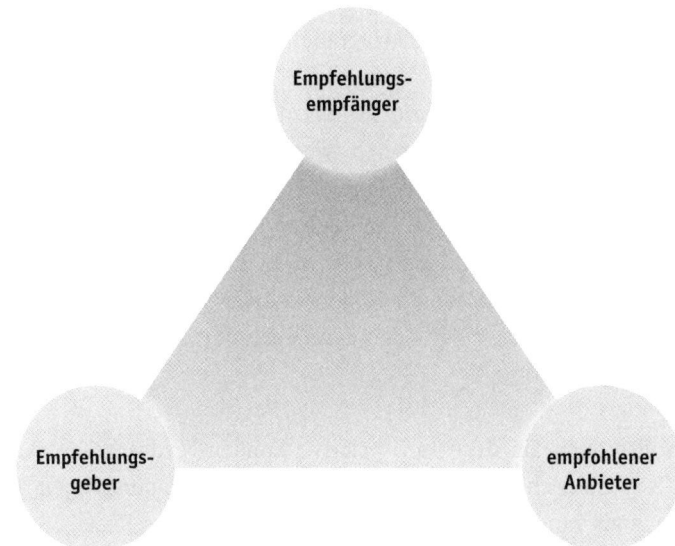

Abbildung 4: Das Beziehungsdreieck zwischen Empfehlendem, Empfehlungsempfänger und empfohlenem Unternehmen

3.1 Warum Empfehlungen uns so überaus wichtig sind

Noch nie standen Menschen vor so vielen schier unüberwindlichen Waren-
bergen. Die Auswahl an Konsummöglichkeiten geht in die Millionen. Und
die Informationsflut ist uneindämmbar geworden. Die gefühlte Konfusion
steigt. Immer mehr stürmt auf uns ein – doch wir haben für alles immer
weniger Zeit. Die Angst vor Fehlern ist deshalb immens, gerade auch unter
den Businessentscheidern in den Teppichetagen. Doch Zweifel führen zu
Handlungsblockaden, zu Konsum-Zurückhaltung und zum Käuferstreik.
Der Ausweg aus dem Komplexitätsdilemma? Eine handverlesene Empfeh-

lung. Der Erfahrungsaustausch und die guten Tipps unter (Geschäfts-) Freunden reduzieren Komplexität, sie geben uns emotionale Sicherheit und machen uns wieder entscheidungsfähig. Sie bringen Licht in den Angebotsdschungel und machen uns das Leben einfacher und schöner.

Genau diese Erkenntnis hat übrigens Amazon den ganz großen Durchbruch verschafft. Heute ist keinem mehr bewusst, dass schon 1998 auf dessen Onlinemarktplatz das berühmte Fünf-Sterne-Bewertungssystem plus Bewertungstext eingeführt wurde. Um die Bewertungsqualität zu evaluieren, kam wenig später über den Zusatz »War diese Rezension für Sie hilfreich?« und eine Kommentarfunktion die Möglichkeit der Bewertung des Bewerters hinzu. Meistens kaufen die Kunden dann auch dort, wo sie die Bewertung gelesen haben.

Fangen also auch Sie damit an, positive Kunden-Feedbacks zu sammeln und öffentlich sichtbar zu machen. Verlässliche Empfehlungen Dritter geben uns als Kunden Orientierung und verringern das Risiko, Fehler zu machen. Sie fördern unser privates und berufliches Fortkommen. Und sie helfen uns, eine Menge Zeit zu sparen. So greifen wir also vor allem dann auf eine Empfehlung zurück,

- wenn es schwierig oder aufwendig ist, sich einen Überblick über den jeweiligen Markt, alle Anbieter und ihre Leistungen zu verschaffen,
- wenn Angebote komplex oder stark erklärungsbedürftig sind,
- wenn uns die notwendige Fachkenntnis fehlt,
- wenn uns die notwendige Muße fehlt,
- wenn Produkte verhältnismäßig teuer sind,
- wenn wir ein langfristiges Engagement eingehen müssten,
- wenn wir uns einen Fehlkauf nicht leisten können,
- wenn wir uns nicht entscheiden können,
- wenn es um unsere Sicherheit geht,
- wenn es um ein hohes Maß an Vertrauen geht.

Wer selbst unsicher ist, handelt klug, wenn er sich demjenigen anschließt, der seine Erfahrungen und Einsichten bereitwillig teilt. Denn er hat – sagt sich unser zerebrales Gefahrenradar – eine vergleichbare Situation überlebt. Empfehler sind das Bindeglied zwischen Gewohntem und Ungewissheit. Sie legen die Trittsteine und machen den Weg ungefährlich und frei. Deshalb ist empfohlenes Geschäft auch so leicht zu bekommen.

Meine Prognose: Der Austausch von Empfehlungen wird noch mehr an Bedeutung gewinnen. Wir erleben ein ständig steigendes Verlangen der Konsumenten nach Orientierung, Vereinfachung und Entlastung. Je unübersichtlicher die Märkte, desto mehr brauchen wir Sicherheit. Je komplexer die Dinge, desto mehr zählt Schnelligkeit. Je stärker der technologische Fortschritt uns entfremdet, desto mehr sehnen wir uns nach Verbundenheit. Und je anonymer sich Geschäftsbeziehungen gestalten, desto mehr wird ein vertrauensvolles Miteinander geschätzt. Für all dies heißt die passende Antwort: eine glaubwürdige Empfehlung. Und weil es immer auch um Lebensfreude, Lust und Leichtigkeit geht, gesellen sich dazu die quirligen Gespräche von Kunde zu Kunde, also die Mundpropaganda.

3.2 Warum werden Menschen eigentlich als Empfehler aktiv?

Mit einer erstklassigen Empfehlung kann man sich schmücken sowie sein Prestige und sein Selbstwertgefühl steigern. Man kann sich als Kenner präsentieren. Man kann Menschen beeinflussen und damit in gewissem Sinn auch Macht ausüben. Oder man kann helfen und anderen Gutes tun. Auf diese Weise lassen sich vertrauensvolle Beziehungen aufbauen und Freundschaften festigen.

Die entscheidende Triebfeder eines Empfehlers ist also in den wenigsten Fällen vordergründig materieller Profit, sondern vielmehr diese: Jemand zu sein oder etwas beizutragen. Speziell bei der Mundpropaganda ist ein weiterer Aspekt relevant: Zu den ersten zu gehören, die von einer Sache Wind bekommen und damit Mitglied eines eingeweihten Kreises von Vorreitern zu sein. Ein Produkt, das sich durch künstliche Verknappung rar und spannend macht, nutzt diesen Aspekt auf besondere Weise.

Man gebe also potenziellen Empfehlern etwas, das sie gut aussehen lässt, womit sie anderen nützen oder sich selbst profilieren können. Dann hat es gute Chancen, von ihnen empfohlen zu werden. Empfehlungen sind allerdings immer subjektiv – und sehr persönlich. Sie sagen etwas über die eigenen Wertvorstellungen. Und sie polarisieren. Das, was man empfiehlt, mag man sehr – und anderes gar nicht. Für das, worüber man mit Leidenschaft spricht, geht man bisweilen durchs Feuer. Und etwas, das man hasst wie die Pest, weil es einen zutiefst verletzt oder enttäuscht hat, will man grimmig zerstören.

Empfehlungsbereitschaft setzt nicht nur bemerkenswerte Produktmerkmale, sondern immer auch eine gute Beziehungsarbeit voraus. Und dazu werden zwei Dinge benötigt: Menschenversteher-Wissen und Superlative. Die einer Empfehlung vorauseilenden Emotionen kommen nämlich nur dann in Gang, wenn sich etwas als besonders gut oder als besonders schlecht erweist. Mittelmaß wird niemals empfohlen. Erst im Bereich der Spitzen, wenn wir also zutiefst zufrieden oder höchst unzufrieden sind, werden wir empfehlungs- oder abratungsaktiv.

Gutgesinnte Empfehlungsbereitschaft entsteht insbesondere dann,
- wenn man hiermit seiner Persönlichkeit Ausdruck verleihen kann,
- wenn man dadurch Coolness und Geltungsbedürfnis nähren kann,
- wenn man zum Wohlergehen Anderer beitragen kann,
- wenn man sich durch Insider-Wissen oder als Vorreiter profilieren kann,
- wenn man sich zugehörig und als Teil einer Gemeinschaft fühlen kann,
- wenn man in Entstehungsprozesse mitgestaltend involviert wurde,
- wenn etwas Unterhaltsames oder Sensationelles bereitgestellt wird,

- wenn etwas völlig Neues oder sehr Exklusives offeriert wird,
- wenn etwas überaus Nützliches oder Begehrenswertes angeboten wird,
- wenn es etwas zum Gewinnen oder zum (miteinander) Spielen gibt.

Auf einen Nenner gebracht: Menschen wollen nicht nur Geld und Spaß, sie wollen sich auch als wichtig erleben. Sie wollen Sinnhaftes tun. Und Spuren hinterlassen. Und als geschätztes Mitglied einer ehrbaren Gemeinschaft gelten. Wer ihnen dazu verhilft, dem wird dies mit wirksamen Weiterempfehlungen vergolten.

Nach alldem ist klar: Empfehlungen sind eine höchst emotionale Angelegenheit. Und für Emotionen ist unser Gehirn zuständig. Schauen wir also mal kurz dort vorbei.

3.3 Der Stoff, aus dem Empfehlungen sind

Erst seit wenigen Jahren können Hirnforscher dem lebenden menschlichen Gehirn gefahrlos direkt bei der Arbeit zuschauen. Und mithilfe der funktionellen Kernspintomografie (fMRI) können Aktivitätsmuster in den unterschiedlichen Hirnregionen auch optisch dargestellt werden. So liefert uns die Neurowissenschaft immer mehr Einsichten darüber, was im Oberstübchen passiert, wenn eine Testperson an ihre Lieblingsmitmenschen denkt, über ihre Marke spricht oder Kaufentscheidungen vorbereitet und fällt. Was genau gedacht wird, das sieht man leider nicht. Doch zumindest ist mehr oder weniger gut zu erkennen, in welch unterschiedlichen Hirnarealen gewerkelt wird, und wie sich das alles verknüpft.

Und siehe da: Emotionen haben in unserem Hirn immer Vorfahrt. Emotionen sind nicht nur in allen Entscheidungen vorhanden, sie sind sogar deren treibende Kraft. Die Art von Emotionen, die uns schließlich zu einer Aktion bewegen, mögen je nach Menschentyp, Geschlecht und Alter verschieden sein. Doch ohne Emotionen kommt keine einzige Entscheidung zustande. Ohne Gefühle ist vernünftiges Handeln nicht einmal möglich. Jede gemachte Erfahrung wird emotional markiert, bevor sie für weitere Zwecke im episodischen Gedächtnis abgelegt wird. Stark positive oder negative Erfahrungen haben beim Auswahlprozess immer Vorrang. Und für das, was hinter den mehr oder weniger verschlossenen Türen des Unterbewusstseins ohne unser Zutun passiert, suchen wir erst im Nachklang die Gründe, die uns selbst und anderen plausibel erscheinen. »Kunden brauchen eine rationale Entschuldigung für eine emotionale Entscheidung.« So brachte der Werbemann David Ogilvy dieses Phänomen auf den Punkt. Das gleiche gilt natürlich auch für Pro oder Kontra beim Weiterempfehlen.

Jeder Impuls, der über die Sinne auf unsere Hirnwindungen trifft, wird unbewusst und vollautomatisch in blitzschnellen Schritten decodiert und bewertet. Dabei geht es um eine überlebenswichtige Grundsatzentscheidung: vermeide Negatives, suche Positives! Gut für mich (= Freund) wird mit einem angenehmen, schlecht für mich (= Feind) mit einem unangenehmen Gefühl belohnt. Dies wird verursacht durch Biochemie und Botenstoffe wie Serotonin, Dopamin, Oxytocin, Cortisol und Adrenalin. Die entsprechenden Ausschüttungen nehmen wir als körperliche Reaktionen wahr, beispielsweise im Bereich der inneren Organe. Das nennen wir dann Bauchgefühl. Die berühmten Schmetterlinge im Bauch sind nur ein Beispiel dafür.

Sichtung eines Objekts = Reiz	Decodierung durch Amygdala	Bewertung durch orbitofrontalen Kortex (OFK)	Entscheidung
?	+ positiv/ ungefährlich	ist gut/wichtig für mich	will ich haben/ brauche ich
	− negativ/ gefährlich	ist schlecht/ unwichtig für mich	will ich nicht/ brauche ich nicht

Abbildung 5: Prozessablauf im Gehirn bei Sichtung eines Reizes.

Das ultimative Ziel unseres Gehirns ist die Übertragung von genetischem Material in die Zukunft. Dafür braucht es ein Happy End. Zu diesem Zweck ist es mit zwei Belohnungszentren ausgestattet: eines für die Vorfreude und eines für die Nachfreude. Dieses System bedankt sich für angenehme Erfahrungen, für freundliche Worte, für ein ehrliches Lächeln und ein wertschätzendes Lob, indem es Glückshormone ausschüttet. Diese körpereigenen Opiate, den Drogen chemisch sehr ähnlich, geben uns ein wohliges Gefühl, sie machen uns – je nach Art und Dosierung – glücklich, euphorisch, ekstatisch. Und sie machen uns süchtig. Davon wollen wir mehr. Diese Strategie der Natur hilft uns aber nicht nur, zu überleben, sie kann auch unsere Lebensqualität erheblich verbessern. So tun Menschen am liebsten das, wofür eine Belohnung in Aussicht steht.

Wer einen solchen Kick erlebt, kauft nicht nur immer wieder bei demjenigen Anbieter ein, der gute Gefühle bewirkt, er teilt dieses Erlebnis auch wohlig mit Gleichgesinnten. Dabei findet er offene Ohren – und jede Menge Nachahmer. Eine hilfreiche Empfehlung macht also beide Seiten froh. Man badet gemeinsam in Wonne und schaukelt sich hoch. So kommt, wenn alles gut konstruiert ist und dann wunderbar läuft, eine Empfehlungswelle in Gang, die Marken auf der Beliebtheitsskala ganz weit nach oben spült. Ein Hype entsteht, der geradezu epidemische Ausmaße annehmen kann. Insofern ist der Begriff des Viralmarketing, auch wenn er zunächst eher negative Assoziationen auslösen mag, recht treffend gewählt.

Im Fazit gibt es zwei wesentliche Gründe, weshalb unser Hirn Empfehlungen liebt:

1. Unser Hirn mag es gefahrlos und einfach. Und es favorisiert anstrengungslose Informationsverarbeitung. Im Zusammenhang mit Marken ist dieses Phänomen längst ausgetestet. Starke Marken machen unserem Hirn die Arbeit leicht, denn es (er)kennt die Marke, es versteht, wofür die Marke steht und braucht sich daher nicht mühen, sie zu decodieren. Schwache Marken hingegen sind anstrengend, weil zusätzliche Energie benötigt wird, um sie zu entziffern. Und dabei können Fehler passieren. Unser Hirn ist aber ständig auf der Suche nach Risikominimierung. Positive Erfahrungen hingegen sucht es zu maximieren. Die Folge: Unser Hirn liebt Empfehlungen. Sie reduzieren Komplexität, verschaffen Sicherheit und geben uns damit ein gutes Gefühl. So werden beide Seiten, also der Empfehlungsgeber wie auch der Empfehlungsempfänger, wenn alles positiv lief, das Ganze wiederholen. Das heißt, man wird in Zukunft öfter Empfehlungen aussprechen – beziehungsweise stärker auf Empfehlungen hören. Den Empfehler, der uns derart gute Gefühle verschafft hat, werden wir stärker ins Vertrauen ziehen. Und empfohlene Leistungen, mit denen wir gute Erfahrungen machen, werden wir zunehmend kaufen – und ebenfalls weiterempfehlen.

2. Empfehlungen stimulieren unser Belohnungssystem. Dieses tritt immer dann in Aktion, wenn eine Sache von unserem Hirn für gut geheißen wird. Es belohnt uns zum Beispiel für eine gelungene Flucht. Ausdauernde Läufer kennen das als Runner's High, den Laufrausch. Auch altruistisches Verhalten, also Gutes tun, macht uns glücklich. Helper's High wird dieser Zustand genannt. Sogar dann, wenn man nur kurze Zeit ein prosoziales Verhalten bei anderen Menschen beobachtet, kann dies eigene altruistische Handlungen – wie zum Beispiel Empfehlungen – auslösen. Übrigens mobilisiert auch die Bestrafung unmoralischen Verhaltens das Belohnungssystem. Soziales Engagement und gute Taten sind demnach starke Motivatoren und können eindeutig vor monetären Beweggründen stehen. Auch wenn es nicht immer so aussehen mag: Rein egoistische und auf Gewinnmaximierung ausgerichtete Ziele sind bei weitem nicht für jeden ein Thema. Das berühmte Ultimatum-Spiel hat sogar gezeigt, dass wir auf Geld verzichten, wenn uns eine Sache als ungerecht erscheint.

Beide Aspekte sind übrigens genetisch, also fest in unsere DNA eingebaut. Und Gene wandeln sich langsam. Sie lassen sich auch nicht durch Nachdenken und Einsicht verändern. Man arbeitet also besser mit ihnen zusammen.

3.4 Den typischen Empfehler gibt es nicht

In Verkauf und Marketing sind Erkenntnisse aus der Gehirnforschung längst unerlässlich, um die Aufmerksamkeit, das Interesse und schließlich die Stimmzettel der Kunden, also ihr gutes Geld zu erlangen. Auch in punkto Weiterempfehlen kann solches Wissen sehr hilfreich sein, um das Engagement seiner Fürsprecher und Fans zu gewinnen. Deshalb hier zunächst im Überblick einige zerebrale Aspekte, die für den weiteren Verlauf dieses Buches und dessen operative Umsetzung von Bedeutung sein können:

- So wie jeder Mensch einzigartig ist, so ist auch jedes Gehirn einzigartig, das heißt, es ist bei jedem anders gebaut und arbeitet verschieden. Jeder denkt, fühlt und handelt auf unterschiedliche Weise – und keiner macht es wie Sie. Aus diesem Grund kann und darf man niemals von sich auf andere schließen.
- Unser Hirn ist eine lebenslange Baustelle. Nervenzellen und deren neuronale Verdrahtungen entstehen und vergehen, das heißt, wir lernen immer und vergessen ständig. Durch ausreichendes Wiederholen und Üben entstehen Automatismen, die vom Bewussten ins Unterbewusste, dem sogenannten Autopiloten, wandern. Hierdurch werden Abläufe routinierter, schneller und effizienter.
- Die Wirklichkeit ist ein Hirngespinst. Eine objektive Realität gibt es nicht. Unser Hirn gaukelt uns vieles nur vor – und lässt uns in alle möglichen Denkfallen tappen. Bietet man zum Beispiel Kindern identisches Essen in neutralen Verpackungen oder in McDonalds-Tüten an, so finden die meisten das zweite leckerer.
- Unser Hirn denkt vorrangig in Bildern und Geschichten. Sie erzeugen – im Gegensatz zu Abstraktem und Datensalat – eine höhere neuronale Aktivität und damit auch eine höhere Entscheidungs- und Aktionsbereitschaft. Storytelling ist also ein Muss.
- Unser Hirn ist auf Ökonomie getrimmt. Es verbraucht etwa 20 Prozent der vom Körper produzierten Energie für sich allein. Und es hält jede Menge Reserven für den Ernstfall bereit. Vorurteile, das

Denken in Stereotypen, Regeln und Routinen sind nichts anderes als Komplexitätsreduktion. Denn unser Hirn mag es einfach.

- Unser Hirn ist die meiste Zeit mit sich selbst beschäftigt. Mehr als 99 Prozent aller Außenreize werden unbewusst verarbeitet, also vollautomatisch mit bereits Gelerntem verglichen, aktualisiert, sortiert, kategorisiert, neu verknüpft, schließlich verschubladet und dann für den weiteren Gebrauch auf Abruf bereitgehalten.

- Unser Sprachzentrum ist ein Spätentwickler, wir reden erst seit gut 100.000 Jahren miteinander. Der evolutionsgeschichtlich viel älteren Körpersprache kommt daher die vorrangige und weit größere Bedeutung zu. Im Zweifel folgen wir der Körpersprache. Sie zählt weit mehr als das gesprochene Wort.

- Das männliche und das weibliche Gehirn und deren jeweilige Neurochemie sind differenziert angelegt. Die Hirnforscher kennen bereits weit über zweihundert signifikante Unterschiede. Deshalb braucht es im Empfehlungsmarketing Genderkompetenz. Denn auch in punkto Empfehlen reagieren die Geschlechter verschieden. Für das männliche Hirn stehen im Allgemeinen eher Statusthemen im Vordergrund. Im weiblichen Hirn sind vorrangig die Fürsorge- und Bindungsmodule aktiv.

- Im Laufe des Lebens verändert sich die Struktur des Gehirns. Hierbei wird mit fortschreitendem Alter die Ausschüttung des aktivierenden Botenstoffs Dopamin dezimiert, wohingegen die Ausschüttung des Stresshormons Cortisol steigt. Dies sorgt für mehr Vorsicht und begünstigt Routinen. Deshalb sind Empfehlungen, die für Sicherheit sorgen, älteren Menschen sehr wichtig. Andererseits sind sie gesellschaftlich und auch in den online basierten Netzwerken oft weniger aktiv, wodurch Mundpropaganda-Wellen in deren Kreisen recht schnell verebben.

Schon aus dieser bei weitem nicht vollständigen Übersicht ergeben sich zahlreiche Ansatzpunkte für ein wirkungsvolles Empfehlungsmarketing. Vor allem müssen wir uns von dem Bild des einen typischen Empfehlers, dem man mit einer fixen Checkliste beikommen kann, schleunigst verabschieden. Konkretes Empfehlungsverhalten ist je nach Situation und Menschentyp überaus verschieden. Das bedeutet:

1. Empfehler lassen sich nicht nach Schema F ansprechen und gewinnen.
2. Auch im digitalen Bereich gibt es keine immer gleichen typischen Empfehler.
3. Das Empfehlungsverhalten wird von der Situation und vom Menschentyp geprägt.

Zu beleuchten ist ferner, was Empfehlungsverhalten eigentlich ausmacht. Dabei können wir folgende Aspekte betrachten:

• Was wird empfohlen? Das heißt im Vorfeld: Welche Produkte oder Themengebiete sind für die einzelnen Typen überhaupt interessant?
• Wo und wie wird empfohlen? Das heißt: Wie sieht das Kommunikationsverhalten der einzelnen Typen aus?
• Welche Reichweite und Durchschlagskraft haben die einzelnen Typen? Das heißt: Wie und womit kann man beim jeweiligen Empfehlungsnehmer landen?

Empfehlungsmarketing erfordert somit auch ein Verständnis für die verschiedenen Menschentypen. Hierzu hat die Psychologie eine Vielzahl von Ansätzen hervorgebracht. Als Väter vieler Persönlichkeitsmodelle gelten Carl Gustav Jung und andere Psychoanalytiker, die ihre Erkenntnisse vornehmlich aus der Beobachtung kranker Menschen bezogen. Später hat der Amerikaner William M. Marston seine berühmten rot-dominanten, gelb-intuitiven, blau-gewissenhaften und grün-stetigen Typen auf der Basis psychisch gesunder Menschen entwickelt. Heute gibt es vor allem zur Unterstützung der Personalauswahl und -entwicklung eine Vielzahl unterschiedlicher Persönlichkeitstests. Ich persönlich bin Fan der limbischen Typen, die der Neuropsychologe Hans-Georg Häusel besonders im Hinblick auf die Beantwortung von Marketingfragen entwickelt hat. Seit kurzem macht nun die Wissenschaftlerin Sylvia Löhken mit ihren Intros und Extros Furore. Lassen wir sie im Folgenden persönlich zu Wort kommen und davon berichten, wie sich diese Typen im Empfehlungsmarketing richtig ansprechen lassen.

Gastbeitrag von Sylvia Löhken

Intros und Extros – der andere kleine Unterschied

Intro- und Extraversion sind Nord und Süd der Persönlichkeit. Als Merkmal ist es ähnlich wichtig wie der Unterschied zwischen Mann und Frau, und in fast jedem Persönlichkeitstest ist es ein wesentliches Kriterium. Erst neuerdings aber rücken Intros und Extros ins öffentliche Blickfeld. Deshalb ist es spannend, hier zu beginnen, um Persönlichkeitstypen und ihren Einfluss auf das Empfehlungsverhalten anzusehen.

Dabei geht es nicht um schlichtes Schubladendenken. Jeder Mensch verfügt sowohl über intro- als auch über extrovertierte Eigenschaften und liegt in seiner persönlichen Ausprägung auf einer Skala; wir alle sind Intro-Extro-Mischungen. Menschen, die eine sehr ausgewogene Mischung von Intro- und Extro-Merkmalen aufweisen, heißen unter Psychologen ambi- oder zentrovertiert. Intro- und Extro-Merkmale gehören zum Kern der Persönlichkeit, die nur wenig veränderlich ist.

Intros und Extros ergänzen einander. Wohl auch deswegen hat die Evolution keinen der Typen benachteiligt. In jeder Gesellschaft sind 30 bis 50 Prozent der Bevölkerung auf der Intro-Seite der Skala zu finden. Die meisten Menschen befinden sich dabei in einem gemäßigten mittleren Bereich, aber mit einer Tendenz zu einem Typus.

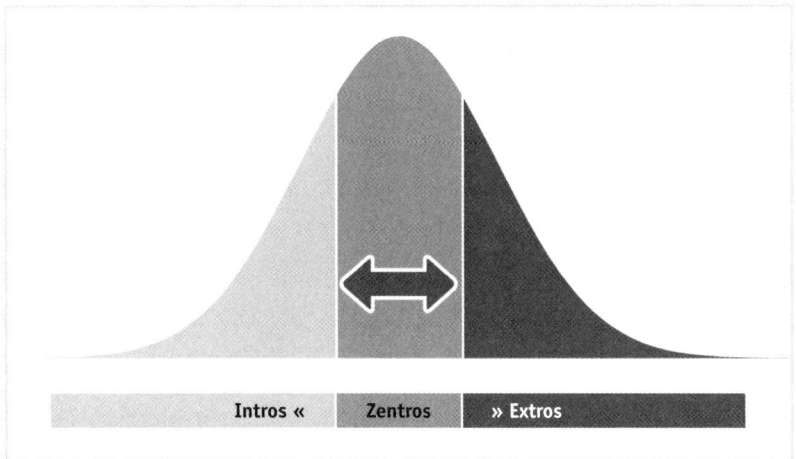

Abbildung 6: Intros, Extros und Zentros (Quelle: Sylvia Löhken). Ihre eigene Position auf der Intro-Extro-Skala finden Sie unter www.intros-extros.com/online-test/ schnell heraus.

Unsere Verortung auf der Intro-Extro-Skala ist angeboren, prägt sich aber erst während des Heranwachsens im Kontakt mit anderen Menschen endgültig aus, denn das Gehirn ist mit der Geburt noch nicht voll entwickelt und formt sich erst im sozialen Miteinander.

Als Carl Gustav Jung 1921 die beiden Persönlichkeitstypen beschrieb, ahnte er nicht, dass sich die Unterschiede einmal mit messbaren Werten im Gehirn erfassen lassen würden. Genau dies lassen heutige Verfahren zu. Um die beiden wichtigsten Unterschiede soll es hier gehen. Dabei gehe ich von ausgeprägten Intros und Extros aus, also solchen an den Enden der Skala: Übertreiben macht deutlich!

Intro-Extro-Unterschiede: nach innen – nach außen
Introvertiert heißt wörtlich nach innen gewandt; extra- oder extrovertiert bedeutet entsprechend nach außen gewandt. Das spiegelt sich in verschiedenen Teilen des Gehirns wider, auch im vegetativen Nervensystem – dem Teil des Nervensystems, der automatisch funktioniert und nur bedingt zu

beeinflussen ist. Das vegetative Nervensystem verarbeitet inneren und äu-
ßeren Stress, und zwar in zwei Teilsystemen:

Der Sympathikus ist auf Leistung und Aktivität ausgerichtet; er bereitet
den Körper auf Anstrengungen, Angriff oder Flucht vor. Zur Übertragung
von Informationen nutzt der Sympathikus den Botenstoff Dopamin – die
schon erwähnte körpereigene Glücksdroge.

Extros werden stärker durch die Aktivitäten des Sympathikus geprägt. Sie
haben auch einen höheren Dopaminpegel als Intros.

Der Parasympathikus (auch Ruhenerv genannt) ist ein wichtiger Gegenspieler: Er sorgt für Entspannung, Erholung, einen sinkenden Herzschlag
und für Ruhe. Sein Botenstoff ist das Acetylcholin. Intros werden stärker
durch den Parasympathikus geprägt. Sie haben entsprechend auch einen
höheren Pegel an Acetylcholin als Extros.

Dieser Unterschied wird durch einen weiteren Kontrast in Intro- und Ex-
tro-Hirnen noch verstärkt: Intros haben eine stärkere Durchblutung in der
vorderen Großhirnrinde und im vorderen Thalamus: dort, wo innere Vorgänge wie Erinnern, Lernen, Planen und Problemlösen verortet sind. Intros
sind deshalb stärker mit der Verarbeitung innerer Vorgänge beschäftigt und
haben dafür eine geringere Kapazität für Stimulationen, die die Sinneseindrücke liefern.

Extros dagegen sind für die Stimulationsverarbeitung bevorzugt ausgestattet: In ihren Hirnen ist der Bereich, in dem Sinneseindrücke ankommen
und verwertet werden (im hinteren Thalamus und in der Inselrinde), deutlich stärker durchblutet als bei den Intros. Sie können deshalb besonders
leicht äußere Eindrücke aufnehmen und verarbeiten.

Beides, die Ausstattung der Nervensysteme und die Art der Stimulationsverarbeitung, erklären, warum Intros und Extros unterschiedliche Bedingungen für Wohlfühlen und Energiegewinnung brauchen: Intros benötigen mehr Ruhe und eine geringere Reizdosis, Extros schätzen dagegen Aktivität und Stimulation durch die Außenwelt.

Der zweite Unterschied zwischen Intros und Extros ist im limbischen System angesiedelt. Dort ist die Amygdala, auch Mandelkern genannt, das Angstzentrum des Hirns, unter anderem für die Einschätzung von Gefahren und für Alarmbereitschaft zuständig. Intros haben eine leicht erregbare Amygdala, während Extro-Hirne schwächer auf Angstauslöser reagieren. Aus diesem Grund schätzen Intros einen gewissen Grad an Sicherheit und an Berechenbarkeit.

Extros sind in einem anderen Teil des limbischen Systems leichter erregbar: im Belohnungszentrum (Nucleus accumbens). Sie sind deshalb empfänglicher für Belohnungen und Anreize: Sie lassen sich von attraktiven Zielen und dem Reiz des Ungewissen locken, lieben neue Erfahrungen und Überraschungen.

Wie Intros und Extros empfehlen

Wenn sich die Hardware von Intros und Extros unterscheidet – lässt sich daraus dann auch etwas für das Empfehlungsverhalten ableiten? Nicht jede(r) Intro oder Extro hat alle typischen Ausprägungen. Dennoch lassen sich aus meiner Sicht Trends ableiten. Ich nehme hier Anne Schüllers Aspekte zum persönlichen Empfehlungsverhalten auf:

1. Was wird empfohlen? Welche Produkte oder Themengebiete sind für die einzelnen Typen überhaupt interessant?
2. Wo und wie wird empfohlen? Wie sieht das Kommunikationsverhalten der einzelnen Typen aus?

3. Welche Reichweite und Durchschlagskraft haben die einzelnen Typen? Wie und womit kann man beim jeweiligen Empfehlungsnehmer landen?

So sieht das aus bei Unterschied 1: nach innen – nach außen

	Intros	Extros
zu 1.	... schätzen eher Produkte und Themen, die ihnen auf schöne und bequeme Weise Rückzug, Entspannung und äußere Ruhe bieten. Beispiele: Wellness-Wochenenden und Yogakurse, Bücher und alle Dienstleistungen, die ihnen Stress abnehmen: Der Onlineeinkauf ist ein Intro-Paradies!	... schätzen eher Produkte und Themen, die ihnen angenehme Abwechslung und spannende Erfahrungen bieten und die Aktivität fördern, gern mit anderen. Beispiele: Erlebniseinkäufe, Wildwasser-Rafting, Kurse und Workshops mit hoher Selbstbeteiligung, Multiplayer-Onlinespiele, Verkostungen.
zu 2.	... empfehlen gern im entspannten 1:1-Gespräch und im vertrauten Kreis. Viele Intros pflegen ein gutes Onlinenetzwerk an Bekannten, das ihnen Kontakt und Rückzug gleichzeitig ermöglicht.	... empfehlen aktiv in ihrem Netzwerk, zum Beispiel um zupackend Probleme zu lösen oder um interessante Impulse zu geben. Sie nutzen mediale und andere Kanäle auch im schnellen Wechsel.
zu 3.	... sind empfänglich für Empfehlungen aus der Distanz heraus, die sich in Ruhe verarbeiten lassen, also geschriebene und elektronische Botschaften. Sie pflegen oft wenige, aber tiefe Beziehungen. Sie können in den Social Media große Ausstrahlung entfalten.	... sind empfänglich für Empfehlungen aus dem direkten Kontakt heraus und tauschen gern auch in einer größeren Runde Empfehlungen aus. Sie mögen die gesprochene Sprache, aber auch die schnelle Taktung der Social Media. Sie haben oft ein sehr großes Netzwerk von Bekannten.

Und so sieht das aus bei Unterschied 2: Sicherheit – Belohnung

	Intros	Extros
zu 1.	... mögen Produkte und Themen, die ihnen das Planen und Strukturieren des Alltags erleichtern und die in Qualität und/oder Service einen hohen Grad an Solidität und Sicherheit bieten. *Beispiele: Beratung und Online-Verbraucherportale, Versicherungen für Haus oder Auto, zuverlässige Services.*	... mögen Produkte und Themen, die einen Kick vermitteln und lustvoll sind oder hohen Status signalisieren. *Beispiele: Freizeitparks, schnelle, schöne Autos, (extravagante) Produkte, die andere nicht haben.*
zu 2.	... empfehlen dann, wenn sie sich selbst von der Qualität eines Produktes oder einer Dienstleistung überzeugt haben.	... empfehlen auch dann, wenn sie von der Qualität einer Sache gehört haben und das Image mögen.
zu 3.	... punkten mit Solidität und Vertrauen, sodass ihre Empfehlung Gewicht bekommt. Brauchen ihrerseits Vertrauen, um auf eine Empfehlung zu hören.	... punkten mit Begeisterung und lassen sich gern begeistern. Neigen auch schon mal zu Übertreibungen.

Dies sind wie gesagt Trends. Doch Menschen sind vielschichtig und überraschend. Es ist ausgeschlossen, dass wir anhand von Typologien so transparent werden, dass unser Tun vorhersagbar wird. Und das ist auch gut so! Typologien bieten aber immerhin Orientierungshilfen. Und dies ist auch im Empfehlungsmarketing überaus wertvoll.

4.
Wie man heute als Anbieter empfehlenswert wird

Eine Empfehlung ist die Krönung eines guten Kundenkontakts, der Ritterschlag für Ihre Bemühungen und das ultimative Ziel aller Marketing- und Vertriebsanstrengungen. Doch für Gespräche unter Kunden braucht es eine exzellente Reputation. Und Begeisterung. Denn Empfehlungsgeschäft ist Vertrauensgeschäft. Deshalb werden nur Spitzenleistungen weiterempfohlen. Und nur Spitzenleister erbringen Spitzenleistungen. Alles zusammen macht aus Kunden zunächst Fans – und dann aktive positive Empfehler.

Spitzenleister sind hoch qualifizierte Mitarbeiter, die fachlich und emotional gut drauf sind. Ein perfektes Produkt ist höchstens die Basis. Denn Produkte sind immer öfter austauschbar, Kauferlebnisse jedoch nicht. So kann man bei der amerikanischen Franchisekette Build-a-Bear nicht nur knuffige Plüschbären kaufen. Zudem baut dort eine Mitarbeiterin den Wunschteddy überaus liebevoll nach den persönlichen Kundenvorstellungen zusammen. Der Clou bei der Sache: Der Bär bekommt ein kleines Herz, das der zukünftige Besitzer küsst, bevor es die Mitarbeiterin behutsam in dem Brustraum des Plüschtiers bettet. Wo zeigt Ihr Tun eine solche Wirkung, über die man fasziniert spricht?

Nur der, der auf die individuellen Bedürfnisse des Kunden eingeht, der fair berät und seine Versprechen einhält, der sich begehrenswert macht, der auf seine Art einzigartig ist, der etwas bemerkenswertes leistet, der den Kunden im Herzen berührt und ihm eine faszinierende Erfahrung verschafft, bringt sich ganz sicher positiv ins Gespräch. Gleichzeitig sorgt er für den so wichtigen Stoff, der das Weiterempfehlen bewirkt.

Im Empfehlungsmarketing liegt die Messlatte also hoch. Und das muss auch so sein. Denn Empfehlungen verpflichten. Ein Empfehler tritt für ein Unternehmen als Bürge ein. Seine Empfehlung entspricht einer Qualitätsgarantie. Deshalb wird er jedes Detail genau unter die Lupe nehmen – und dann zu einer Gesamterfahrung zusammensetzen. Alles kommt dabei in die Waagschale. Von jeder Abteilung und von jedem einzelnen Mitarbeiter wird eine perfekte Leistung erwartet. Wenn es auch nur an einer Stelle klemmt oder ein einziger Mitarbeiter patzt, war aus Sicht des Kunden dieser Saftladen schuld. Eine Empfehlung kommt dann nicht mehr in Frage. Allenfalls Fans drücken hin und wieder auch mal ein Auge zu.

Um empfehlenswert zu sein, müssen fünf Basisaspekte zusammenspielen:
- Spitzenleistungen,
- Spitzenleister,
- Vertrauen,
- Begeisterung,
- der Kunde als Fan.

Lassen Sie uns diese Punkte nun ein wenig genauer betrachten.

4.1 Nur Spitzenleistungen werden weiterempfohlen

Unternehmen sollen nicht alles für jeden machen, sondern jemand Besonderes für manche sein. »Everybody's darling is everybody's Depp, weil der Brei, der jedem schmecken soll, so fad ist, dass keiner ihn will«, sagt der Markenexperte Jon Christoph Berndt. Eine tadellose Positionierung ist im Empfehlungsmarketing also unumgänglich. Nur renommierte Produkte mit echten Alleinstellungsmerkmalen, außergewöhnliche Services und exzellente Arbeit, charismatische Persönlichkeiten und emotionalisierende Erlebnisse werden weiterempfohlen. Wer empfohlen werden will, muss sich also weit über die Nulllinie von Mittelmaß und Zufriedenheit hinaus bewegen. Niemand erhält Empfehlungen, wenn die angebotenen Leistungen gerade mal Durchschnitt sind. Vielmehr gilt es, auf seinem Gebiet bekannt und als Experte anerkannt zu sein. Wer die Nummer eins im Kopf seiner Zielkunden ist, der ist auch erste Wahl. Unternehmen, die Markt-, Meinungs- und Innovationsführer sind, haben es deshalb besonders leicht. Sie haben sich empfehlbar gemacht.

In der heutigen Überflussgesellschaft gibt es keinen einzigen Grund, 08/15 zu kaufen. Wer nicht auf dem Siegertreppchen steht, ist unnötig im Markt. Also: Werden Sie die Nummer eins in Ihrer Branche. Oder kommen Sie zumindest aufs Siegertreppchen. Der vierte im Wettkampf ist ein trauriger Held. Sieger hören auf Sieger. Sieger kaufen von Siegern. Sieger arbeiten am liebsten mit Siegern zusammen. Und Sieger werden am ehesten weiterempfohlen. Menschen bewundern Sieger. Sie wollen ihnen nahe sein und schmücken sich gerne mit ihnen, damit ein wenig von deren Glanz auf einen selbst abstrahle. Erfolgreiche Leute haben deshalb eine Menge Kontakte – und Einfluss. In der Öffentlichkeit wird vorrangig über die Nummer eins gesprochen. Die Nächstplatzierten brauchen schon eine wirklich gute Geschichte, um ins Gespräch zu kommen.

Wenn Sie also bisher nicht auf dem Siegerpodest standen und keine reelle Chance haben, den derzeitigen Marktführer in Ihrer Branche zu schlagen: Erfinden Sie eine neue Kategorie – und machen Sie sich zu deren Nummer eins! Sie sind vielleicht nicht der größte Plastikbecher-Hersteller, aber womöglich die Nummer eins in Sachen Joghurtbecher. Wer Marktführer ist, dem glaubt man, dass er die besseren Produkte und Services hat. Der darf auch höhere Preise verlangen. Und er wird eher empfohlen.

Anstatt nach einer Alleinstellung zu suchen, beschäftigen sich jedoch viele Firmen zu stark mit der Konkurrenz. Und statt als Vorreiter zu agieren, starren sie gebannt, wie das Kaninchen vor der Schlange, auf all das, was die Mitbewerber tun – und ziehen dann nach. Der Markt wird dabei mit immer ähnlicheren Produkten überschwemmt. Doch bei ähnlichen Produkten entscheidet fast nur noch der Preis. Denn dann ist der Preis das einzige Unterscheidungsmerkmal. So beginnt ein folgenschweres Wetteifern, bei dem man sich gegenseitig nach unten statt nach oben schaukelt. Hierbei liefern sich ganze Branchen Preisschlachten mit verheerendem Ausgang. Durch hektisches Preisdumping, gerne auch Umsatzkosmetik genannt, kommt zwar kurzfristig Geld in die Kassen. Doch zuerst verlieren solche Firmen Kundenvertrauen, und am Ende womöglich ihre Existenz. Billig-

billig hat vielen Firmen nicht die Rettung, sondern den Ruin gebracht. Werden nämlich nur die Billigangebote weiterempfohlen, lockt man immer mehr falsche Zielgruppen an: Preisnomaden, die stets nur dort auftauchen, wo gerade die Schnäppchen winken. Mit solchen Kunden geht jeder auf Dauer in die Knie.

Machen wir uns also lieber zum Qualitätsführer und Spitzenleister. Beträchtliches Empfehlungspotenzial hat darüber hinaus, wer in Ratings und Rankings ganz oben steht. Begehrte Auszeichnungen, positive Studienergebnisse, Siegertrophäen und Preise sowie Ehrungen durch anerkannte neutrale (!) Dritte untermauern den Status als Spitzenleister. Suchen Sie also in Ihrer Branche aktiv nach solchen Möglichkeiten. Machen Sie sich schön und bewerben Sie sich. Die meisten Kürungen sind kein purer Zufall, sondern von langer Hand vorbereitet. Leider wird nicht selten mit Geld kräftig nachgeholfen. Von solchen Auszeichnungen lässt man besser die Finger. Wenn Sie hingegen eine tatsächlich verdiente Auszeichnung in den Händen halten, schmücken Sie sich und Ihre Angebote damit. Erzählen Sie es im Markt kräftig weiter. Und hängen Sie Ihre Urkunden auf. Das kann die Empfehlungsbereitschaft Dritter erheblich befruchten.

4.2 Die Lovemark: Spitzenleister der Herzen

Heutzutage können Produkte, Services und Marken nur dann überleben, wenn sie

- relevante und resonante Lösungen bieten,
- eine emotionale Alleinstellung (eUSP) besitzen,
- eine ureigene, nicht kopierbare Themenwelt entwickeln,
- engagierte Fans gewinnen und
- zu einer Lovemark werden, einer Marke also, in die man sich verliebt.

Was wollen Kunden wirklich kaufen? Ein gelöstes Problem und ein gutes Gefühl. Zur Relevanz muss sich also ein weiterer Faktor gesellen: die Resonanz. Eine Botschaft hat immer auch die Aufgabe, emotionale Hirnzentren zu touchieren. Die meisten Leute haben schließlich schon alles. Also ist das Kaufen heutzutage eher selten ein Müssen, sondern vor allem ein Wünschen und Wollen. Erst emotionale Resonanz erzeugt wirklich Kauflust und sorgt fürs Erzählen und Weiterempfehlen.

Als vor Jahren der neue Mini auf den Markt kam, war er auf der Love Parade in Berlin in Lack und Leder gekleidet – und die Presse hat sich darauf gestürzt. In den USA wurde das Auto auf das Dach eines Geländewagens gepackt und ist so durch die Staaten gefahren. Das hat jede Menge Mundpropaganda erzeugt. In einem Baseball-Stadion hat man auf der Tribüne acht Plätze gekauft und den Mini unter die Zuschauer gemischt. Die Fernsehkameras haben natürlich darauf gehalten, wodurch die Marke jede Menge kostenlose TV-Werbung bekam. Bis in die Herzen und in die Garagen der Besitzer(innen) war es dann nicht mehr weit – und das zu einem sehr stolzen Preis.

Geldscheine sind Stimmzettel – und damit wird gnadenlos abgestimmt. Wenn es uns gut geht, sitzt die Geldbörse locker. Wenn uns jedoch was nicht passt oder jemand schlechte Laune verbreitet, bleibt das Portemonnaie einfach zu. Letztlich ist der Griff zu Noten und Münzen immer ein Opfer, das nur dann wirklich gerne erbracht wird, wenn der rationale *und* emotionale Nutzen des Produktes den Preis überstrahlt. Wer das nicht schafft, wird wohl oder übel in die Preisschraube geraten. So trösten wir uns – wir sagen auch Trostpreis – durch Geldgeschenke über einen Mangel an guten Gefühlen hinweg. Empfehlungen vergeben wir hierfür sowieso nicht. Schon eher ist ein Abraten fällig

Deshalb benötigen Anbieter nicht nur sachliche und fachliche Exzellenz, sondern auch eine eUSP, eine emotional Unique Selling Proposition. Sie ist die emotionalisierende Alleinstellung, für die die Unternehmensmarke glaubhaft steht. Bei Coca-Cola ist das Happiness, bei BMW ist es Freude, und bei Audi ist es Vorsprung. Diese Marken sind nicht (nur) aufgrund ihrer Qualität erfolgreich, sie sind erfolgreich, weil die Menschen sie mögen und wollen. Ein eUSP ist aber nicht nur in die Produkte fest eingebaut, sondern manifestiert sich auch in allem, was die Mitarbeiter sagen und tun. Und genau so wird dies in den Momenten der Wahrheit, wenn es an einem Touchpoint zu einer Bewährungsprobe zwischen Kunde und Anbieter kommt, dann auch wahrgenommen. Ein weiteres Beispiel dafür? Gut, dass Sie fragen.

Das Themenfeld, das die Fünf-Sterne-Hotelkette Ritz-Carlton besetzt, heißt Make your customer Wow. Die Erzeugung von Wow-Momenten ist also Programm. Jeder Mitarbeiter in den 77 Hotels weltweit hat die Aufgabe, nach Anlässen zu suchen, bei denen er die Erwartungen der Gäste übertreffen kann. Hauptziel ist es, die Gäste zu überraschen, ihnen ein unvergessliches Erlebnis zu bereiten und so ihre lebenslange Loyalität zu gewinnen. Und das Nebenziel heißt Mundpropaganda und Weitererzählen.

Das Ritz-Carlton Amelia Island in Florida hat dazu folgende Geschichte parat: Ein kleiner Bub hatte sein Lieblingsstofftier, eine Giraffe namens Joshie, irgendwo im Hotel verloren. Etwas ganz schlimmes, wie jeder weiß, der Kinder hat. Ein paar Tage später kam Joshie per Päckchen wohlbehalten wieder nach Hause, zusammen mit einem liebevoll zusammengestellten Fotoalbum. Was für eine Überraschung! Es zeigte die Abenteuer der kleinen Giraffe bei ihrem ungeplanten Ausflug: Joshie mit Sonnenbrille auf einem Liegestuhl am Pool, Joshie bei einer Massage im Spa, Joshie, wie sie ein Golfcart fährt und Joshie, wie sie im Restaurant ein bisschen mitarbeitet. Mit wenigen Mitteln und einer tollen Idee haben die Hotelmitarbeiter nicht nur den kleinen Gast, sondern die ganze Familie verzaubert – und sicher auch eine Menge Spaß gehabt. Wenn man sowas nur oft genug macht, schlägt irgendwann auch der Serendipity-Effekt zu. Das ist der glückliche Zufall. Der wollte es in diesem Fall, dass der Vater des Jungen ein Journalist und Blogger war. Und so geht die Geschichte nun auf Reisen.

Jetzt sind Sie an der Reihe: Wann, wo und wie verschenken Ihre Mitarbeiter solche Momente der Faszination? Grundvoraussetzung ist, dass man die Mitarbeiter entfesselt und aus dem üblichen Regelkorsett befreit, weil man fest an die gewaltige Kraft ihres kreativen Wollens glaubt. Möglichkeitsräume zum Kundenbegeistern gepaart mit einer konstruktiven Fehlerkultur werden dafür dringend gebraucht. Dazu muss, zusammen mit den notwendigen Mitteln, auch die Ergebnisverantwortung übertragen werden. Und damit das Ganze Schule macht, braucht es ein verstärkendes Ritual: das kontinuierliche Teilen der besten Storys und das ausgiebige Weitererzählen der größten Erfolge.

So beginnt jeder Tag im Ritz-Carlton für die Mitarbeiter mit dem Erzählen einer Wow-Story. Insgesamt 40.000 Mitarbeiter erfahren so, wer auf ganz besondere Weise zum Erfolg der Kette beigetragen hat. Jedes Hotel hat die Aufgabe, pro Woche eine Wow-Story in die Zentrale zu melden. Die besten gehen dann um die Welt. In Summe entsteht so ein ganz außergewöhnlicher Spirit – und eine einzigartige Form von Gastlichkeit. Sie hat Ritz-Carlton berühmt gemacht – und zu einer Lovemark werden lassen.

Eine Lovemark (Kevin Roberts) ist eine Marke, in die sich die Kunden im wahrsten Sinne des Wortes verlieben. Das geht doch gar nicht? Oh doch! Der Neurowissenschaftler Jürgen Gallinat aus Berlin hat mithilfe von Tomographen (MRT) bewiesen: Apple-Geräte aktivieren Bereiche im Hirn, die für das Mögen anderer Menschen zuständig sind.[2] Deshalb brauchen Lovemarks sich auch nur höchst selten per teurer Werbung selbst zu erklären, weil die Fans das für sie tun. Lovemarks greift man auch nicht an, weil eine Phalanx von Fürsprechern sie vor allem Ungemach schützt. Und das Ergebnis? Loyalität jenseits der Vernunft. Sobald das geschieht, wird die Konkurrenz bedeutungslos.

4.3 Nur Spitzenleister erbringen Spitzenleistungen

Sind in Ihrem Unternehmen Spitzenkräfte am Werk? Arbeiten bei Ihnen die Besten der Branche – oder die lahmen Enten, die sonst keiner will? Beschäftigen Sie motivierte Hochleistungsteams – oder eine Dienst-nach-Vorschrift-Belegschaft mit freizeitorientierter Schonhaltung? Im Empfehlungsmarketing braucht es Mitarbeiter,

- die mit Feuer und Flamme bei der Sache sind,
- die sich mit den Zielen und Werten der Firma voll und ganz identifizieren,
- die unternehmerisch denken und tatkräftig handeln,
- denen der Stolz auf ihre Firma ins Gesicht geschrieben steht,
- die jedem erzählen, in was für einem tollen Laden sie arbeiten,
- die sich keinen besseren Job vorstellen können, als den, den sie machen.

Solche Mitarbeiter gibt es zuhauf – aber hoffentlich nicht nur anderswo! »Der Mensch ist nicht auf Schlaraffenland programmiert, sondern auf Leistung«, bekräftigt der Verhaltensbiologe Felix von Cube. Also lautet die Frage: Ist Ihre Firma so viel Einsatz überhaupt wert? Maßgeblich ist die gelebte Führungskultur. Denn nur begeisterte Mitarbeiter können Kunden begeistern. Und hierfür muss das Umfeld stimmen. Viele Management-Obere müssen allerdings erst noch lernen, dass nicht sie die wichtigsten im Unternehmen sind, sondern die Mitarbeiter und die Kunden. Denn auf Dauer siegt die Firma mit den besten Performern, den treuesten Käufern und aktivsten Empfehlern.

Missgestimmte Mitarbeiter, lustlose Vorschriften-Abarbeiter und all die, die innerlich bereits gekündigt haben, sind für ein Unternehmen schon schlimm genug. Noch verheerender aber ist es, wenn Mitarbeiter schlecht über die Firma reden, deren Reputation zerstören und auf diese Weise Vertrauens- und schließlich Kundenschwund auslösen. Wer drinnen im Unternehmen nichts zu sagen hat, der tobt sich eben draußen aus. Was man schon allein im Großraumwagen der Bahn so alles mitbekommt, ist bisweilen erschütternd. Was jedoch im Web offengelegt wird, kann tödlich enden. Dies gilt sowohl für die, die Mitarbeiter wie Berserker behandeln als auch für die, die sich von der Wahrheit entfernen. Wo Anstand fehlt, wird schonungslos aufgedeckt. Und am größten ist die Gefahr freitagabends, wenn die Mitarbeiter ins Wochenende gehen.

Früher wurde das, was die Öffentlichkeit über ein Unternehmen erfahren sollte, über sorgsam formulierte Pressemitteilungen und gut geschulte Vorstandssprecher gestaltet, geschönt und gesteuert. Was sich hinter den Firmenfassaden aber tatsächlich tat, gelangte nur vereinzelt nach draußen: Wenn jemand in seinem persönlichen Umfeld von einem Vorfall erzählte, oder wenn es zu den Medien drang. Heute sieht das völlig anders aus: Die Mitarbeiter berichten auf sozialen Plattformen über Interna. Das mag im Extremfall berechtigen, den betreffenden Mitarbeiter zu kündigen, nichtsdestotrotz ist entscheidend, dass Unternehmen keine wirkliche Kontrolle darüber haben, was die Belegschaft dem Cyberspace alles anvertraut. Und je mehr Digital Natives (Marc Prensky) den Unternehmen zuströmen, desto stärker ist der Effekt. Einträge auf Arbeitgeber-Bewertungsportalen werden ja nicht nur von Bewerbern, sondern auch von Kunden gelesen. Das zweifelhafte Innenleben eines Anbieters wird in der Folge auch durch kollektive Nichtkäufe bestraft. Und gute Kandidaten kehren reputationsschwachen Firmen den Rücken, noch ehe es überhaupt zu einer ersten Annäherung kommt. Führungskräfte behandeln ihre Mitarbeiter also besser gut und halten ethische Werte ein, denn im Internet kommt es irgendwann raus.

Im Positiven kann jeder Mitarbeiter zu einem Corporate Evangelist, also einem Botschafter und Meinungsbildner für die unternehmerische Sache werden. Und dies mit einer Glaubwürdigkeit, die jede offizielle Verlautbarung übersteigt. »Mitarbeiter tragen aber nur dann wirkungsvoll zum Markenerfolg bei, wenn sie die Markenwerte intellektuell verstanden haben und sich emotional der Marke gegenüber verpflichtet fühlen«, bestätigt Branding-Experte Karsten Kilian in der Absatzwirtschaft.

Illoyalität von Vertriebs- und Kundendienstmitarbeitern ist bei all dem das tödlichste Gift. Denn die Menschen, mit denen der Kunde direkt im Kontakt ist, geben dem Unternehmen eine Stimme und ein Gesicht. Nur: Die Zeiten, in denen man die Loyalität der Mitarbeiter einfordern konnte, sind schon lange vorbei. Loyalität steht und fällt mit dem vorbildlichen Handeln der Führungskräfte. Wenn Ihre Führungskräfte also das Richtige tun, und wenn der richtige Geist im Unternehmen herrscht, erhalten Sie die Loyalität ihrer Mitarbeiter und auch gute Presse von ganz allein.

Im Kern unserer Talente ist die Aussicht auf Spitzenleistungen am größten. Wir tun, was wir besonders gut können, auch besonders gerne, weil unser Hirn uns für Erfolge belohnt. Genau aus diesem Grund suchen wir aktiv nach Situationen, die Erfolge ermöglichen, und zwar nicht nur im privaten Bereich, sondern gern auch bei der Arbeit. Denn immer gilt: Die Menschen verstärken Verhalten, das Anklang findet, für das sie also Zustimmung und lobende Worte erhalten. Solche Wertschätzung ist wie reiner Sauerstoff. Sie lässt Leistungen katapultartig nach oben schnellen. Das Gegenteil von Zuwendung und positiver Aufmerksamkeit? Missachtung oder, schlimmer noch, manipulative Lobhudelei, Entwürdigung und verbal oder nonverbal gezeigte Verachtung. All dies erstickt jedes Wollen im Keim.

Frage ich Mitarbeiter, welches ihre größten Wünsche an ihre Führungskraft sind, steht meist das Loben an erster Stelle. Ein gekonnt ausgesprochenes, begründetes Lob ist eine Wonne für die Seele und Schmierstoff für die Motivation. Lassen Sie Ihre Mitarbeiter also nicht emotional verhungern. Setzen Sie öfter die Fehler-such-Brille ab und die Lob-such-Brille auf. Durch Tadel macht man die Menschen klein, durch Wertschätzung macht man sie groß. Für die digitalisierte junge Generation gilt ferner: Feedback sofort! Vor allem Onlinespiele haben Digitale Natives auf die sofortige Anerkennung selbst kleinster Leistungsschritte konditioniert. Nach permanenter

Anerkennung aus ihren sozialen Netzwerken, die sich über Likes und positive Kommentare manifestiert, sind sie oft geradezu süchtig.

Die Hirnforschung weiß es schon längst: Wer sich unwohl fühlt, der denkt und handelt langsamer, der macht mehr Fehler und ist für vieles blockiert. Angst lähmt und macht dumm. Niemand kann mit Angst im Nacken Großes bewirken. Die Erklärung dafür ist einfach: Bei Angst und Stress sind die Verbindungsstellen zwischen den zerebralen Nervensträngen, die sogenannten synaptischen Spalten, blockiert. Dort können die Hirnströme nicht mehr ungehindert fließen, und wir können nicht mehr klar denken – ein Problem, das neudeutsch Blackout heißt und jeder von uns kennt.

Wer Angst hat, steht mit dem Rücken zur Wand. Er läuft weg oder schlägt zu, zumindest verbal. Verängstigte Mitarbeiter sind mürrisch, verletzlich, aggressiv. Sie schieben Frust und gehen in die Opfer-Haltung. Sie machen einfach dicht und schalten ein, zwei Gänge zurück. Das bleibt bei den Kunden nicht unbemerkt, denn die Lustlosigkeit steht ihnen ins Gesicht geschrieben. Wo dicke Luft ist, will niemand gern kaufen. Und wo die Mitarbeiter verkümmern, entsteht gewiss kein Empfehlungsgeschäft.

Gute Gefühle hingegen beschwingen, sie machen kreativ und leistungsfähig. Nur in einem positiven Klima gedeihen Kreativität, Lust auf Arbeit und Engagement. Das nenne ich eine lachende Unternehmenskultur.

In meinen Büchern *Touchpoints* und *Das Touchpoint Unternehmen* beschreibe ich detailliert, wie eine solche Unternehmenskultur entsteht, wie eine kundenfokussierte Mitarbeiterführung in unserer neuen Businesswelt gelingt, und wie damit auch die Basis für ein wirkungsvolles Empfehlungsmarketing gelegt wird.

4.4 Empfehlungsgeschäft ist Vertrauensgeschäft

Vertrauen ist die Basis jeder Empfehlung. Empfehlungsgespräche sind immer auch vertrauensvolle Gespräche. Vertrauen entsteht durch Vertrautheit. Ja, man vertraut eher dem, den man gut kennt. Denn Vertrauen bedeutet, sich auf jemanden – auch unbesehen – verlassen zu können. Vertrauen kann sogar Verstehen ersetzen. Es ist die Brücke zum Neuland. Wenn wir das sichere Ufer des Bekannten verlassen müssen, und uns in die Ungewissheit einer neuen Erfahrung begeben, wie also bei jedem Kauf, dann unterstützt uns Vertrauen. Es hilft, unseren biologischen Abwehrreflex zu unterdrücken und Neugier siegen zu lassen. Soll ich oder soll ich nicht? Jetzt oder später? Bei diesem oder besser bei einem anderen Anbieter? Insofern schützen uns wohlmeinende Dritte, weil deren ausgestreckte Hand den Zaudernden vertrauensvoll führt.

Gerade in Zeiten lockerer Bindungen nimmt die Bedeutung von Vertrauen als Basis tragfähiger Beziehungen zu. Die einzige Chance im Umgang mit Komplexität, so der Soziologe Niklas Luhmann, ist Vertrauen. Auch dann, wenn Menschen vorwiegend per E-Mail kommunizieren, weil Distanzen nur noch virtuell überbrückbar sind, verbindet sie vor allem Vertrauen. Wo die Zeit nicht reicht oder das Wissen fehlt, um eine Sache zu durchleuchten, ist Vertrauen der beste Kitt. Und dort, wo wir von Fremden auf dem globalen Marktplatz Internet kaufen, gibt es nur eine Chance: Vertrauen.

Vertrauen steigert das Tempo, sein feiger Gegenspieler, die kleinliche Kontrolle, verlangsamt es. Aus diesem Grund sind Bürokratien und Hierarchien auf verlorenem Posten. Sie werden den Wettlauf um die Zukunft verlieren. Nur Vertrauen macht Unternehmen kreativ, schnell und gut. Denn für Innovationen und permanente Verbesserungsprozesse braucht es den Austausch von Wissen. Mitarbeiter teilen ihr Wissen aber erst dann, wenn sie einander vertrauen können. Nur in Vertrauenskulturen können die ganz großen Würfe gelingen. Sie ermöglichen überragende Wettbewerbsvorteile.

Vertrauen ist ein Tauschgeschäft. Es beginnt – wie Geben und Nehmen – mit einem Vertrauensvorschuss. Man traut dem anderen. Und man traut ihm etwas zu. Zutrauen ist eine gegenseitige Bringschuld, die sich, wenn es gut läuft, zu Vertrauen verdichtet. Wer den Schritt ins Vertrauen wagt, hat auch die Angst vor der eigenen Verwundbarkeit besiegt – und es entsteht Selbstvertrauen. Wer vertraut, wirkt vertrauenswürdig. Wer hingegen zu Misstrauen neigt, weckt damit Misstrauen bei den Menschen in seinem Umfeld. Diese nehmen sich nun selbst in Acht. Deshalb sollte folgende Regel gelten: Jedem ist so lange zu vertrauen, bis er bewiesen hat, dass er dies nicht verdient.

Auch jede Markenbotschaft ist ein Versprechen. Wer ein Versprechen abgibt, erzeugt Hoffnung. Wer nicht garantiert einhalten kann, was er verspricht, sollte es also besser erst gar nicht versprechen. Wird nämlich ein Versprechen gebrochen, stirbt das Vertrauen. Leistung und Qualität sind eben nicht das, was ein Anbieter definiert, sondern das, was Kunden erwarten. Ultimatives Ergebnis: Shitstorm oder Loyalität und Lovestorm. Hierbei entsteht Vertrauen durch kleine Schritte der Annäherung und durch ausbleibende Enttäuschungen. Wir tasten uns vor, um zu sehen, wer unser Vertrauen verdient. Dazu stellen wir Anbieter auch auf die Probe. Erst, wenn wir nie enttäuscht worden sind, kommt eine Empfehlung in Frage.

Vertrauen ist ein zartes Pflänzchen. Es braucht lange zum Wachsen und ist in Sekunden zerstört. Vertrauen braucht also Zeit, während sich Misstrauen unverzüglich einstellt. Vertrauen ist ein Vorschuss in die Zukunft, deshalb erfordert das Vertrauenschenken auch Mut. Damit meine ich jedoch keinesfalls Leichtgläubigkeit, Blauäugigkeit und blindes Vertrauen. Denn blindes Vertrauen, das nichts hinterfragt, ist naiv. Dem wachsamen Vertrauen eine Chance zu geben, das ist klug. Spieltheoretische Analysen zeigen ganz klar, dass am erfolgreichsten mit Anderen zusammenarbeitet, wer zunächst vertrauensvoll in eine Beziehung investiert – und sich danach immer so verhält wie sein Gegenüber. Das impliziert aber am Ende dann auch: Je größer das Vertrauen, desto feindseliger reagiert, wer sich getäuscht oder betrogen fühlt. »Für verlorenes Vertrauen gibt es kein Fundbüro«, sagt der österreichische Aphoristiker Ernst Ferstl.

Wodurch Misstrauen entsteht:	Wodurch Vertrauen entsteht
• Unhöflichkeit	• Höflichkeit
• Unfreundlichkeit	• Freundlichkeit
• Falschheit	• Integrität
• Vertrauen missbrauchen	• Loyalität
• über Dritte herziehen	• Ehrlichkeit
• Missachtung	• Authentizität
• Intoleranz	• Zuverlässigkeit
• Verschlossenheit	• Toleranz
• Manipulation	• Offenheit
• unberechtigte Kritik	• Großzügigkeit
• Drohungen	• Anteilnahme
• misstrauisch sein	• Vertrauen schenken

Ein Vertrauensbildungsprozess setzt sich aus vielen kleinen Mosaiksteinchen zusammen. Er braucht Glaubwürdigkeit, Geradlinigkeit, Respekt, Fairness, Klarheit, Transparenz, Ehrlichkeit, Zuverlässigkeit und eingehaltene Versprechen. Ohne Verlässlichkeit gibt es kein Vertrauen. Integrität und positive Erfahrungen hingegen bauen ein wohlwollendes Vertrauenspolster auf. Es lässt uns sogar die eine oder andere Enttäuschung verkraften. Meistens jedenfalls. Deshalb allem voran: Halten Sie Ihre Versprechen ein! Und pflegen Sie persönliche Eigenschaften, durch die sich Vertrauen entwickelt. Denn Vorschuss-Vertrauen in eine Leistung, eine Marke oder eine ganze Organisation kann letztlich nur über vertrauenswürdige Personen aufgebaut werden.

4.5 Begeisterung: ein Turbo für den Empfehlungserfolg

Wenn wir jemanden fragen, wie er eine Situation, sagen wir den Samstagvormittag in einem Shopping Center oder die Eröffnungsfeier eines Autohauses fand, dann sagt er entweder »Klasse!« oder »Naja.« oder »Frag lieber nicht.« Er ist also begeistert, zufrieden oder enttäuscht. Bester Ausdruck für Kundenbegeisterung sind die Ahs und Ohs vor, während und nach einem Kauf (»Kaum zu glauben!« – »Das man das für mich tut!« – »Das ist mir so noch nie passiert!«). Solche kleinen Momente des Glücks sind es, die der emotional berührte Kunde weitererzählt. Diese können sogar bereits gesammelte Minuspunkte ausmerzen. Denn wer begeistert ist, verzeiht auch kleine Fehler. Und im Überschwang seiner Gefühle wird er andere mitreißen, es ihm nachzutun.

Waren Kunden früher geduldig, gnädig und brav, haben sie heute fast keinerlei Verständnis mehr für nicht funktionierende Prozesse und ahnungslose Angestellte. Egal, ob Wissen oder Ware, im Web ist inzwischen fast alles verfügbar. So werden Konsumenten immer fordernder. Suchmaschinenaufgeklärt sind sie besser im Bilde als so mancher Durchschnittsverkäufer. Und weil immer weniger Zeit für das auf uns Einprasselnde bleibt, sind wir schnell reizbar. Anbieter haben es heutzutage fast überall mit latent unzufriedenen Kunden zu tun. Und die Messlatte wird stetig höher gelegt.

Wer unter solchen Bedingungen empfohlen werden will, braucht begeisterte, ja geradezu faszinierte Kunden. Denn Kunden, die nur zufrieden sind, sind gefährliche Kunden. Sie loben nicht, sie tadeln auch nicht, aber bei der kleinsten Versuchung sind sie auf und davon. Sie empfehlen ein Unternehmen höchst selten weiter, und tun sie es doch, dann ohne viel Enthusiasmus. Sie sind auch wie Fähnchen im Wind. Von unzufriedenen Dritten werden sie schnell infiziert. Erst Begeisterung macht einen in jeder Hinsicht immun.

Es gibt Begeisterungsfaktoren, die kosten Geld. Und es gibt solche, die kosten keinen Cent, sodass sich diese jeder leisten kann. Oftmals sind es die achtsamen, unerwarteten Dinge, die begeistern und damit emotionale Verbundenheit auslösen. Und dort, wo Produkte nicht mehr faszinieren, da können es die Menschen tun. So wird etwa der Fahrer einer Senioren-Bus-reisegruppe, der sich mit großer Geste einen Frack anzieht und zu majestätisch klingender Musik den Gästen dirigierend ein Glas eisgekühlten Sekt serviert, garantiert in guter Erinnerung bleiben. Und zusammen mit seinem Arbeitgeber wird er bei der Rückkehr ein beliebtes Gesprächsthema sein.

Viele Begeisterungsfaktoren haben ihren Ursprung gar nicht in dem, was getan wird, sondern vor allem in dem, wie etwas getan wird. Gerade, wenn bei Dienstleistungen der Kunde in den Produktionsprozess mit eingebunden wird, merkt er sehr schnell, ob die Menschen ihren Job liebevoll oder lieblos erbringen. Man spürt beim Arzt, ob er die Untersuchung nach Schema F durchführt, oder ob ihm das Wohlbefinden des Patienten wirklich am Herzen liegt. Und man spürt, ob einem die Spritze liebevoll oder lieblos gesetzt wird. Man spürt die Begeisterung der Kellner beim Lieblingsitaliener – und die Uninteressiertheit des Personals in der Gaststätte von nebenan. Man spürt, ob die Verkäuferin wirklich nach etwas Passendem sucht oder ob sie nur lustlos ihre Stunden ableiert. Gesten, die sich echt und gut anfühlen, sind eine Sache der Einstellung, also des Wollen wollens der Mitarbeiter. Sie können nicht per Dienstanweisung angeordnet werden. Denn eine aufgesetzt künstliche Muss-Freundlichkeit wird umgehend entlarvt.

Emotionen sind schneller als Informationen, und sie haben Vorfahrt im Hirn. Neurowissenschaftliche Experimente haben auch vielfach gezeigt, dass der Aufbau von emotionalen Erfahrungen das beste Mittel ist, um den ersten Platz in den Konsumentenköpfen zu besetzen. Ihr Produkt ist banal und hat kein emotionales Potenzial? Würden sich die Konstrukteure und Produktentwickler nicht nur mit den Funktionalitäten, sondern mehr noch mit der Erlebnisdimension beim Produktgebrauch beschäftigen, käme so manches Wow der Kunden zustande. Gerade in der immens erstarkenden

Zielgruppe der Frauen fänden sich dankbare Abnehmer. Und nicht nur bei denen. »Für die größte Zielgruppe der Welt gebaut. Menschen mit Gefühlen.« So hieß es in Porsche-Anzeigen zu den 911er-Modellen. Dabei liegt der Anteil der männlichen Porsche-Käufer bei etwa 90 Prozent. Doch wer klug ist, der weiß: In einem stark emotionalisierten Zustand sind gerade Männer bereit, tief in die Tasche zu greifen.

4.6 Begeisterungsmanagement: die Momente der Wahrheit gestalten

Kunden hegen Erwartungen, die durch eigene positive oder negative Vorerfahrungen, durch Empfehlungen Dritter, durch Ihre Kommunikationsmaßnahmen oder die Bestform der Mitbewerber beeinflusst werden. Durch diesen Filter subjektiver Wahrnehmungen werden Erwartungen mit der erhaltenen Leistung abgeglichen. Und das gefühlte Resultat? Ungenügend? Mangelhaft? Befriedigend? Sehr gut? Unerwartet gut? An dieser urpersönlichen und von seiner jeweiligen Tagesform abhängigen Beurteilung des Kunden werden Sie gemessen. Ist er gut drauf, fällt das Ergebnis blendend aus. Hat er einen rabenschwarzen Tag, kommen bei aller Anstrengung auch Sie nicht gut weg. Denn Kunden sind emotional wechselhaft. So ist auch die viel beschworene Qualität keine objektiv messbare Leistung. Sie entsteht vielmehr subjektiv im Kopf des Nutzers. Qualitätsstandards, die Ihnen passend erscheinen, können für den Kunden völlig inakzeptabel sein. Denn sein Blickwinkel ist ein anderer. Doch in jedem Fall gilt: Um ihn zu begeistern, werden Sie seine Erwartungen übertreffen müssen.

Wie sich das bewerkstelligen lässt? Hier kommt das Touchpoint-Management ins Spiel. Touchpoints sind Interaktionspunkte zwischen Anbieter, Mitarbeiter und Kunde, an denen sich zeigt, was die Versprechen eines Unternehmens tatsächlich taugen. In diesen »Moments of Truth« wie sie Jan Carlzon, ehemaliger Vorstand der schwedischen Fluglinie SAS bezeichnet, zeigt sich, was ein Unternehmen jenseits der Werbeversprechen für

einen Kunden tatsächlich macht. Ziel des Customer-Touchpoint-Manage-
ments, im deutschen Kundenkontaktpunkt-Management genannt, ist das
Optimieren der Kundenerlebnisse an den einzelnen Berührungspunkten,
um bestehende Kundenbeziehungen zu festigen und via Weiterempfehlungen hochwertiges Neugeschäft zu erhalten. Hierzu wird untersucht, was
die Kunden erwarten, welche Leistungen sie auf welche Weise erhalten und
wie ihre Reaktion darauf ist.

Dabei können neue Touchpoints gefunden, bestehende veredelt und ver-
altete oder unnötige über Bord geworfen werden. Insgesamt gelangt man
zu einer Reihenfolge der aus Kundensicht einflussreichsten Kontaktpunkte, zu ihrem verbesserten Zusammenspiel und zu einer Optimierung ihrer
Wirkungsweise. Schließlich wird nach den Super-Touchpoints gefahndet,
die mehr als alle anderen zu einer Kaufentscheidung, zum permanenten
Wiederkauf und zu engagiertem Weiterempfehlen führen.

Sind die zu bearbeitenden Kontaktpunkte definiert, werden diese auf ihre
Enttäuschungs-, Okay- und Begeisterungsfaktoren hin optimiert. Die Frage
ist, was der Kunde im Vorfeld erwartet, und was er im Vergleich dazu wirklich erhält. Hierzu sollte man sich regelmäßig zusammensetzen und das
Vorgehen an den einzelnen Kundenkontaktpunkten wie folgt untersuchen:

- Was ist enttäuschend? (= Was wir keinesfalls tun dürfen.)
- Was ist okay? (= unser Minimum-Standard, die Nulllinie der
  Zufriedenheit.)
- Was ist/wäre begeisternd? (= Was wir bestenfalls tun können.)

Dabei geht es sowohl um die Leistungen an sich als auch um die sie beglei-
tenden Emotionen. Das Ergebnis, durch die Brille des Kunden betrachtet,
schwankt zwischen herber Enttäuschung und hemmungsloser Begeisterung, zwischen himmelhoch jauchzend und zu Tode betrübt. Dies lässt sich
für jeden zu betrachtenden Touchpoint – zusammen mit Verbesserungsideen – in einer einfachen Übersicht auflisten:

Touchpoint 1	Begeisterungsfaktoren: Was wir bestenfalls tun können		Unsere besten Ideen dazu:
	Okay-Faktoren: Unser Minimum-Standard		˙
	Enttäuschungsfaktoren: Was wir keinesfalls tun dürfen		
Touchpoint 2	Begeisterungsfaktoren: Was wir bestenfalls tun können		Unsere besten Ideen dazu:
	Okay-Faktoren: Unser Minimum-Standard		
	Enttäuschungsfaktoren: Was wir keinesfalls tun dürfen		
Touchpoint 3	Begeisterungsfaktoren: Was wir bestenfalls tun können		Unsere besten Ideen dazu:
	Okay-Faktoren: Unser Minimum-Standard		
	Enttäuschungsfaktoren: Was wir keinesfalls tun dürfen		

Abbildung 7: Arbeitsvorlage zwecks Optimierung ausgewählter Kundenkontaktpunkte.

Wenn beispielsweise ein Kunde zusammen mit seinem neuen Luxusbad ein paar Designerlampen ersteht und seinen Handwerker beauftragt, diese gleich montieren zu lassen, wird er eine schlussendliche Funktionsprüfung erwarten. Bemerkt der Kunde, kaum dass der Handwerker weg ist, dass eine Lampe nicht brennt, wird er darüber enttäuscht und ungehalten sein. Macht der Elektriker die Prüfung korrekt, ist das ganz normal. Fachliches Können ist aus Kundensicht ein Okay-Faktor, also kaum der Rede wert, weil geradezu selbstverständlich. Mängel oder Fehler als Enttäuschungsfaktoren hingegen tolerieren die Menschen nicht. Und mehr noch: Ist ein Kunde weniger als zufrieden, wird er Sie dafür bestrafen: mit Unbequemlichkeit, mit einer verschärften Reklamation, einer Rechnungskürzung oder mit übler Nachrede und aktivem Abraten.

Wenn hingegen der Elektriker nach Montage und Prüfung noch höflich fragt, ob der Kunde im Schein dieser Lampe bevorzugt duscht oder badet, dem entsprechend eine Empfehlung für eine stromsparende Glühbirne gibt und diese gleich noch einsetzt, das Bad so sauber verlässt wie er es betreten hat und den kleinen Aufpreis für die Sparbirne mit augenzwinkerndem »Gern geschehen« erlässt (da er angesichts des Gesamtpreises wirklich keine Rolle spielt), dann wird der Kunde wahrscheinlich begeistert sein. Wenn dann der Kunde, kaum dass der Elektriker gegangen ist, sein neues Bad auf typische Handwerkerspuren inspiziert und statt vergessenen Drecks eine hübsche Tüte Badesalz und gleich eine zweite zum Weiterverschenken entdeckt, dann ist er sicher entzückt.

Jedes Unternehmen sollte die Bestrafungs-, Okay- und Begeisterungsfaktoren seiner Branche kennen. In meinen Workshops lasse ich all das von den Mitarbeitern selbst erarbeiten. Am Anfang steht meist – und das mag zunächst schockieren – die Frage: »Was müssen wir tun, um ganz sicher all unsere Kunden zu vergraulen und damit so schnell wie möglich bankrott zu sein?« Aus dem anschließenden Umkehrschluss ergeben sich die positiven Ideen fast wie von selbst – maßgeschneidert für die eigene Firma. Und diese werden dann auch gerne umgesetzt, denn sie wurden nicht vom Chef vordiktiert, sondern in Eigenregie entwickelt. Das Wollen ihrer Leute erreichen Führungskräfte immer dann am besten, wenn die Mitarbeiter selbst sagen, sie könnten sich vorstellen, etwas in Zukunft so und so zu machen. Und Begeisterung für die Sache wird auf diesem Weg gleich mitgeliefert.

Ein Wermutstropfen bleibt allerdings. Was heute noch für Überraschungen sorgt, ist morgen schon basic, also ganz selbstverständlich und kaum noch der Rede wert. Weil sich der Kunde schnell an Begeisterungsfaktoren gewöhnt, werden seine Erwartungen und damit auch seine Anforderungen steigen. Deshalb muss ein Unternehmen bestrebt sein, Begeisterung zu tunen. Hierzu begibt es sich mit dem Kunden gemeinsam in einen stetig ansteigenden mehr oder weniger steilen Begeisterungskanal. Innerhalb des Kanals werden immer wieder neue Begeisterungselemente geplant und umgesetzt. Unterhalb des Kanals wird es dem Kunden schnell langweilig, darüber wird es für das Unternehmen zu kostspielig. Neu heißt dabei nicht: mehr vom Gleichen und damit teurer, sondern: deutlich anders und somit nicht vergleichbar. Sichern Sie einen permanenten Ideenfluss durch regelmäßige Kreativsitzungen und sorgen Sie für die konsequente Umsetzung. Wie Sie mithilfe eines gut gemachten Ideenmanagements zu immer neuen Einfällen kommen, darüber werden Sie in Kapitel sechs ausführlich erfahren.

Begeisterung tunen bedeutet außerdem, darauf zu achten, dass die Mitarbeiter in der Kundenansprache nicht überdrehen. Die richtige Dosierung macht's. Das heißt: nicht bemüht höflich und aufgesetzt freundlich wirken, sich nicht beim Kunden anbiedern und einschleimen, dem Kunden nichts aufzwingen. »Und spürt man die Absicht, ist man verstimmt«, hat schon Johann Wolfgang von Goethe gesagt. Was die richtige Dosierung ist? Das kommt auf den Kunden an. Wer selbst begeisterungsfähig ist, lässt sich leicht mitreißen. Wer hingegen in seinen Gefühlsausbrüchen abgrundtief zurückhaltend ist, interpretiert sogar einen Hauch von Begeisterung schon als künstlich. Nicht jeder Begeisterungsfaktor wird also jeden Kunden gleichsam berühren. Und nicht jeden Begeisterungsfaktor wird der Kunde sofort honorieren. Aber das Nichtvorhandensein wird er bestrafen. Indem er sich auf die Suche nach Besserem macht.

4.7 Der Kunde als Fan – und was das fürs Weiterempfehlen bedeutet

Ein durch und durch loyaler Fan: die geradezu ideale Vorbedingung, wenn es um Mundpropaganda und Weiterempfehlungen geht. Fans sind Superkunden. Sie machen eine Marke zum Kult. Sie stärken ihre Reputation. Mit ihrem Enthusiasmus stecken sie ihr ganzes Umfeld an. Und im besten Fall kontaktieren sie gezielt ganz genau die Personen, die sich für Ihr Angebot interessieren könnten. Das tun sie nicht nur unentgeltlich, sondern auch mit beachtlichen Abschlussquoten. Wer mithilfe von Fans für Anziehungskraft sorgt, muss nicht länger mit den Waffen des Preiskampfs hantieren.

Aber was genau ist ein Fan? Grundsätzlich ist ein Fan jemand, der sich einem Unternehmen, einer Marke oder einem sonstigen Fanobjekt in besonderer Weise verbunden fühlt und dies durch sein Verhalten nach außen hin kundtut. Dabei wird oft reichlich Zeit und Geld investiert, Fan-Wissen aufgebaut oder auch ehrenamtliche Arbeitskraft eingebracht. Markenfans schmücken sich mit sichtbaren Zeichen der Marke und fungieren damit als kostenlose Werbeträger. Fans von Stars oder Sportlern pilgern zu deren Bühnen wie zu Wallfahrtsorten, um ihnen nahe zu sein. Manche erfasst eine Zuneigung, die fast schon an Verliebtheit grenzt. Der pathologische Zustand heißt übrigens Stalking. Man wird zum lästigen Verfolger seines Objekts der Begierde.

Fans positionieren sich mit den Fanobjekten, mit denen sie sich umgeben. Diese sind Ausdruck eines Selbstkonzepts. Welche wir wählen, verrät viel über uns, weil dies zeigt, wer wir sind und wo wir dazugehören wollen. Deshalb sollen Fanobjekte auch von vielen bewundert werden. Durch das gemeinsame Fanobjekt entstehen Sympathie und Verbundenheit innerhalb der Fangemeinde fast wie von selbst. Und auch dann, wenn das Fanobjekt schwächelt, bleiben echte Fans treu. Denn Fans lassen einen nicht so leicht hängen. Sie solidarisieren sich und halten Belastungen aus. Allerdings darf man seine Fans nicht im Stich lassen. Und man darf sie niemals enttäuschen. Denn dann schlägt achten in ächten und verehren in verleumden um. Liebe und Hass sind bekanntlich nah beieinander. Und das ist – wie beim Rosenkrieg – bisweilen fatal.

Bei Fans kommt, wie es scheint, immer ein Emotionsturbo in Gang. Sie sind Leidenschaft und Hingabe pur. Als glühende Verehrer werden sie ihre Marke jeder anderen Wahlmöglichkeit bedenkenlos vorziehen. Sie sind blind und taub für den Wettbewerb. Die Ratio steht dabei auf aus. Wie durch eine rosarote Brille sehen sie sogar unvorteilhafte Realitäten in schillernden

Farben. Die Idealisierung ist nicht selten so groß, dass selbst offensichtliche Nachteile billigend in Kauf genommen werden. Und selbstverständlich verteidigen Fans ihre Lieblingsmarken gegen Angriffe von außen. Ihr Sendungsbewusstsein ist nicht selten enorm – und das Missionieren beginnt. Im englischen heißen sie deshalb Evangelists (Guy Kawasaki).

Was Fans für all ihre Initiativen zurückhaben wollen? Eigentlich nichts, denn ein bekennender Fan zu sein, das ist ihnen schon Lohn genug. Umso mehr freuen sie sich über die Aufmerksamkeit derer, die sie verehren. Deshalb tun Unternehmen und Marken gut daran, geeignete Plattformen zu schaffen, damit sie ihren Fans genau das geben können, was das Fan-Sein so überaus lohnenswert macht:

- ernst und wichtig genommen zu werden,
- das Gefühl, jemand Besonderes zu sein,
- die Möglichkeit, sinnvolle Beiträge zu leisten,
- eingebettet in eine Gemeinschaft zu sein,
- Teil von etwas ganz Großem zu sein.

Fan-Gemeinschaften gab es natürlich schon immer, und manche sind, wie etwa der Porsche Club, geradezu legendär. Seitdem es nun virtuelle Fanclubs gibt, ist die Fankultur schier explodiert. Fan-Gemeinschaften und deren Community-Seiten entstehen oft sogar ganz ohne das Zutun von Organisationen und Marken. Solche Initiativen müssen die Unternehmen unbedingt im Auge behalten. Gerade die nichtoffiziellen Fan-Sites brauchen viel Aufmerksamkeit.

Was ist ein Fan aber nun wert? Die Fan-Zahl an sich kann jedenfalls kein Leistungskriterium sein! Entscheidend ist vielmehr, wie viele Multiplikatoren darunter sind und welches Engagement sie tatsächlich entwickeln. Doch leider ist die Zahl der Fans für viele noch immer ein Statussymbol. Und deshalb wird reichlich Fan-Kosmetik betrieben, um vor wem auch immer zu glänzen, den Wettbewerb zu ärgern, bei Präsentationen gut auszusehen oder in den Medien zu punkten. 250.000 Facebook-Fans? Nichts leichter als das! Die kann man bei Fan-Verkäufern für ein paar Tausend Euro bekommen. Nur sind da vor allem Phantomfans dabei, Profile von Menschen also, die es in Wirklichkeit gar nicht gibt. Die nennt man übrigens Sockenpuppen. Doch mal ehrlich: Zombies und totes Fleisch, sind das die Fans, die man braucht? Die kaufen nichts! Schlimmer noch: Der Schwindel ist leicht zu entlarven. Die Fans auf einer Facebook-Seite kommen hauptsächlich aus Ägypten, Indonesien und Bangladesch? Da kommt selbst ein Laie ins Stutzen. Die Likes stammen in Massen von gefälschten Accounts? Wie armselig ist das denn! Und es lohnt sich nicht. Früher oder später kommt meist alles heraus. Wer Pech hat, wird zum Gespött einer weltweiten Netzgemeinde – und knallhart an den Onlinepranger gestellt.

Verplempern Sie Ihre Zeit also besser nicht damit, Onlinesysteme zu manipulieren! Sorgen Sie lieber für so viel Charisma, dass man Ihnen freiwillig hinterherlaufen wird. Natürlich gewachsene Seiten mit lebendigen Fans und ohne viel werblichem Ego-Geschleime werden auf Dauer am erfolgreichsten sein. Manchmal muss man nur den richtigen Dreh dabei finden. Wie kommt man zum Beispiel als Läusemittel-Hersteller zu jeder Menge Fans? Durch eine Seite namens *Ich mag keine Läuse*.

Vielen Anbietern ist noch immer nicht klar: Soziale Netzwerke sind kein weiterer Vertriebskanal, sondern Reputationsmacher, Verbundenheitskatalysatoren, digitale Interessenten-Bezauberer, Kauflustauslöser und Kundenbegeisterungsoptimierer par excellence. Dabei sind Fans nicht nur hochengagierte Multiplikatoren, sondern auch ganz wunderbare Menschen. Kann man die Qualität einer solchen Verbindung überhaupt in Zahlen ausdrücken? »Wenn Du eine Messe besuchst oder ein Networking Event, so läufst Du auch nicht rum und notierst Dir einen Wert zu den Menschen, die Du triffst«, schreibt Norbert Weider[3] von der Ragazzi Group in seinem Blog. »Anstatt in Statistik-Tools und Tracking Software zu investieren, sollten Unternehmen dieses Geld lieber dafür aufwenden, ihre Mitarbeiter zu schulen, menschlicher zu sein, freundlicher zu kommunizieren und Beziehungen aufzubauen.«

Die Frage nach dem Wert eines Fans ist also kontrovers. Dennoch lässt sich der Nutzen, den Fans auf der Umsatz- und Kostenseite erbringen, durchaus berechnen. Doch zunächst hängt alles davon ab, welche Inhalte man seinen Fans bietet, wie man sie pflegt und was man für sie tut. Denn wahre Fans sind keine x-beliebigen Kunden, sie haben im Rahmen der Kundenbetreuung eine Sonderstellung verdient. Was werden Sie Ihren Fans also geben, um sie bei der Stange zu halten?

Mit diesen Maßnahmen pflegen Sie Ihre Fan-Basis:

- Gemeinsame Rituale, die nur Insider kennen und Gemeinschaft bekunden,
- Anerkennung, Wertschätzung, Respekt: Dankeschöns, Streicheleinheiten und warme Worte, kleine Geschenke,
- regelmäßige Inhalte, die für Fans interessant sind und die sie so woanders nicht bekommen können: Geschichten, Exklusivinformationen, Insiderwissen,
- Fragen, Dialog, Austausch und Diskussionen, alles liebevoll moderiert,
- Aktionen: Ausschließlich für unsere Fans: Verlosungen, Exklusiv-Events, Vorabverkostungen, Produkttests, Prelaunches und so weiter,
- Angebote: Ausschließlich für unsere Fans: Exklusiv-Produkte, Sondereditionen, Fan-Rabatte, Gutscheine zum Weiterverschenken, einen Fanshop und mehr,
- Mitmach-Möglichkeiten: Votings, Rankings, Bewertungssysteme,
- Mitgestaltungsmöglichkeiten: Produktkreationen, Werbetexte, Helpdesk, Ideenwettbewerbe,
- und gegebenenfalls: monetäre Partizipation, anteilige Provisionen für Weiterempfehlungen, Produktverkauf oder Ideengenerierung.

Mein Resümee: Ganz egal ob klein oder groß, lokal oder global, B2B- oder Konsumentengeschäft: Eine Fan-Strategie ist im Vorfeld des Empfehlungsmanagements unerlässlich. Dabei ist das Social Web ein wichtiger Helfer. Doch am Ende gilt: Wahre Fans gewinnt man gar nicht auf Facebook und Co., sondern im physischen Leben. »Echte Fans gewinnt man durch echtes Handeln. Durch gute, kundennahe Produkte. Durch guten, kundennahen Service. Durch gutes, kundennahes Verhalten!«, schreibt Talkabout-Mann Mirko Lange in seinem Blog. [4] Dem stimme ich gerne zu.

5.
Empfehlungsmanagement: In vier Schritten zum Ziel

Wer heute ein aktives Empfehlungsmanagement betreibt, wartet nicht in aller Bescheidenheit darauf, entdeckt zu werden, er treibt vielmehr das Ganze systematisch voran. Er wird also sein Empfehlungsmarketing im Rahmen eines Prozesses managen, weshalb wir hier von Empfehlungsmanagement sprechen. Dies erfolgt in vier Schritten:

Schritt 1: Die empfehlungsfokussierte Analyse. Ziel des ersten Schritts ist es, sein Umfeld und das eigene Unternehmen gründlich nach Empfehlungspotenzial abzuklopfen. Denn solange Sie selbst keine Klarheit darüber haben, was bei Ihnen empfehlenswert ist, solange wird auch niemand auf dem Markt über Sie sprechen.

Schritt 2: Die empfehlungsfokussierte Strategie. Hier definieren Sie Ihre kurz- und langfristigen Empfehlungsziele – und zwar schriftlich. Dann erstellen Sie Listen, auf denen steht, wohin Sie in Zukunft verstärkt empfohlen werden möchten und wer Ihnen bei der Zielerreichung helfen kann.

Schritt 3: Maßnahmenplanung und Umsetzung. Nun entwickeln Sie gemeinsam mit ihren Mitarbeitern einen konkreten Plan, auf welche Art Sie das Empfehlungsmarketing anstoßen und systematisch auf- beziehungsweise ausbauen können. Die Methoden und ihre Umsetzungsweise sind vielfältig und branchenspezifisch.

Schritt 4: Monitoring und Optimierung. Um die Ergebnisse aus den vorangegangenen Schritten zu messen und damit das Empfehlungsmarketing zu steuern, braucht es kein komplexes Kennzahlensystem. Oft wird hier der Net Promoter® Score (NPS) genutzt, mit dessen Hilfe sich allerdings nur die Empfehlungsbereitschaft messen lässt. Ich favorisiere deshalb die Empfehlungsrate. Sie ist die ultimative unternehmerische Kennzahl und sollte im Marketingplan an vorderster Stelle stehen.

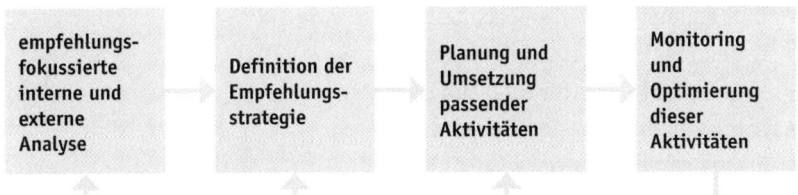

| empfehlungs-fokussierte interne und externe Analyse | → | Definition der Empfehlungs-strategie | → | Planung und Umsetzung passender Aktivitäten | → | Monitoring und Optimierung dieser Aktivitäten |

Abbildung 8: Der Managementprozess des Empfehlungsmarketings mit seinen vier Schritten. Die Ergebnisse des Monitorings führen zu Optimierungsaktivitäten in den vorherigen Schritten.

Bevor es nun richtig losgeht mit Ihrem eigenen Empfehlungskonzept: Werden Sie zunächst selbst als Empfehler aktiv. Suchen Sie nach empfehlenswerten Leistungen in Ihrem Umfeld und beginnen Sie, Empfehlungen auszusprechen. So erfahren Sie am ehesten, wie man sich als Empfehler fühlt und wie das Empfehlen auf alle Beteiligten wirkt. Bringen Sie ferner in Erfahrung, was Ihre Gesprächspartner bei den empfohlenen Unternehmen erlebt haben. Sind Ihre Empfehlungen gut, wird man Sie als qualifizierten Ratgeber schätzen und auf Ihr Urteil zukünftig noch mehr Wert legen. So erarbeiten Sie sich schnell ein Netzwerk Gleichgesinnter, von dem Sie profitieren können.

5.1 Die empfehlungsfokussierte Analyse (Schritt 1)

Wer hoch hinaus will, braucht ein solides Fundament. Auch wenn es Sie noch so sehr juckt, gleich in die Umsetzung zu gehen: Beginnen Sie mit der empfehlungsfokussierten Analyse. Zweck dieses ersten Schrittes ist es, sein Umfeld und das eigene Unternehmen nach Empfehlungspotenzial abzuklopfen. Denken Sie dazu – am besten schriftlich – zunächst darüber nach, was bei Ihnen beziehungsweise in Ihrem Unternehmen begeisternd, begehrenswert und damit empfehlenswert ist:

- Ihre empfehlenswerten Produkte,
- Ihre empfehlenswerten Dienstleistungen,

- Ihre empfehlenswerten Fachkräfte,
- Ihr empfehlenswertes Know-how,
- Ihr empfehlenswerter Erfahrungsschatz,
- Ihre empfehlenswerten Beziehungen,
- Sie als empfehlenswerte Persönlichkeit.

Solange Sie selbst keine Klarheit darüber haben, was bei Ihnen einzigartig ist, was Sie so ganz anders tun als die Anderen, was Sie bemerkenswert macht, welche Ihrer Leistungen man unbedingt haben muss, welches Produkt eine außergewöhnliche Geschichte hergibt, solange wird auch niemand im Markt über Sie sprechen.

Am besten befragen Sie hierzu Ihre Stammkunden. Die können Ihnen garantiert sagen, warum sie immer wieder gern bei Ihnen kaufen beziehungsweise regelmäßig mit Ihnen zusammenarbeiten. So liefern sie Ihnen die empfehlenswerten Argumente frei Haus. Stellen Sie aus dem Kreis der fokussierenden Fragen vor allem die:

- Was ist es, das Sie bei uns am meisten begeistert?
- Was ist der wichtigste Grund, uns die Treue zu halten?
- Welches ist die schönste Geschichte, die Sie je mit uns erlebt haben?

Analysieren Sie auch, welche Ihrer Leistungen tatsächlich am stärksten weiterempfohlen werden. Konzentrieren Sie sich in Zukunft vor allem auf diese. Das potenziert Ihren Erfolg. Denn nicht das, was Sie so toll an sich finden, sondern allein das, was Ihre Kunden für besonders liebens-, lobens- und empfehlenswert halten, gehört in Ihre Verkaufsgespräche, in Ihr Prospektmaterial und ins Internet!

Schon allein dieser kleine Hinweis müsste in vielen Firmen ein Riesenaktionsprogramm nach sich ziehen. Denn egal ob Broschüren, Websites oder Beratungsgespräche, sie alle sind selbst zentriert. Ein Beispiel dafür? »Wir über uns«, heißt der erste Navigationspunkt etlicher Homepages. Was dann folgt ist Selbstbeweihräucherung und Eigenlob. Klänge »Wir für Sie« nicht schon sehr viel besser? Und wäre es nicht ungleich wirkungsvoller, wenn einen die Kunden loben? Das sollte bereits auf der Startseite losgehen. Noch ein Beispiel? »Wir über uns«, in klassischen Verkaufspräsentationen geht das zig Folien lang so. Schließlich dann auf der letzten Seite: der Logofriedhof mit den bestehenden Kundenbeziehungen. So merkt es jeder: Der Kunde kommt zum Schluss. Dabei müsste er gerade im Vertrieb an erster Stelle stehen. Und besonders in Verkaufsgesprächen könnten seine empfehlenden Statements sehr hilfreich sein.

Suchen Sie weiter nach konkreten Empfehlungschancen, indem Sie fragen:
- Wo stecken bei uns Empfehlungschancen vor dem Verkaufsprozess?
- Wo stecken Empfehlungschancen während des Verkaufsprozesses?
- Wo stecken Empfehlungschancen nach dem Verkauf, also während der Auftragsabwicklung, bei der Auslieferung, im After-Sales-Service?

Apropos After-Sales: Zu einiger Berühmtheit im Empfehlungsmarketing hat es Clemens, das Bärchen von Malermeister Werner Deck, gebracht. Das Stofftier wird nach Beendigung der Arbeiten nicht als Geschenk überreicht, sondern zwecks Überraschungseffekt so im Raum versteckt, dass man es erst zu einem späteren Zeitpunkt entdeckt, zum Beispiel hinter dem Vorhang oder auf dem Fernseher hinter der Vase. Clemens trägt auf dem Rücken einen Aufkleber mit Adresse und folgendem Text: »Einen schönen guten Tag, ich bin Clemens von malerdeck und möchte mich bei Ihnen für die gute Zusammenarbeit bedanken. Es hat uns großen Spaß gemacht, Ihre Umgebung ein bisschen farbiger zu gestalten. Mir gefällt es so gut, ich bleibe da. Eine Bitte habe ich zum Schluss: Empfehlen Sie uns weiter! Danke.« Ein Schmunzeln, Mundpropaganda und Folgeaufträge sind Malermeister Deck auf diese Art sicher.

Doch weiter in der Analyse: Als nächstes überlegen Sie, am besten ebenfalls schriftlich, welche Tugenden Sie, Ihre Mitarbeiter und Ihre Kommunikation benötigen, um empfehlungswürdig zu sein. Definieren Sie dann, woran Ihre Zielpersonen erkennen, dass Sie diese Tugenden (als Mensch und Unternehmen) besitzen:

- Ehrlichkeit
- Zuverlässigkeit
- Fairness
- Offenheit
- Integrität
- Charisma
- Optimismus

Wir haben ja bereits gesehen, dass gerade die emotionalen Faktoren im Empfehlungsmarketing eine überaus wichtige Rolle spielen. Wen wir für kompetent und gleichzeitig für ehrlich, zuverlässig, vertrauenswürdig, sympathisch und charismatisch halten, den empfehlen wir gerne weiter. Wem wir solche Eigenschaften hingegen nicht zuschreiben können, den empfehlen wir nicht – selbst dann, wenn uns das Produkt an und für sich gefällt. Und darüber hinaus: Menschen, die man schätzt und mag, werden seltener angegriffen als gesichtslose Marken.

Wenn Sie bereits Empfehlungen bekommen: Analysieren Sie nun deren Qualität. Schauen Sie genau: Was wird im Einzelnen weiterempfohlen? Das Schnäppchen? Ihr größter Verlustbringer? Oder Ihr Spitzenprodukt? Die Zusammenarbeit mit einem bestimmten Verkäufer? Ein einzelner Servicebereich? Wer im Kundendienst und wer nicht? Und ist das, was weiterempfohlen wird, auch das, was Sie wollen, weil es unternehmerisch sinnvoll ist? Zeigen Ihnen die Kunden durch ihre Empfehlungen, in welche Richtung Sie Ihr Unternehmen weiterentwickeln können?

Ermitteln Sie ferner, wenn möglich, auch Ihre Empfehlungsrate. In Kapitel zwölf wird sie näher erläutert. Sie ist gleichzeitig Ausgangspunkt und Ergebnis eines systematischen Empfehlungsmarketings.

5.2 Die empfehlungsfokussierte Strategie (Schritt 2)

Erst das Ziel, dann der Weg. Das ist wie bei einem Navigationsgerät: Wenn man sein Ziel nicht eingibt, kann es keine passende Route berechnen. Also heißt es nun, die konkreten Ziele im Rahmen Ihrer Empfehlungsstrategie zu bestimmen – und zwar schriftlich. Diese können beispielsweise in folgende Richtungen gehen:

- die Empfehlungsrate bis zum ... von x auf y erhöhen,
- von der Hälfte aller bestehenden Kunden bis zum ... mindestens eine qualifizierte Empfehlung erhalten,
- bis zum ... durch entsprechende Fragen die drei wichtigsten Empfehlungsgründe ausgewählter Kunden ermitteln,
- bis zum ... mindestens fünf Referenzkunden gewinnen,
- bis zum ... mindestens drei Influencer aktivieren,
- bis zum ... mindestens zehn positive Kundenstatements (Testimonials) auf die eigene Website einstellen,
- ab dem ... jeden Monat ein Thema forcieren, das geeignet ist, positive Mundpropaganda auszulösen, und eine Geschichte dazu in Umlauf bringen.

Machen Sie ferner das Einbauen eines Empfehlungseffekts zu einem grundsätzlichen Teil Ihrer Strategie. Das heißt, dass alles, was Sie tun, dazu geeignet sein sollte, eine kleinere oder größere Mundpropaganda-Welle auszulösen.

Nachdem die Ziele benannt sind, erstellen Sie eine Liste, auf der steht, wohin Sie in Zukunft verstärkt empfohlen werden möchten:

- bei welchen Wunschkunden,
- in welche Branchen,
- in welche Unternehmen oder Unternehmensbereiche,

- in welche Netzwerke,
- bei welchen Zielgruppen,
- bei welchen Pressevertretern,
- bei welchen Meinungsführern und Multiplikatoren.

Ferner benötigen Sie eine namentliche Auflistung all derer, die Ihnen beim Auslösen von Mundpropaganda und Empfehlungen helfen können. Diese Liste ist der Ausgangspunkt für alle weiteren Aktivitäten. Das gezielte Ansteuern eines ersten Kreises von Kontaktpersonen, bei denen eine Botschaft zwecks Weiterleitung platziert werden soll, wird übrigens im viralen Marketing Seeding, also aussähen genannt.

Fragen Sie beim Erstellen Ihrer Liste nicht nur: Wen kenne ich? Fragen Sie auch einmal andersherum: Wer kennt mich? Denken Sie hierbei auch an Kontakte von früher, also an Schul- und Studienfreunde beziehungsweise an Kollegen ehemaliger Arbeitgeber. Das Internet vereinfacht die Suche erheblich. Grundsätzlich gibt es zehn verschiedene Zielkreise, die Ihnen helfen können, neue Kunden per Mund zu Ohr zu gewinnen:

- das private Umfeld, also Familie, Freunde und Bekannte,
- festangestellte und freie Mitarbeiter,
- bestehende und ehemalige Kunden,
- das berufliche Umfeld: Lieferanten, Partner, Investoren,
- die Nachbarschaft und die lokale/regionale Öffentlichkeit,
- Menschen, mit denen Sie gemeinsame Interessen teilen (bei der Ausübung von Hobbys, in Clubs, Vereinen usw.),
- offline-basierte Netzwerke (Berufsverbände, Business-Clubs, Alumni-Vereinigungen usw.),
- onlinebasierte Netzwerke (XING, Google+, LinkedIn usw.),
- passende Kooperationspartner,
- Influencer, Multiplikatoren und Meinungsführer.

Netzwerke sind mehr oder weniger unsichtbare Beziehungsgeflechte. Sie müssen deshalb zunächst sichtbar gemacht werden. CRM-Programme können dies nicht, jedoch gibt es geeignete Software dafür. Ich habe auch schon Verkäufer kennengelernt, die dazu Networking-Landkarten an die Wand malten. Sie haben die Namen aller Personen, die ihnen einfielen, auf Kärtchen geschrieben, diese angepinnt und je nach Intensität der gepflegten Beziehung durch verschieden farbige und unterschiedlich dicke Fäden miteinander verbunden. Auf solche Weise lassen sich starke und schwache Netzwerke sichtbar machen und Super-Networker über Knotenpunkte identifizieren. Gerade das Visualisieren kann dabei zu außerordentlich wertvollen Erkenntnissen führen.

Die gefundenen Kontakte sind dann zu sortieren, zu priorisieren und sinnvollen Kategorien zuzuordnen. Danach geht's mit dem Networken los: Durchforsten Sie Ihre Dateien, wenn Kollegen einen Job suchen. Bringen Sie Menschen zusammen, die voneinander profitieren können. Und gehen Sie nie allein zum Essen. Gönner setzen ihre Macht und ihren Einfluss ein, um Türen zu öffnen. Geschäftsfreunde geben einander gute Tipps, wo man wie bei wem ins Geschäft kommen kann. Man empfiehlt einander weiter und nutzt die jeweiligen Netzwerke für Synergieeffekte.

Netzwerke können auch gezielt entstehen. So wurde im Rhein-Main-Raum ein Handwerker-Netzwerk gegründet, in dem man sich gegenseitig weiterempfiehlt. »Das müssen Firmen sein, die als Zielgruppe zahlungskräftige Kunden mit extravagantem Geschmack haben«, sagt Initiator Volker Geyer. Gut so! Denn kooperationsungeeignete Netzwerkpartner können sehr schnell Probleme verursachen. Jede Beziehung schafft ja auch Abhängigkeiten. Prüfen Sie also sorgfältig, mit wem Sie ins Networking-Boot steigen. Das positive oder negative Verhalten und der gute oder schlechte Ruf Ihrer Partner fallen immer auch auf Sie zurück. Imagetransfer nennt man das dann.

So nimmt das Franchise-System »Holz die Sonne ins Haus« aus Österreich zum Beispiel nur solche neuen Franchisepartner auf, die von bestehenden Franchisenehmern empfohlen wurden. Auf diese Weise ist unter anderem auch sichergestellt, dass Systempartner in angrenzenden Gebieten sich nicht bis aufs Messer bekriegen, sondern in beiderseitigem Interesse miteinander kooperieren.

Und wie lassen sich passende Kooperationspartner finden? Indem Sie sich folgende Kernfragen stellen: »Wer ist Zielgruppenbesitzer der Kundenkreise, in die ich hineinempfohlen werden möchte? Kommt mit ihm eine Zusammenarbeit sowohl fachlich als auch menschlich gesehen infrage? Und für wen bin ich als Kooperationspartner interessant?« Onlinenetzwerke und Meinungsportale können zwecks erster Recherchen sehr hilfreich sein. Ferner kann man Dritte wie etwa bestehende Kunden zu Rate ziehen. Und das geht so: »Lieber Kunde, wir wollen expandieren und denken dabei auch an eine Kooperation. Wenn Sie an meiner Stelle wären und sich für einen Kooperationspartner entscheiden müssten, an wen würden Sie dann denken? ... Und aus welchen Gründen denken Sie gerade an ihn? ... Kennen Sie auch ...? Und was halten Sie von ihm? ... Danke, das bringt mich weiter.«

Ist die Liste erstellt, geht es darum, zu sondieren, wie gemeinsame Kunden von einem Zusammenschluss profitieren können. Hiernach müssen passende Vorteilspakete entwickelt werden. Kooperationen können einem einmaligen Zweck dienen oder auf Langfristigkeit zielen. Sie können horizontal, also auf Augenhöhe angelegt sein oder vertikal, also im Huckepack-Stil funktionieren. Und sie können natürlich auch mehrere Partner umfassen. Klassische Beispiele sind die Kooperation zwischen Bäcker und Metzger, die Bündelung von Produkten, die Gutscheinbeilagen in Amazon-Paketen oder die Zusammenschlüsse zu Einkaufsverbünden. Was ansonsten bei diesem Thema so alles zu beachten ist, dazu hat Christian Görtz ein umfassendes Buch geschrieben. Sie finden es im Literaturverzeichnis genannt.

Bleibt noch die Suche nach den Influencern, Meinungsführern und Multi-plikatoren. Sie sind im Empfehlungsmarketing besonders wertvoll, denn sie kennen eine Menge Leute. Sie beeinflussen Ansichten, Einstellungen und Handlungen. Ihr Urteil bahnt das Konsumverhalten ganzer Gruppen. Denn Menschen folgen (manchmal geradezu blind) der Meinung und dem Verhalten sogenannter Alpha-Tiere. Es ist nun mal naheliegend, auf die Ratschläge solcher Personen zu hören, über die die breite Öffentlichkeit eine gute Meinung hat. Erstellen Sie also eine Liste solcher Opinion-Leader mit allen Infos, die Sie über diese beschaffen können, und speichern Sie das in Ihrer Datenbank. Alles weitere zum Thema Influencer-Marketing steht in Kapitel neun.

Schauen Sie sich bei der Suche nach potenziellen Empfehlern vor allem auch nach Menschen um, die Ihnen ähnlich sind und die sie/Sie mögen. Ähnlichkeit schafft wie schon gehört Sympathie – und gegenseitige Sympathie ist eine gute Basis fürs Empfehlungsgeschäft. Danach begeben Sie sich auf die Suche nach Menschen, die Ihnen beziehungsweise Ihren Ange-boten offensichtlich zugeneigt sind. Befragen Sie dazu einmal Ihr Umfeld: »Wer redet eigentlich besonders gut über mich/uns?« Eine weitere Frage könnte diese hier sein: »Wer redet besonders gern?« Vor allem Verkäufer, Frauen, Jugendliche und gesellige ältere Leute unterhalten oft viele Ver-bindungen. Sie sind als Multiplikatoren geradezu prädestiniert.

Lockere Bekanntschaften können im Empfehlungsmarketing übrigens oft nützlicher sein als gute Freunde. Denn mit guten Freunden zusammen bewegen Sie sich immer in den gleichen Kreisen, rühren also in der glei-chen Suppe. Berufliche und private Bekannte hingegen haben oft den Fuß in einer anderen Welt, haben dort viele Kontakte und können eine Tür dorthin aufstoßen. So dienen sie als Link zu bislang noch nicht mit Ihnen verbundenen Beziehungsnetzen. Die wahre Stärke solcher schwachen Ver-bindungen wurde erstmals von dem US-amerikanischen Soziologen Mark Granovetter in seinem Grundlagenwerk *The Strength of Weak Ties* ausführ-lich beschrieben. Übrigens tendieren Männer zu schwachen Verbindungen, während Frauen die starken favorisieren. Auch das ist ein Grund, weshalb es in den Teppichetagen von Krawattenträgern geradezu wimmelt.

Nachdem Sie jetzt ihr komplettes Netzwerk und Ihren Kundenstamm nach potenziellen Empfehlern analysiert haben, durchforsten Sie nun noch Ihre Datenbank auf der Suche nach realen Empfehlern, also Kunden, die sie bereits empfohlen haben. Die Chancen stehen hoch, dass sie zum Wiederholungstäter werden. Hegen und pflegen Sie Empfehler also mit besonderer Sorgfalt. Und darüber hinaus: Markieren Sie empfehlende Kunden als solche in Ihrer Empfehlungsdatenbank, und zwar so, dass dies für jede Abteilung deutlich sichtbar ist. Warum das? Stellen Sie sich nur einmal vor, wie sich einer fühlt, der sie gerade an einen Großkunden weiterempfohlen hat und am gleichen Tag von Ihrer Buchhaltung eine ungerechtfertigte Standardmahnung erhält!

5.3 Maßnahmenplanung und Umsetzung (Schritt 3)

Nun erstellen Sie – unbedingt in schriftlicher Form – einen konkreten Plan, mit wessen Hilfe und auf welche Weise Sie Mundpropaganda und Empfehlungen anstoßen und systematisch auf- beziehungsweise ausbauen können. Wie bei jeder guten Umsetzungsplanung geht es dabei um folgende Punkte:

- Wer (Bereich, involvierte Mitarbeiter, Verantwortliche)
- macht was (Beschreibung der Aktion oder Maßnahme)
- ab/bis wann (Zeitpunkt, Zeitlinie oder Zeitplan)
- mit welchem Budget (Kostenkalkulation) und
- mit welchen Wunschergebnissen (Messgrößen, Erfolgskontrolle)?

Kluge Pläne berücksichtigen immer mehrere Wege zum Ziel: die ideale Strecke (best case), die realistische Strecke wie auch die Strecke für den Fall, dass alle Stricke reißen (worst case). Gerade in Zeiten des Wandels kann man gar nicht genug Alternativen in der Schublade haben. Und man braucht ständig neue Ideen. Denn die Erwartungshaltung der Konsumenten steigt rasend schnell.

Im Folgenden und auch in den nächsten Kapiteln finden Sie nun eine Fülle von Anregungen und Beispielen. Suchen Sie sich die Praktiken aus, die gut zu Ihnen, zu Ihren Angeboten und zu Ihren Kunden passen, damit Sie authentisch und glaubwürdig wirken. Die Wege zum Ziel sehen natürlich für jeden einzelnen Anbieter anders aus.

Ideenliste: Zwanzig mündliche Verstärker fürs Weiterempfehlen

Mündliche Verstärker sind solche, die Sie gut in persönlichen und telefonischen Gesprächen unterbringen können. Hier eine kleine Sammlung:

1. Verbreiten Sie Erfolgsmeldungen, die das Thema Empfehlen zum Inhalt haben. Dies kann in jedem Verkaufsgespräch oder, wenn elegant gemacht, auch im Rahmen von Presseinterviews geschehen. Ein Beispiel? »Die Hälfte der neuen Mitglieder wurden durch die direkte Empfehlung eines bisherigen Clubmitglieds auf uns aufmerksam«, ließ Dietmar Keuschnig, Geschäftsführer von Nespresso Österreich, verlauten.

2. Bringen Sie gezielt Unterhaltungen in Gang, die auf eine Empfehlung hinauslaufen können. Zum Beispiel: Ein Einrichtungshaus ruft an und will wissen, wie es sich mit der exklusiven Einbauküche so lebt – und ob man ein Paar kenne, das sich auch neu einrichten will. Oder: Ein Reisebüro fragt nach der letzten Urlaubsreise, zu der es einen Geheimtipp beigesteuert hat. Fällt die Antwort positiv aus, heißt es, wem aus dem Bekanntenkreis man denn ebenfalls etwas Gutes tun könne. Oder: Eine Spendeninstitution will in Erfahrung bringen, wer aus dem Umfeld wohl auch ein solches Projekt unterstützen würde. Der Trick in allen drei Fällen: Man bittet nicht um einen Gefallen für sich, sondern stellt das Wohl Dritter heraus.

3. Sprechen Sie in Verkaufsgesprächen das Thema Empfehlungen sachte an. Erzählen Sie von Kunden, die durch eine Empfehlung auf Sie aufmerksam wurden. »Ein Geschäftskollege hat uns vor Jahren zusammengebracht«, sagen Sie munter und erzählen darüber, wie sich die Sache entwickelt hat.

4. Fragen Sie Ihre Kunden gezielt nach Empfehlungsadressen. Was es dabei so alles zu beachten gibt, welche Formulierungen helfen und welche nicht, darüber finden Sie in Kapitel sieben eine Fülle von Hinweisen und Anregungen.

5. Achten Sie bei einer Unterhaltung auf Informationen, die Empfehlungschancen beinhalten könnten. »So ein Vortrag wäre auch für xx eine ganz tolle Sache«, höre ich oft, wenn ich am Schluss einer Veranstaltung ein wenig mit den Teilnehmern plaudere. Ähnliche Hinweise gibt es ganz beiläufig in vielen Gesprächen. Man braucht nur ein offenes Ohr – und dann den Mut, darauf einzugehen.

6. Suchen Sie nach Empfehlungsgelegenheiten. So halten ein Dachdeckermeister und seine Gesellen immer dann, wenn sie auf einem Gebäude sind, gezielt Ausschau nach verschmutzten Regenrinnen in der Umgebung. Dann fragen sie ihren Kunden, ob er die Leute aus jenem Haus kennt. Ist die Antwort positiv, wird gefragt, ob der Meister die Nachbarn grüßen darf. Der stellt sich dann im Nachbarhaus vor und bietet die Möglichkeit, für kleines Geld die Regenrinne zu säubern, um spätere schlimme Folgen zu vermeiden. Über diesen Kleinauftrag hat der Betrieb dann auch in diesem Haus einen Fuß in der Tür.

7. Bitten Sie ihre Kunden aktiv, Sie zu empfehlen, zum Beispiel so: »Lassen Sie doch auch xx wissen, dass es uns gibt.« Sie können es aber auch etwas pfiffiger machen. Wie das geht? Im Flugzeug hörte ich eine Stewardess einmal folgendes sagen: »Wenn Sie mit uns zufrieden waren, dann erzählen Sie das bitte gleich weiter. Und falls Sie nicht so zufrieden sind, dann sagen Sie es bitte nur dem Piloten.«

8. Bringen Sie sich gezielt ins Gespräch. Bleiben Sie auf Veranstaltungen, Kongressen und Messen nicht bei den Leuten stehen, die Sie schon kennen. Machen Sie es sich bei Events zum Prinzip, höchstens zehn Minuten mit den gleichen Personen zu plaudern. Einer meiner Kollegen war bei einer größeren Veranstaltung in aller Munde, weil er sich die Namen sämtlicher Teilnehmer gemerkt hatte.

9. Legen Sie sich eine pfiffige Vorstellung zu, damit man sich schnell an Sie erinnert – und über Sie wohlwollend spricht. Ein würdiger Professor machte das so: »Mein Name ist ... und ich bin Gehirnforscher. Das heißt, ich habe die Gebrauchsanweisung für Ihr Oberstübchen.« Der Mann wusste: Sich auf solche Weise interessant zu machen, ist der Knackpunkt, um interessant für andere Menschen zu sein. Nur wer Eindruck macht, weil er etwas ganz Besonderes ist oder hat oder kann und damit in guter Erinnerung bleibt, wird weiterempfohlen.

10. Nehmen Sie viele Einladungen an. Zeigen Sie sich in der Öffentlichkeit, gehen Sie auf lokale Feste, engagieren Sie sich in Vereinen oder wohltätigen Einrichtungen. Über neue Kontakte ergeben sich immer Empfehlungschancen. Wenn Sie überall präsent sind und sich auch nützlich machen, wird garantiert über Sie gesprochen. Empfehlungen sind ja Vertrauenssache. Und Vertrautheit festigt Vertrauen.

11. Gehen Sie auf die Suche nach unterhaltsamen Anekdoten. Die wirkungsvolls-ten Geschichten sind wahre Begebenheiten über die erfolgreiche Zusammen-arbeit. Erzählen Sie beispielsweise von einem Kunden, der durch Ihr Produkt einen neuen Markt erobert hat und so sein Glück machte. Schildern Sie in allen Facetten, wie sich das im Einzelnen zugetragen hat. Erzählen Sie von seinen Zweifeln am Anfang, von seinem Abwägen, auch von den ersten Hin-dernissen und schließlich vom Durchbruch. Streuen Sie solche Geschichten gezielt.

12. Verknüpfen Sie Exklusives mit einem kleinen Geheimnis. Geheimnisse werden bekanntlich sofort weitererzählt. Erfinden Sie ein Codewort, das den Weg zu einem Rabatt, zu einem Sonderangebot oder zu einer besonderen Service-leistung freimacht und erläutern Sie, warum nur die ausgewählte Zielgruppe dieses Codewort erhält (Geburtstag, Stammkunde, Teilnehmer an einem Event ...). Man wird Ihr Codewort an gute Freunde verraten? Genau das ist der erwünschte Effekt! Klar, das kostet, doch bedenken Sie: Klassische Neu-kundenwerbung ist teurer.

13. Machen Sie Ihr Angebot knapp. Vor allem die stolzen Besitzer, die eins der raren Teile ergattern, werden darüber berichten. Im Jahr 2013 hat Hornbach 7.000 streng limitierte Hämmer aus echtem Panzerstahl schmieden lassen. Dafür wurde ein ausrangierter tschechischer Schützenpanzer in seine Einzel-teile zerlegt. Die exklusiven Hämmer waren, von viel Presserummel begleitet, im Nu ausverkauft.

14. Seien Sie überraschend, faszinierend, spektakulär. Tun Sie Dinge, die in Ihrer Branche noch nie dagewesen sind. Sorgen Sie hierbei vor allem für emotionale Berührungen. Eine geniale Idee, die unauslöschlich mit Ihrem Namen verbunden ist, hält vielleicht ewig. Pieces of conversation nennen die Amerikaner das. »Wir liefern unseren Kunden in kleinen Stückchen Konversa-tionsmaterial, das sie in die Gespräche im Bekanntenkreis einfließen lassen können«, sagt Klaus Kobjoll. So hängt abends am Restaurant-Ausgang seines Hotels Schindlerhof eine Liste mit den Radarfallen im Umkreis. Und dies ist nur ein Detail von weit über dreihundert.

15. Werden Sie zum Stadtgespräch, beispielsweise durch eine verrückte Aktion auf der Straße oder anderswo, die von Zeitungsreportern oder Fernsehkame-ras eingefangen werden kann. Das machte zum Beispiel der Eichborn Verlag auf der Buchmesse in Frankfurt. Um das runderneuerte Corporate Design einem breiten Publikum vorzustellen, wurde das Verlagslogo, eine Fliege, zu einem lebendigen Werbeträger. Zweihundert narkotisierten echten Fliegen wurde ein kleiner Banner mit Biowachs ans Hinterteil geklebt. Nach ihrem Er-wachen flogen diese dann in den Messehallen herum. Die ganze Aktion wurde von der Presse bejubelt, von vielen Besuchern gefilmt, bei YouTube gepostet und über eine Million Mal angeklickt.

16. Halten Sie Fachvorträge über Ihr Wissensgebiet. Veranstalten Sie dazu offene Info-Abende. Oder nehmen Sie Kontakt mit IHKs, Kongressveranstaltern, Verbänden, Wirtschafts- und Marketingclubs auf. Solche Institutionen sind ständig auf der Suche nach guten Referenten mit spannenden Themen. Konnten Sie beeindrucken, sorgt dies für reichlich Gesprächsstoff im Umfeld der Zuhörer – und damit auch für Weiterempfehlungen.

17. Wenn Sie eine Kundenveranstaltung planen: Bitten Sie jeden Ihrer Kunden, eine interessierte Person mitzubringen, die noch nicht Kunde ist. Laden Sie auch Multiplikatoren ein. So können begeisterte Kunden mit Interessenten über erfolgreich abgewickelte Projekte plaudern und Sie (hoffentlich) in den höchsten Tönen loben. Dies verschafft Ihnen eine breitere Öffentlichkeit und sichert neues Geschäft. Die Nienstädter Steuerberater-Sozietät Hitzemann & Kretschmer, auf deren Schaumburger Unternehmertag ich einen Impulsvortrag hielt, bekam auf diese Weise gleich sechs neue Mandanten.

18. Wenden Sie grundsätzlich die x2-Methode an. So erhält jeder Kunde im Hotel Prinz-Luitpold-Bad in Bad Hindelang bei der Abreise einen Gold- und einen Silbertaler. Für beide gibt es je 10 Euro Zimmerrabatt. Den goldenen kann der Gast beim Wiederkommen selbst einlösen, den silbernen soll er an Dritte weiterreichen. »Die Taler werden viel häufiger eingelöst als Gutscheine, die wir früher hatten. Denn Taler sind einfach verspielter«, erzählt Hotelier Armin Gross in der Zeitschrift Impulse. Pro Jahr gewinnt er so rund zweihundert neue Gäste hinzu.

19. Kopieren Sie das Konzept der Tupperware-Partys. Hierbei lädt eine Gastgeberin Menschen aus ihrem Umfeld zu einer Produktvorführung in ihre Wohnung ein. Stammteilnehmerinnen berichten dabei von ihren positiven Vorerfahrungen. Nach dem gleichen Prinzip organisiert eine Friseurin gemeinsam mit einer Kosmetikerin sogenannte Mädelsabende. Geeignete Themenwelten vorausgesetzt, funktioniert sowas genauso bei Männern und in gemischten Runden.

20. Nutzen Sie das Prinzip der sozialen Bewährtheit. Sagen Sie also dies: »Die meisten unserer Kunden entscheiden sich an Ihrer Stelle für ...«. Oder das: »Ich würde in Ihrem Fall ... empfehlen.« Wie gut das funktioniert, habe ich kürzlich selbst erlebt, als ich einen Eyeliner brauchte. »Die meisten Kundinnen nehmen auch diese Wimperntusche dazu«, sagte die Verkäuferin. Bingo! Beides gekauft!

Schriftliche Verstärker sind solche, die Sie in Schriftstücken, in Werbematerial und im Internet gut unterbringen können. Auch hierzu eine kleine Sammlung:

1. Bieten Sie, nachdem Sie zu Beginn einer Begegnung Ihre Visitenkarte überreicht haben, am Ende immer eine zweite an. Bitten Sie Ihren Gesprächspartner, diese Karte bei Gelegenheit an eine interessierte Person weiterzugeben. Manche Verkäufer telefonieren sogar hinterher und fragen, ob sie weitere Visitenkarten schicken sollen. Dabei kann man auch anbieten, bei Interessenten selbst einmal anzuklopfen.

2. Lassen Sie Postkarten drucken, auf denen Tipps stehen, die mit Ihrer Arbeit zu tun haben und für Dritte nützlich sind. Je zwei davon überreichen Sie mit einem so charmanten Lächeln, dass niemand nein sagen kann. Packt man die Karten später aus, dienen sie als Gesprächsstoff und kleines Geschenk zum Weiterreichen. Auf der Rückseite findet sich natürlich ein entsprechender Hinweis, von wem diese stammen.

3. Wenn Sie Gutscheine verschicken, legen Sie gleich einen zweiten bei – und weisen Sie ausdrücklich darauf hin: »Weil geteilte Freude doppelte Freude ist, schicken wir Ihnen gleich zwei Gutscheine zu. Einer ist für Sie und der andere ist zum Verschenken an ... den nettesten Kollegen/die beste Freundin/die hilfreichsten Nachbarn.« So kommen Sie pfeilgerade im Umfeld Ihrer Zielgruppe ins Gespräch.

4. Ermuntern Sie schriftlich. In den USA las ich in einer Arztpraxis auf einem Schild im Wartezimmer einmal dies: »Bei folgenden Patienten möchten wir uns dafür bedanken, dass sie uns weiterempfohlen haben: ...« Die Wartenden interessierten sich sehr dafür. Ähnliches kann ich mir hierzulande – die entsprechende Erlaubnis vorausgesetzt – in einem Geschäft, bei einem Handwerker oder auf den Websites der unterschiedlichsten Anbieter vorstellen.

5. Wenn Sie persönliche Briefe schreiben oder E-Mails versenden, oder wenn Sie sich in Mailings an Ihre Kunden wenden, erwähnen Sie systematisch eine Personengruppe, für die das Angebot ebenfalls interessant sein könnte. Das klingt etwa so: »Wenn Sie und einer Ihrer Arbeitskollegen/Freunde/Geschäftspartner sich bis zum ... für ... anmelden, erhalten Sie den Frühbucherpreis von xx Euro. So sparen Sie xx Prozent. Und Ihre Arbeitskollegen/Freunde/Geschäftspartner sparen gleich mit.«

6. Wenn Sie einen Newsletter oder sonstige Informationen versenden, stimulieren Sie das Weiterreichen wie folgt: »Sicher kennen Sie Menschen, für die dieser Newsletter/dieses Angebot auch interessant sein könnte. Von daher sind wir Ihnen sehr dankbar, wenn Sie diese E-Mail an drei Personen weiterleiten.«

7. Werbebriefe, Prospekte und Broschüren enthalten oft einen Antwortabschnitt zum Zurücksenden oder (immer seltener) ein Antwortfax. Unter das obligatorische Ja-ich-will-Kästchen setzen Sie ein weiteres Kästchen zum Ankreuzen mit folgendem Wortlaut:»Ja, und ich will außerdem, dass ein guter Freund/ Geschäftspartner/Kollege von Ihrem tollen Angebot erfährt. Bitte senden Sie Ihre Unterlagen auch an ... Er/Sie wird sich sicher darüber freuen.«

8. Integrieren Sie in Ihre Bestellkataloge Empfehlungspostkarten zum Heraustrennen. Diese können an den Kundendienst adressiert sein (Gebühr zahlt Empfänger) oder so gestaltet werden, dass man sie direkt an mögliche Interessenten aus seinem Umfeld verschicken kann. Und wenn Sie einem Katalog Coupons beilegen, denken Sie immer auch an ein zweites Set zur Aktivierung des Empfehlungsgeschäfts.

9. Kopieren Sie die Amazon-Methode. Mit seinen Empfehlungssystemen macht, so wird gemunkelt, der Onlineversender um die 25 Prozent Mehrumsatz. Und das geht so: Kunden, die Produkt x gekauft haben, haben auch Produkt y gekauft (kollaboratives System). Oder so: Da Sie neulich Produkt x gekauft haben, könnten Sie sich auch für Produkt y interessieren (inhaltsbasiertes System). Bei YouTube werden etwa 30 Prozent aller Videos angesehen, weil sie den Usern am Ende eines Clips empfohlen werden. In Onlineshops lassen sich solche Systeme recht günstig installieren. Und auch in der Offline-Welt ist Nachmachen – selbst ohne die Hilfe von Vorschlagsalgorithmen – ganz einfach. Sogar auf dem Wochenmarkt sah ich mal so ein Schild: Kunden, die diese Äpfel gekauft haben, kauften auch Birnen und Möhren.

10. Machen Sie Ihre Kunden zu kostenlosen Werbeträgern. Dazu geben Sie den Fans etwas in die Hand, mit dem sie Flagge zeigen können. So hat die Automarke Mini eine Zeit lang Aufkleber mit folgendem Wortlaut verteilt:»My other car is a Mini«. Bei Apple erhält man Aufkleber, auf denen steht:»Ja, ich bin ein Apple-Fan«. Und Payback-Enthusiasten haben auf dem Briefkasten neben dem Bitte-keine-Werbung-Sticker einen zweiten, der sagt:»Payback, ja bitte!«

11. Sorgen Sie für Überraschungen, die man gerne weitererzählt. So packen die Mitarbeiter(innen) im Rewe Markt Wintgens in Bensberg an der Wurst- und Käsetheke unbemerkt kleine Sprüche in die Tüten, welche sie sich einfallen lassen und persönlich unterschreiben. Genauso ist der Rest des Teams im Laden aufgefordert, nette Sprüche in die Einkaufswägen zu legen.

12. Bitten Sie begeisterte Kunden um ein kleines Referenzschreiben, in dem sie über die Qualität Ihrer Arbeit sprechen. Man kann gar nicht genug solcher Statements haben. Bringen Sie diese in Angeboten, Verkaufsunterlagen, Prospektmaterial, Werbebriefen und auf Ihrer Website unter. Erstellen Sie eine Referenzmappe, oder zeigen Sie Referenzen auf Flatscreens im öffentlichen Bereich Ihrer Firma. Veröffentlichen Sie positive Kundenstimmen auch in internen Medien wie Intranet und Mitarbeiterzeitung, denn dies fördert den Stolz der Mitarbeiter.

13. Erstellen Sie zu beispielhaften Projekten eingängige Storys und bieten Sie diese der Presse an, denn viele Fachmedien arbeiten gerne mit Fallbeispielen. Lassen sie solche Beiträge aber von journalistisch versierten Menschen schreiben, denn sie dürfen nicht nach Eigenlob klingen. Der erschienene Beitrag, als Sonderdruck präsentiert, erfüllt dann nicht nur die eigenen Mitarbeiter mit Stolz, er kann bei Kunden ein wichtiger Türöffner sein.

14. Werden Sie im Social Web aktiv. Schreiben Sie gute Blog- und Twitterbeiträge, denn diese werden gerne verlinkt beziehungsweise retweetet. Bringen Sie in Internetforen Ihre sachkundigen Meinungen vor. Berichten Sie in den Eingabefeldern auf XING, LinkedIn, Facebook & Co. darüber, was Sie so machen. Und kommentieren Sie die fachlichen Beiträge anderer Personen. Doch halten Sie sich mit Eigenwerbung soweit wie möglich zurück. Glänzen Sie lieber durch Fachkompetenz.

15. Erstellen Sie kostenlosen Content zum Downloaden. Hierbei handelt es sich um Fachbeiträge oder kleine E-Books, die den Lesern zu Ihrem Fachgebiet Nutzwert bieten. Darin dokumentieren Sie vor allem fachliche Expertise, Ihre Leistungen hingegen erwähnen Sie nur knapp. Solche Ausarbeitungen können Sie auf Ihrer Website hochladen oder Fachportalen zum Einstellen anbieten. Da gute Beiträge im Social Web freizügig geteilt und weitergeleitet werden, kommen Sie so als Fachmann schnell ins Gespräch – und damit auch zu Anfragen und Aufträgen.

16. Zeigen Sie positive Onlinebewertungen auf Ihrer Website, und zwar am besten in rollierender Form. Wechseln Sie diese auch ständig, um sich immer wieder neu interessant zu machen. Präsentieren Sie solche Bewertungen auch Ihren Mitarbeitern.

17. Installieren Sie Social Plug-ins, also Share- und Like-Klickfelder auf Ihren Websites und Social-Media-Präsenzen – am besten als Zwei-Klick-Lösung. Binden Sie Icons und Widgets von Bewertungsplattformen auf Ihren Seiten ein.

18. Sichern Sie sich Links von wertigen Websites mit hohen Pageranks zu Ihrer eigenen Seite. Denn die Währung im Web heißt Link. Jeder Link ist wie ein kleines Empfehlungsschreiben. Er sagt Google, wie populär eine Seite ist.

19. Erstellen Sie viralträchtige Videos. Beim US-amerikanischen Mixer-Hersteller Blendtec lässt sich der kauzige Chef Tom Dickson dabei filmen, wie er auf Vorschlag der Viewer die unterschiedlichsten Objekte in seinem Hochleistungsmixer schreddert. So machte er das Haushaltsgerät zum Bestseller. Bei YouTube erreichte allein das Filmchen vom Verpulverisieren eines iPad über 17 Millionen Views.

20. Wenn Sie einen Onlineshop betreiben: Installieren Sie dort ein Bewertungssystem. Laut einer ECC-Handel-Studie steigt die Kaufwahrscheinlichkeit um 38,7 Prozent, wenn positive Produktbewertungen angezeigt werden.

Zu einigen dieser Punkte finden Sie in den folgenden Kapiteln übrigens weitere Tipps.

Empfehlungen für lau – oder geldwert belohnen?

Oft werde ich gefragt, ob man für Empfehlungen Geld anbieten soll, um damit den Tatendrang Dritter zu schüren. Meine Antwort darauf ist klar: Der wahre Erfolg des Weiterempfehlens basiert auf Freiwilligkeit. Echte Empfehler sind Überzeugungstäter. Wer mit Geldscheinen winkt, lockt meist die Falschen an. Betrachten wir auch, wie der Empfehlungsempfänger auf einen bezahlten Tipp reagiert. Erfährt der nämlich, dass Geld geflossen ist, können darunter Glaubwürdigkeit und Vertrauen leiden. Dies schärft den kritischen Blick, die Sache wird intensiver geprüft und unter die Lupe genommen. Man entwickelt Vorbehalte und folgt dem nicht ganz uneigennützigen Rat am Ende dann doch lieber nicht. Die größten Vorteile des Weiterempfehlens sind somit dahin.

Und wollen Empfehler überhaupt Geld? Meistens nicht. Sie wollen Erlebnisse, Prestige, Aufmerksamkeit, Einfluss, Verbundenheit, kleine Geschenke, eine Geste des Danks. All diese nicht ganz uneigennützigen Motive haben mit schnödem Mammon wenig zu tun. Im Rahmen einer Onlineumfrage hat sich Spreadly, der Social Sharing Button Service, unter anderem mit folgender Frage beschäftigt: »Wie möchten Sie für fundierte Empfehlungen belohnt werden wollen?«[5] Die zweihundertdreißig Teilnehmer antworteten wie folgt:

54 Prozent: Gar nicht. Ich fühle mich sonst nicht frei in meinen Empfehlungen.
21 Prozent: mit dem Status Influencer/Meinungsmacher in meinem Profil.
13 Prozent: mit attraktiven Geschenken.
8 Prozent: mit konkreten geldwerten Vorteilen.
5 Prozent: Ich sehe mich als Verkaufsförderer und möchte am Umsatz beteiligt werden.

Eine Untersuchung der Defacto GmbH[6] kam zu einem ähnlichen Schluss. Die Top-Ambassadors eines Versicherungsunternehmens waren nicht ausschließlich auf finanzielle Anreize im Gegenzug für eine Empfehlung aus, sie hatten vielmehr ganz andere Favoriten: exklusive Events, Reisegutscheine und Wohltätigkeitsspenden. Die am häufigsten genannten Argumente? Sie klangen so: »Ich möchte kein Verkäufer von … sein.« Oder so: »Ich möchte eher freiwillig und ungezwungen empfehlen.«

Dennoch gibt es reichlich geldwert belohnte Kunden-werben-Kunden-Aktionen. Ganz grundsätzlich muss entschieden werden, ob nur Kunden oder auch Nichtkunden teilnehmen können. Bei Cash-Provisionen ist sodann zu überlegen, ob und in welcher Höhe der Betrag zwischen Empfehlungsgeber und -empfänger aufgeteilt wird. Monetäre Anreize werden am besten gestaffelt, das heißt, je mehr Empfehlungen ausgesprochen werden, desto höher sollte die Belohnung dann sein.

Natürlich können auch Sachprämien, Rückvergütungen, Bonus- oder Rabattpunkte sowie Warengutscheine oder Wertcoupons ausgelobt werden. Diese sollen aber nicht dem Anbieter selbst gefallen, sondern für die Zielpersonen nützlich sein. Punktesysteme sprechen die Sammlerseele an. Bei Gutscheinen ergibt sich der Effekt des Mehrkaufs am Einlösungsort – und ein Nullaufwand, wenn der Gutschein verfällt. Egal, wie man sein Programm am Ende gestaltet: Es muss einfach zu verstehen und einfach umzusetzen sein, sonst lässt die Lust am belohnten Empfehlen schnell nach.

Wenn pfiffig gemacht, kann ein Empfehlungsprogramm für Anbieter und Kunde gleichermaßen gewinnbringend sein. So gibt es die Geschichte der siebzigjährigen Australierin Margaret Day. Sie hat einhundertzehn erfolgreiche Empfehlungen für Fahrräder der Marke Bike Friday ausgesprochen und damit dem Unternehmen einen Umsatz von 337.170 Dollar beschert. Sie selbst hat auch kräftig verdient. Denn für jede Empfehlung, die bei Bike Friday zum Kauf führt, können Kunden entweder einen Scheck über fünfzig Dollar oder einen Gutschein über 75 Dollar bekommen. Um Kunden das Empfehlen leicht zu machen, erhalten sie nach dem Kauf zwölf vorfrankierte Postkarten. Fast sechzig Prozent der Umsätze stammen nach Aussagen des Unternehmens aus den Empfehlungen. Kostenintensive Werbung hingegen hat der Fahrradanbieter kräftig reduziert, denn das Empfehlungsprogramm arbeitet besser.

Auch Online gibt es jede Menge Programme, die Empfehler für ihre Arbeit belohnen. Doch egal, wie Sie's drehen und wenden, bezahltes Weiterempfehlen ist immer nur zweite Wahl. Die freiwillig und uneigennützig ausgesprochenen Tipps sind die Besten. Diese dann im Nachhinein zu belohnen, das steht auf einem ganz anderen Blatt. Dazu rate ich sehr, denn ein überraschendes Danke-Geschenk mögen Empfehler sehr gern. Jede Empfehlung, die in einen Kauf mündet, ist gespartes Werbegeld, und da sollte man dann am Ende nicht knausrig sein.

5.4 Monitoring und Optimierung (Schritt 4)

Im vierten Schritt ist schließlich zu prüfen, ob die durchgeführten Aktionen den gewünschten Erfolg gebracht haben. Ich präferiere hierbei den Begriff Monitoring. Im Vergleich zur Kontrolle, die auf Misstrauen basiert und den Blick in die Vergangenheit lenkt, verdeutlicht das Monitoring Interesse am Gelingen einer Aktion und weist in die Zukunft. Die Optimierung setzt je nach Ergebnis an einem der vorherigen Schritte an.

In Kapitel zwölf finden Sie eine Reihe möglicher Messinstrumente. Die Frage nach der Wiederkauf- und Empfehlungsbereitschaft spielt dabei eine wichtige Rolle. Verwenden Sie aber vor allem die folgende Frage: »Wie sind Sie ursprünglich auf uns aufmerksam geworden?« Oder die: »Wo haben Sie zum ersten Mal von uns gehört?« So finden Sie schnell heraus, wie Ihre (neuen) Kunden auf Ihr Unternehmen gestoßen sind und welche Touchpoints sie bei ihrer Recherche und im Entscheidungsprozess benutzt haben. Durch passende Zusatzfragen lassen sich interessante Einblicke in

Bezug auf Beweggründe, Wünsche und Vorgehensweisen der Kunden gewinnen und für das weitere Vorgehen nutzen. Darüber hinaus können Sie die jeweils entstandenen Kosten, Umsätze und Erträge ermitteln, die auf den jeweils genannten Wegen entstanden sind, um den Wert des Empfehlungsgeschäfts im Vergleich zu anderen Maßnahmen zu erforschen.

Eine verursachungsgenaue Zuordnung ist nicht immer ganz einfach, weil gerade im Zusammenhang mit Empfehlungen die verschiedensten Einflussfaktoren wirken können. So kommen in klassischen Kundenwert-Berechnungen die Erträge aus Empfehlungen nicht einmal vor, aber nur deshalb, weil sie sich nicht sauber zurechnen lassen. Und schlimmer noch: Das ganze Thema Mundpropaganda fällt oft unter den Tisch, weil es sich in Excel-Tabellen, Kuchendiagrammen und coolen Powerpoints nicht griffig darstellen lässt. Oder weil es nicht glamourös genug daherkommt. Oder weil es zu emotionsgeladen ist für die unterkühlte Managerwelt. Oder weil es zu lange dauert, bis konkrete Ergebnisse auf dem Tisch liegen. Denn in vielen Unternehmen wird ja leider fast nur auf Kurzfristergebnisse geschielt, wodurch man sich nicht selten die Zukunft versaut. Denn wer lange Strecken laufen will, braucht geduldiges Geld.

Kluge Fragen: Wie Sie von Kunden lernen können

Was einen Empfehlungsmarketer neben Umsatz und Ertrag vor allem interessiert:

• Warum werden wir gekauft – oder auch nicht?
• Was wird über uns erzählt – oder auch nicht?
• Warum werden wir weiterempfohlen – oder auch nicht?

Um das herauszubekommen, brauchen Sie keine repräsentativen, teuer erkauften Kundenzufriedenheitsbefragungen. Die sind nicht nur vergangenheitsorientiert, sondern sie zeigen, weil punktuell angelegt, auch nur eine Momentaufnahme. Wir wollen aber nach vorne blicken, kontinuierliches Feedback erhalten und dabei leicht und schnellfüßig agieren. Und wir brauchen keine zufriedenen, sondern begeisterte Kunden. Repräsentativität ist ebenfalls Blödsinn, denn sie ermittelt nur den Durchschnittsgeschmack aller Kunden, aber nicht die speziellen Anliegen von Thomas Mayer oder Ilona Huber. Außerdem werden in klassischen Fragebögen die Menschen zu nichts als Kreuzchenmachern entwertet. In aller Regel werden auch nur solche Punkte abgeklopft, die für die Geschäftsleitung von Interesse sind und statistischen Vergleichszwecken dienen. Die Kunden hingegen finden womöglich ganz andere Punkte wichtig – und Statisten in Statistiken wollen sie keinesfalls sein.

Lassen wir also lieber die Kunden in ihren eigenen Worten reden. Und konzentrieren wir uns besser auf die Ausreißer. Gerade von denen erfährt man die nützlichsten Dinge: was klasse funktioniert, welche Problemfelder zu bearbeiten sind, wo es lichterloh brennt und was einen über die Maßen empfehlenswert macht. Deshalb werden punktuelle Befragungen bei ausgewählten Kunden an konkreten Touchpoints benötigt. Ziehen Sie dabei vor allem ertragreiche Kunden, Stammkunden, Fans und Empfehler, aber auch absprunggefährdete und verlorene Kunden in Betracht.

Um dies voranzutreiben und die dann folgende Prozessoptimierung einzuleiten, stelle ich hier drei außerordentlich zielführende Methoden vor. Mit deren Hilfe werden Ihnen die Kundenwünsche auf dem Silbertablett serviert. Und Fehlentscheidungen am grünen Tisch können vermieden werden. Wenn nämlich Betriebswirtschaftler, Techniker und Kostenrechner über Neuerungen brüten, kommen dabei Lösungen für Betriebswirtschaftler, Techniker und Kostenrechner heraus. Erst wenn man Kunden aktiv involviert und wenn man auf ihre Stimmen hört, kommt etwas Passendes für Kunden heraus. Von ihnen kann man so viel lernen, wenn man kluge Fragen stellt.

Fokussierende Fragen führen am schnellsten zum Ziel

Fokus heißt Brennpunkt. So bringen Sie mit fokussierenden Fragen die wahren Beweggründe des Kunden am schnellsten zur Sprache: unmittelbar, ungefiltert und bisweilen schonungslos. Fokussierende Fragen können mündlich oder auch schriftlich gestellt werden. Sie helfen, ruckzuck den Kern einer Sache zu treffen, um danach prompt reagieren zu können. Wer nicht täglich neu in Erfahrung bringt, was die Kunden wirklich wollen, liegt schnell daneben. Denn deren Vorstellungen ändern sich laufend. Und: Kunden warten heute nicht lange, bis die Anbieter endlich in die Gänge kommen. Sie ziehen dann einfach von dannen. Und im Web erzählen sie der ganzen Welt, warum sie dies tun.

Wie also vorzugehen ist? Oft reicht schon eine einzige Frage, und die klingt so:

Wenn es eine Sache gibt, die wir in Zukunft noch ein wenig besser machen könnten: Was wäre da das Wichtigste – aus Ihrer Sicht?

Oder so:

Wenn es eine Sache gibt, für die Sie uns garantiert weiterempfehlen können, was wäre da das Empfehlenswerteste für Sie?

Oder so:

Wenn Sie an unserer Stelle wären, wie würden Sie Mundpropaganda und Weiterempfehlungen am ehesten ankurbeln und in Gang bringen?

Solche Fragen werden am besten mit »Ach übrigens ...« eingeleitet. Und nach dem Fragezeichen hängt man ein »... erzählen Sie mal!« dran. Im Erzählen-Modus offenbaren die Menschen am ehesten ihre wahren Motive. Und im Plauderton leuchten sie selbst die entferntesten emotionalen Ecken aus. Lassen Sie Ihrem Gesprächspartner aber ausreichend Zeit, um in seinem Denkapparat Klarheit zu schaffen. Beantworten Sie Ihre Frage auch dann nicht selbst, wenn das etwas dauert. Allenfalls können Sie fragenderweise zwei, drei Antwortideen andienen.

Hier eine kleine Auswahl weiterer Formulierungen, die je nach Situation in Betracht kommen können. Dabei stellen Sie jeweils nur eine einzige Frage:

- *Wenn Sie an uns denken, was kommt Ihnen da als **erstes** in den Sinn?*
- *Was ist für Sie eigentlich der **wichtigste** Grund, bei uns zu kaufen?*
- *Wer oder was hat Sie bei Ihrer Entscheidung **am stärksten** beeinflusst?*
- *Wenn Sie hier Chef wären, was würden Sie bei uns **schnellstens** verändern?*
- *Worauf könnten Sie bei uns **am allerwenigsten** verzichten?*
- *Was kommt Ihnen bei uns **völlig** überflüssig vor?*

Zugegeben, es erfordert hie und da ein wenig Mut, solche Fragen zu stellen. Doch der Lerngewinn ist gewaltig. Sie erfahren nämlich eine Menge darüber, was die Menschen sich wünschen, was sie vermissen und was sie wirklich bewegt. Sie wollen keine schlafenden Hunde wecken? Die Hunde schlafen nicht! Sie toben sich nur woanders aus. Also, ganz egal welche Antwort es gibt: Hören Sie mit ehrfürchtiger Neugierde hin und bedanken Sie sich für die Offenheit des Adressaten. Denn Sie wissen nun mehr über Ihre kaufentscheidenden Pluspunkte oder Ihre empfehlungsverhindernden Schwachstellen – aus Sicht des Kunden betrachtet, und die allein zählt.

Klar ist darüber hinaus dies: Wer solche Fragen stellt, muss darauf achten, dass sich anschließend auch etwas tut. Wenn Kunden aktiv werden, dann wollen sie sehen, dass sie etwas bewirken. Geben Sie also denen, die ihre Zeit für Sie investieren, die ihr Hirn bemühen und Ihnen geldwerte Impulse geben, in jedem Fall eine Rückmeldung dafür. Banal? Fast nie bekommt man bei klassischen Umfragen, bei denen man mitgemacht hat, im Nachgang einen spezifischen Dank.

Die Sprechblasen-Methode – eine Frage, drei Antworten

Die Sprechblasen-Methode geht so: Man malt zwei Sprechblasen, die sich gegenüberstehen. In die eine kommt die Aussage eines hypothetischen Dritten, die andere ist leer, damit der Befragte seine Antwort dort einsetzen kann. Dieser Ansatz hat etwas Verspieltes und fordert die Kreativität geradezu heraus.

Allerdings können Scherzkekse damit ihr (Online-)Unwesen treiben. Deshalb muss bei der Sprechblasen-Methode immer auch an folgenden Punkten gearbeitet werden: »Was wollen wir damit bestenfalls erreichen?« Und: »Was darf hierbei keinesfalls passieren?« Und: »Was wäre der schlimmste anzunehmende Vorfall, und wie reagieren wir darauf?« Denn heutzutage kann alles auch ins Internet geraten.

Abbildung 9: Die Sprechblasen-Methode – eine kluge Frage, drei magische Antworten.

Die Magic 3 sind eine Variante der Sprechblasen-Methode. Bei dieser wird nach drei Antworten gesucht. Hier einige Beispiele dafür:

Die Goldstück-Frage: Welches sind die drei umsatzträchtigsten/kostensparendsten Ideen, die Sie für uns hätten?

Die Sternenstaub-Frage: Welches sind Ihre drei verrücktesten/emotionalsten Ideen, die Sie uns schenken könnten?

Die Trüffelschwein-Frage: Welches sind die drei innovativsten Dinge, die wir schnellstmöglich einführen sollten?

Die Killer-Frage: Wenn es einen Sensemann gäbe, welches wären die drei Dinge, die er unbedingt dahinraffen müsste?

Die Ufo-Frage: Wenn Sie ein Außerirdischer wären, welche drei Dinge kämen Ihnen bei uns besonders merkwürdig vor?

Die Forum-Frage: Wenn wir ein Forum hätten mit dem Namen »Was bei unseren Produkten und/oder unserem Service total nervt«, welches wären die drei Hauptdiskussionspunkte?

Die Gummibaum-Frage: Wenn Sie der Gummibaum in unserem Eingangsbereich wären: Was würden Sie zu unserer Unternehmenskultur sagen?

Die Kaffeemaschinen-Frage: Wenn Sie die Kaffeemaschine in unserem Besprechungsraum wären, was würden Sie zu unserer Gesprächskultur sagen?

Die letzten beiden Fragen eignen sich übrigens auch sehr gut, wenn sie den Mitarbeitern gestellt werden, um die Führungskultur und das interne Zusammenspiel zu verbessern.

Die Gewissensfrage – den wahren Gründen auf der Spur

Meine Lieblingsfrage ist übrigens die Gewissensfrage – und die geht so:

Lieber Kunde, stellen Sie sich vor, Sie wären unser Unternehmensgewissen. Was würden Sie uns sagen? Und was könnten wir ganz konkret besser machen?

Wird die Gewissensfrage schriftlich gestellt, dann kann dazu eine fiktive Person gezeichnet werden, bei der ein Engelchen und ein Teufelchen rechts und links auf der Schulter sitzen. Es lässt sich sogar ein Porträtfoto der befragten Person einbauen. Das macht die Sache dann noch emotionaler.

Wichtig hierbei: Viel Platz zum Ausfüllen geben. Ungeschminkt können die Antworten vieles ans Licht bringen, was man vielleicht schon immer mal gerne wissen wollte: Zum Beispiel, wie sich der Kunde in einer bestimmten Situation fühlte, und wie er daraufhin reagiert hat, und aus welchem Grund.

Womöglich werden die Oberen so endlich erfahren, was gerüchtemäßig außer ihnen schon alle wussten, und was die eigentlichen Gründe für hartnäckige Probleme sind. Sowas ist kostbar wie Gold. Denn nur wer die wahren Ursachen kennt, kann auch die richtigen korrigierenden Schritte einleiten. Wird auf diese Weise eine Vielzahl von Personen befragt, entstehen Maßnahmenkataloge fast wie von selbst. Dazu werden passende Vorgehensweisen am besten von den Mitarbeitern selbst erarbeitet, um etwaige Defizite schnell und konstruktiv aus der zu Welt schaffen.

Allen genannten Methoden gemeinsam ist dies: Wer sie verwendet, macht seine Kunden zu kostenlosen Unternehmensberatern. Dabei löst man nicht nur die Probleme einzelner, sondern wappnet sich gegen die Unzufriedenheit vieler Kunden. Das schöne Ergebnis: Loyalität wird gestärkt, Mundpropaganda und Empfehlungsbereitschaft werden angeregt und Kundenschwund wird vorgebeugt. Auf diese Weise kann es sogar gelingen, dass bereits absprungwillige Kunden gerettet werden.

Mundpropaganda-Monitoring im Web

Web-Monitoring ist die beste Echtzeit-Marktforschung aller Zeiten. Endlich können wir den Kunden zuhören, wenn sie sich über uns unterhalten. Und wir können mitlesen, was sie über uns schreiben. Mehr noch: Wir können sofort darauf reagieren. So gibt es die Geschichte des unzufriedenen Twitterers, der schrieb: »Der Empfang hat mir das mieseste Zimmer im ganzen Hotel gegeben.« Der Concierge las das, meldete sich unverzüglich bei dem Gast und quartierte ihn sofort in ein besseres Zimmer ein. Ein Onlinelob war ihm sicher.

Selbst für die, die aus welchen Gründen auch immer kein aktives Social-Media-Marketing betreiben: Online-Monitoring ist Pflicht! Beauftragen Sie dazu einen Mitarbeiter mit der Aufgabe, permanent das Web zu beobachten. Und machen Sie es sich als Chef zum täglichen Ritual, die wesentlichen Ergebnisse daraus genauso sorgfältig zu studieren wie Ihre Geschäftspost und die Umsatzzahlen.

Legen Sie zunächst eine Beobachtungsliste an. Hierfür schreiben Sie die Begriffe auf, die Sie im Cyberspace aufspüren wollen. Dazu gehören Ihr Firmenname, Ihre Produktnamen, Ihre Marken, die Namen der Unternehmensleitung sowie wichtige Fachbegriffe, die Sie verfolgen wollen. Das gleiche können Sie bei Bedarf auch für Ihre Mitbewerber oder die gesamte Branche tun. Über Google Alerts, Talkwalker Alerts, TweetBeep und viele andere Applikationen werden einem Onlineerwähnungen im Kontext der gewählten Suchbegriffe auf Wunsch täglich zugespielt. Besser noch, man automatisiert das Zuhören. Dazu gibt es eine Reihe von Gratis-Tools wie Hootsuite, Socialmention oder Addictomatic. So haben Sie mit dem geringstmöglichen Zeitaufwand eine größtmögliche Anzahl von Websites im Blick. Und es entgeht Ihnen kaum mehr eine Erwähnung.

Analysieren Sie alle gefundenen Angaben auf ihren Inhalt hin und vergleichen Sie das mit Ihren Zielen. Überlegen Sie, was Sie daraus lernen können und wie Sie das an den einzelnen Touchpoints weiterbringt.

- Was sagen die Nutzer über unser Unternehmen, unsere Produkte, Services und Marken?
- Ist das Gesagte positiv, negativ oder neutral?
- Wie verändern sich diese Aussagen im Laufe der Zeit?

- Gibt es geschlechterspezifische, altersbedingte, regionale oder nationale Unterschiede?
- Welche Ereignisse rufen welche Reaktionen hervor?
- Welche Touchpoints werden am besten bewertet? Und was findet den größten Zuspruch dabei?
- Wo gibt es Optimierungsbedarf? Und wie können uns die Hinweise aus dem Web dabei helfen?
- Gibt es konkrete Verbesserungsideen? Und wie lassen sich diese umsetzen?
- Wer oder was erhält schlechte Noten? Und wie reagieren wir darauf?
- Was können wir aus dem, wie andere unsere Mitbewerber bewerten, für uns selbst lernen?

Erstellen Sie auf dieser Basis ein übersichtliches Reporting mit den wichtigsten Ergebnissen im Überblick. Mehr noch: Entwerfen Sie einen minutiösen Krisenplan für den Fall, dass Kritik tatsächlich eskaliert, zu einem epidemischen Shitstorm führt oder investigatives Medieninteresse auf sich zieht. Und: Reagieren Sie zeitnah auf Lob und Kritik. Bedanken Sie sich und informieren Sie über Ihre weiteren Schritte. Übrigens, das ergab eine Facebook-Studie, erwarten Frauen eine aufrichtige Entschuldigung nach einem Malheur. Männer hingegen verlangen eine rationale Stellungnahme.

Profis verwenden spezielle Social-Media-Analyse-Programme, die das Internet mit Crawlern durchsuchen und relevante Informationen herausfiltern. Ein sogenanntes Dashboard verdichtet dann die Fülle an Daten und stellt sie in Form von Diagrammen, Grafiken und Übersichten zur Verfügung. Dabei wird die Zahl der Beiträge und Erwähnungen (Mentions) ermittelt sowie der Weiterleitungsfaktor bestimmt. Ferner wird eine Stimmungsklassifizierung (positiv, negativ, neutral) betrieben. Dabei können auch die Quellen der Onlineäußerungen identifiziert und angesteuert werden. Zudem wird dokumentiert, ob diese Quellen eine Vorreiter- beziehungsweise Multiplikatoren-Rolle haben, also im positiven Fall nützlich oder im negativen Fall gefährlich sein können. Bei der qualitativen Interpretation wird ermittelt, in welchen Lifestyle-Kontexten die beobachteten Angebote genannt werden und welche Vorteile die agierenden Personen darin sehen. Ferner werden aus sich abzeichnenden Trends Prognosen erstellt. Aus all dem lassen sich dann Optimierungsmaßnahmen ableiten und auch für das Empfehlungsmarketing höchst wertvolle Erkenntnisse gewinnen.

6.
Ideen finden: Wie Empfehlungs-
geschichten entstehen

Mein Gesprächspartner ist verzückt. Mit nichts hatte er gerechnet, und dann kam dieses kleine Paket: Ein Schal seines Lieblingsfussballclubs – und ganz groß sein Name darauf. Schnell zwei, drei Bilder gemacht und sofort auf Facebook den Freunden gezeigt. Likes garantiert! Samstag wird ein Video gedreht. In den Hauptrollen: Der Fan und sein neuer Schal. Das wird auf YouTube gepostet! Und ganz klar: Voll flammender Begeisterung wird die Geschichte all denen erzählt, die auch nur einen Hauch von Interesse bekunden. Bingo! Das nenne ich ein gelungenes Ideenmanagement: emotionalisierend, loyalisierend, personalisiert und viral. Ja, mit der Macht einer guten Idee kann man die Menschen ganz tief im Herzen erreichen, ohne dafür tief in die Tasche zu greifen. Und das Beste daran: Es macht die Beglückten zu kostenlosen Starverkäufern.

Im Mundpropaganda- und Empfehlungsmarketing ist immer viel Fantasie gefragt, oft muss man um die Ecke denken und manchmal über Bande spielen. So hat sich Detlef Schulz, Zahnarzt aus Essen, jenseits seiner Handwerkskunst etwas ganz Besonderes einfallen lassen, um ins Gespräch zu kommen: einen Lyrikwettbewerb. Auf einer Lyrik-Community-Plattform hat er dazu eingeladen, Geschichten rund um das Thema Zähne und Zahnarzt in Gedichtform zu packen und ihm zu schicken. Über sechshundert Prosa-affine sind seinem Aufruf gefolgt. Die schönsten Gedichte sind in einem Büchlein erschienen, das er verkauft und auch verschenkt, um eventuelles Unbehagen beim Zahnarztbesuch in ein Lächeln und Mut zu verwandeln. Denn noch immer, so sagt er, haben viele Menschen eine ausgesprochene Zahnarztphobie. Presse, Funk und Fernsehen haben über diese Aktion berichtet. Und einen Kommunikationskreativpreis gab es auch.

Wer empfohlen werden will, kann gar nicht genug Ideen haben, um seine Kunden immer wieder neu zu betören. »Für eine gute Idee brauchst du vor allem eins: viele Ideen.« Das hat der Erfinder Thomas Alva Edison einmal gesagt. Und es stimmt. Denn nur wer viel würfelt, der würfelt am Ende auch Sechser. Doch anders als folgsame Hunde kommen gute Ideen nicht einfach so, wenn man sie ruft. Man muss schon auch die richtigen Voraussetzungen schaffen. Zunächst geht es um das Einsammeln von Ideenfunken, um sie dann in Sternenstaub, also in Begeisterungsideen für das Empfehlungsgeschäft zu verwandeln. Erfassen Sie zu diesem Zweck systematisch:

- Ihre eigenen Ideen in einem Ideenbuch,
- die Ideen anderer in einem (digitalen) Ordner,
- die Ideen Ihrer Mitarbeiter in einer Ideenbank.

Verschiedene Softwareanbieter stellen dazu inzwischen auch allerlei Tools zur Verfügung, die unter dem Oberbegriff Social-Collaboration-Software laufen.

6.1 Wie Sie eine Ideenbank installieren

Das ideale Tool für ein gutes Ideenmanagement ist eine Mischung aus Wiki, Blog und Bewertungsportal. Interessante Ideen aus Kreativ-Workshops, Anstöße aus Reklamationen, Verbesserungsvorschläge aus Mitarbeiter- und Kundenbefragungen, passende Impulse aus den Medien, dem Web sowie von Messen und Trendreports können dort unterkommen, auch wenn es gerade keine Verwendung dafür gibt.

Ein solches Tool nenne ich Ideenbank, und zwar deshalb, weil es wie ein Sparkonto funktioniert: Bei Bedarf kann man sich etwas auszahlen lassen, anderes bleibt als Einlage für später liegen. Ein solches Vorgehen reduziert auch verständlichen Mitarbeiterfrust, wenn deren Ideen nicht gleich an die Reihe kommen. Vielmehr lässt man alle Interessierten auf basisdemokratische Weise an einem kontinuierlichen Ideensammeln, Bereichern, Bewerten und Implementieren teilhaben.

Am besten werden zunächst passende Oberkategorien gebildet. Das können zum Beispiel Produkte, Prozesse oder Kundengruppen sein. Eine Verschlagwortung sowie eine Suchfunktion helfen beim Suchen und Finden. Unter jede Idee kommt – wie bei einem Blog – ein Kommentarfeld, in das Dritte ihre Meinung oder ihre Erfahrungen mit der Idee einstellen können. Ferner gibt es eine Fünf-Sterne-Bewertungsfunktion sowie die Ja-/Nein-Frage, ob die Idee hilfreich war. Reden Sie regelmäßig über dieses Tool und erzählen Sie drinnen und draußen, was sich bei der Umsetzung spannender Ideen so alles ergab. Schaffen Sie originelle Anreizsysteme, um die wirkungsvollsten Ideen wie auch die kreativen Köpfe dahinter zu feiern.

In kleineren Unternehmen – oder wenn Sie es einfacher machen wollen – reicht auch ein Ideenbaum. An diesen kann jeder seine Ideen hängen, notfalls auch anonym. Der jeweilige Vorschlag sollte anhand einer kleinen Vorlage ausgearbeitet werden. Sie umfasst die Beschreibung der Idee als solche, nennt die Vor- und Nachteile und enthält einen Umsetzungsplan sowie das Budget. So können sinnlose Anregungen vermieden werden, das unternehmerische Denken wird angeregt und die Wirtschaftlichkeit einer Idee steht im Fokus. Monatlich werden im Rahmen eines Meetings dann die Früchte gepflückt, diskutiert, bewilligt und in der Folgezeit umgesetzt.

6.2 Wie Sie Begeisterungsideen generieren

Es gibt inzwischen sehr ausgefeilte Methoden, um der Kreativität auf die Sprünge zu helfen und wahlweise zu kleinen Innovatiönchen oder großen Durchbruchinnovationen zu gelangen. Diese sollen hier aber nicht Thema sein. Denn im Empfehlungsmarketing geht es vor allem um kleine, immer wieder neue, überraschende, außergewöhnliche, bezaubernde Ideen, die an ganz vielen Stellen Gesprächsstoff liefern und uns empfehlenswert machen. Eine gute Frage, um dorthin zu gelangen, ist die:

Was ist die absolut verrückteste Idee, die Ihnen/uns/euch zum Thema Kundenbegeistern und Mundpropaganda-Machen in den Sinn kommt?

Diese Frage muss unbedingt exakt so gestellt werden, weil sonst meist nur Allerweltslösungen vorgeschlagen werden. Doch in den Extremen stecken die größten Innovationschancen. Durchschnittsideen hingegen erzeugen nur Mittelmaß. Und sowas wird niemals weiterverbreitet. Um also dem businessgrauen Einheitsbrei zu entfliehen und sich aus üblichen Denkmustern zu lösen, schlägt Sonja Radatz, die die relationale Beratung populär gemacht hat, ein Spiel mit der Welt der Farben vor: »Wie könnte zum Beispiel eine grellorange Lösung aussehen, oder eine buntgestreifte, oder eine kirschrote?« Und dies ist nur eine Möglichkeit von vielen, um Kreativität anzukurbeln.

Allerdings sind gute Ideen sehr zerbrechlich. Ihnen und ihren Schöpfern weht oft eine steife Brise entgegen, weil sie sich gegen so viele Bedenkenträger zur Wehr setzen müssen. Jede Veränderung hat ja bekanntlich Beteiligte, Beleidigte, Betroffene und Befürworter. Sie beinhaltet Erfolgsaussichten und Risiken, setzt Hoffnungen und Befürchtungen frei. Sie erfordert zunächst Einsicht, dann loslassenden Abschied von lieb gewonnenen Routinen und schließlich Aufgeschlossenheit für Neues. Doch Mutlosigkeit oder Machtspielchen ersticken oft jedes kreative Denken im Keim. Bei weitem nicht jeder ruft Juchu!, wenn es was zu verändern gibt. Und so mancher will sich mit seinen an und für sich tollen Ideen lieber nicht lächerlich machen. Und schon verschwindet so mancher Volltreffer in hintersten Schubladen oder in der Ablage P(apierkorb).

In vielen Unternehmen ist es ja leider Routine, dass die erste Reaktion auf einen Vorschlag immer negativ ist. Dort sind es die Schwarzseher und Blockadebauer, die sich als erstes lautstark zu Wort melden (dürfen), die überall Gefahren wittern und jeden noch so guten Vorschlag zerreden. Ihr Blick geht gerne zurück in die gute alte Zeit. Klären Sie also ruhig einmal per einfacher Strichliste: Wie oft reden wir hier über das, was nicht funktioniert? Und wie viel läuft denn wirklich schief? Wie viele Kunden sind denn tatsächlich schwierig? Um wie viel besser ist die Konkurrenz denn absolut? Oder hat sie vielleicht nur die Beschäftigten mit der besseren Einstellung?

Wer viele Yes-butter (Ja,-aber-...-Sager) in seinem Team hat, lasse zunächst die Why-notter (Warum-eigentlich-nicht-...-Sager) agieren. Sie bekommen in einem Meeting als sogenannte Engelsadvokaten immer das erste Wort. Sie unterstützen eine Idee, finden zunächst das Gute darin und geben ihr so eine Überlebenschance. Nun sind zumindest schon mal zwei im Raum dafür, und Querdenker erhalten die so dringend benötigte Rückendeckung. Der Chef sollte die sich entwickelnde Diskussion ruhig eine Weile laufen lassen, damit sein Machtwort den kreativen Prozess nicht gleich stoppt.

Wer ganz systematisch auf die Suche nach Begeisterungsideen gehen will, kann dies in den folgenden fünf Schritten organisieren:

1. Ziel-Definition: Wo wollen Sie hin, was soll am Ende erreicht worden sein? Dies muss deutlich werden, damit das Ideen-Generieren eine Richtung bekommt. Gehen Sie dabei von Ihren Zielgruppen aus: Was können wir für diese besser, schneller, einfacher, überraschender, origineller machen. Formulieren Sie daraus eine möglichst konkrete Fragestellung, damit der Weg nach Heureka gelingt.

2. Zusammenstellung des Kreativteams: Involvieren Sie in dieser Phase vor allem Visionäre, Querdenker, Pioniere, Machertypen und Kundenbotschafter, damit es vor Ideen geradezu sprudelt. Stellen Sie ein möglichst bunt zusammengewürfeltes Team zusammen, mischen Sie Alt und Jung, Männer und Frauen, Interne und Externe, Experten und Laien. Integrieren Sie unbedingt auch Mitarbeiter, die von der späteren Umsetzung betroffen sind. Damit minimieren Sie von vornherein aufkommende Widerstände. Ein geschulter Moderator kann helfen, die richtige Atmosphäre zu schaffen und den ganzen Prozess zielgerichtet zu steuern.

3. Ideen-Generierung: Begeben Sie sich an einen neutralen, störungsfreien, inspirierenden Ort. Sorgen Sie gleich am Anfang für gute Laune, denn Kreativität kann sich nur in heiteren Hirnen entfalten. Setzen Sie passende Kreativitätstechniken ein. Zeiteinheiten von 30 bis 60 Minuten sind optimal. In dieser frühen Phase benötigen Sie ein Maximum an Ideen. Irrungen und Wirrungen sind dabei hochwillkommen, denn gerade jämmerliche Ideen bahnen oft den Weg zu einer ganz großen. Speichern Sie alle Ideen. Und beachten Sie die drei goldenen Regeln eines Kreativprozesses:

- Quantität vor Qualität, gegenseitige Inspiration ist erwünscht.
- Alle Teilnehmer sind gleichberechtigt, es gibt keine Hierarchie.
- Jegliche Kritik, egal ob positiv oder negativ, ist verboten.

4. Ideenbewertung und Selektion: Benutzen Sie passende Bewertungs- und Selektionstechniken, um die gefundenen Ideen sinnvoll zu kombinieren und die Spreu vom Weizen zu trennen. Dies sollte nicht das Kreativteam, sondern ein spezielles Bewertungsteam tun, da nun die Machbarkeit in den Vordergrund rückt. Erstellen Sie eine Prioritätenliste, sortieren Sie nach Marktfähigkeit, Zeithorizont, Wirtschaftlichkeit und Nichtkopierbarkeit. Dabei kommt es erfahrungsgemäß zu weiteren Ideen. Geben Sie den am Ende favorisierten Ideen Namen und definieren Sie das weitere Vorgehen.

5. Implementierung: Sorgen Sie zunächst für interne Akzeptanz. Dies erfolgt am besten durch Involvieren und frühzeitige, regelmäßige, offene Kommunikation. Stellen Sie die notwendigen Ressourcen bereit. Bringen Sie Ihre Ideen zügig in den Markt, und zwar zum richtigen Zeitpunkt. Experimentieren Sie und testen Sie Varianten. Holen Sie sich Feedback von Ihren Kunden, hören Sie dabei auch auf die leisen Töne und die kritischen Hinweise. Optimieren Sie kontinuierlich. Und dann? Beginnen Sie diesen Prozess wieder von vorn. So sorgen Sie für einen regelmäßigen Nachschub an frischen, unverbrauchten, unnachahmlichen Ideen.

Wer darüber hinaus Brainstorming-Portale wie brainr.de, atizo.com, neurovation.net oder brainfloor.com nutzt, versorgt sich mit der kollektiven Intelligenz kreativer Querdenker von überall her. Denn die wertvollsten Ideen entstehen niemals im behüteten Drinnen, sondern an den Rändern einer Organisation und im wilden Draußen.

Im Einzelnen beinhaltet ein gutes Ideenmanagement folgende Punkte:

Ideen von	Prozesse	Ideen für
Kunden	sammeln	neue Zielgruppen
Partnern	sichten	neue Produkte
Lieferanten	bewerten	Dienstleistungen
Mitarbeitern	entscheiden	Servicequalität
Wettbewerbern	testen	Verfahren/Abläufe
Experten	optimieren	Design/Funktionen
anderen Branchen	einführen	Vertriebswege
anderen Märkten	kommunizieren	Partnerschaften
Nichtkunden	kontrollieren	Vermarktung
der Öffentlichkeit	protokollieren	Kommunikation
...	prämieren	...

Recherchieren Sie auch, was Andere so machen. Schauen Sie dabei vor allem über den Tellerrand hinaus und in andere Branchen hinein. Hervorragende Ideen finden Sie an vielen Stellen im Web – und auch immer mal wieder in meinem Blog. Falls Ihnen aber am Ende die eigenen Ideen ausgehen sollten, dann zapfen Sie den größten Ideenpool an, den es da draußen gibt: den kollektiven Einfallsreichtum kreativer Kunden.

6.3 Mitmach-Marketing bietet Erzählstoff pur

Menschen reden gern darüber, wenn sie Akteure in einer erwähnenswerten Handlung sind. Deshalb spielt das Mitmach-Marketing, auch Crowdsourcing, Co-Creation oder Social Collaboration genannt, in unserem Kontext eine wichtige Rolle. Wird nämlich die Schwarmintelligenz, die Weisheit der vielen Kunden, aktiv genutzt, werden Produkte nicht nur beliebter, sondern meistens auch besser. Und Kundentreue wird quasi einprogrammiert. Das interessanteste aber ist dies: Werden Protagonisten persönlich und individuell eingebunden, dann werden sie zu Fans, zu Evangelisten, zu Motoren und Multiplikatoren. Kunden lieben und loben Produkte umso mehr, je intensiver sie beim Entwicklungsprozess mitreden dürfen. Marktforscher kennen diesen Effekt längst: Wenn man Menschen zeigt, dass man sich für ihre Meinung interessiert, verändert sich deren Haltung zum Unternehmen positiv. Erzählenswerte Geschichten und auch Empfehlungen ergeben sich daraus fast wie von selbst.

Wie sich das anstellen lässt? Laden Sie in Ihr virtuelles Ideenlabor ein. So hat es ein Mobilfunkanbieter gemacht: »Wir möchten unsere Gedanken mit dir teilen, denn nur du kannst uns sagen, was dir wichtig ist. Bewerte unsere Ideen und lass uns wissen, welche wir weiterdenken sollen. Welche möglichen Produkte sind aus Deiner Sicht für die Zukunft relevant?« Und so hat es ein Getränkehersteller gesagt: »Machst du dir gerne Gedanken zu innovativen Produktideen? Willst du hautnah dabei sein beim Mitgestalten der neuesten Trends? Dann werde jetzt Mitglied in unserer exklusiven Innovation-Community und entwickle gemeinsam mit uns die innovativsten Getränke der Zukunft.« Der Output reduziert nicht nur Flops, er hinterlässt auch Spuren im Web – und macht mit etwas Glück eine Marke zum Kult.

Progressive Firmen haben längst damit begonnen, ihren Kunden eine Bühne für deren Selbstdarstellung zu bieten, sie zu involvieren, zu integrieren und zu kostenfreien Promotern der Unternehmensleistungen zu machen. So nehmen Kunden inzwischen viele Marketingprozesse selbst in die Hand: Sie produzieren Anzeigen, sie drehen Werbefilme und kreieren neue Produkte. Zum Beispiel haben bei einer Crowdsourcing-Aktion von Joey's Pizza die User über 8.500 Rezepte mithilfe eines Konfigurators kreiert. Acht Fan-Pizzen schafften es in die Produktion. Die Schöpfer erhielten eine Prämie von 5 Cent pro verkaufter Pizza. So verdiente die Gewinnerin Anja 2.777 Euro.

Die Kundenintegration kann auf vielfältige Weise gelingen. Ein geradezu legendäres Beispiel dafür ist die Share-a-Coca-Cola-with-...-Kampagne aus dem Sommer 2013. Dabei wurden auf Coca-Cola-Flaschen und -Dosen häufige Vor- und Kosenamen gedruckt. Begleitet wurde die Kampagne von TV-Spots, Inseraten und Plakaten. Doch das war gar nicht matchentscheidend für den großen viralen Erfolg. Coca-Cola ist es vor allem gelungen, sich in den Social-Media-Profilen der Konsumenten zu platzieren. Das selbsterklärte Ziel der Kampagne war dies: Nicht nur die Einkaufswagen zu füllen, sondern auch die persönliche Verbindung zwischen Produkt und Konsumenten zu stärken. Das hat geklappt. Denn Herzen schlagen schnell höher, wenn man den eigenen Namen oder den eines geliebten Dritten im Supermarkt sieht. Scharenweise, vor allem auf Facebook, veröffentlichten die Menschen Fotos ihrer Flaschen und Dosen.

Aber nicht nur die ganz Großen können zum aktiven Mitmachen animieren. So hat Fleischermeister Ludger Freese aus Visbek im hohen Norden Deutschlands einmal ein Gewinnspiel ausgelobt, bei dem es 500 Euro zu gewinnen gab. Die Aufgabe bestand darin, sechs Kühe, die auf der Wiese eines seiner Bauern grasten, so zu fotografieren, dass der Name FREESE zu lesen war. Jedem Tier war dazu bioverträglich ein Buchstabe aufs Fell gemalt worden. So liefen die Tiere Tag und Nacht im tiefen Gras und wunderten sich, dass am Zaun so viele Menschen mit Handys und Fotoapparaten standen. Gewonnen hat dann eine Schulklasse, die mit dem Geld ihren Ausflug nach Österreich finanzierte. Die Jugendlichen haben das nicht nur ausführlich in ihren Netzwerken dokumentiert, sondern ihre Pausenverpflegung von nun an auch öfter bei Herrn Freese gekauft. Und die örtliche Presse hat fleißig berichtet.

Auch im B2B-Bereich kann das Einbeziehen der Kunden zu höchst wertvollen Ergebnissen führen. Unter dem Motto »Hier reden die Profis« hat der Elektrowerkzeug-Hersteller Bosch für alle, die in Handwerk und Industrie dessen blaue Profi Power Tools benutzen, die Plattform Bob ins Leben gerufen. Wer sich für den geschlossenen Community Bereich registriert, kann von allerlei Goodies – wie etwa Produkttests und Sonderaktionen – profitieren. Sehr aktive Mitglieder werden einmal im Jahr zum Bob Day in die Firmenzentrale nach Leinfelden-Echterdingen eingeladen. »Die Empfehlungsbereitschaft der Community-Mitglieder ist extrem hoch«, erläutert Christina Gänzler vom Bosch Brandmanagement. Auf die Frage: »Würden Sie Bosch Powertools einem Kollegen definitiv weiterempfehlen?« wurde im Vergleich zum regulären Empfehlungsindex von 100 für die Bob-Community ein Wert von 245 gemessen. Das heißt, die Community-Mitglieder empfehlen weit mehr als doppelt so oft weiter.

Grundsätzlich lassen sich Menschen gerne fürs Helfen gewinnen, denn wir wollen uns als wertvolles Mitglied einer Gemeinschaft zeigen. Fast jeder hungert nach Verbundenheit, Anerkennung, Wirksamkeit, Applaus. Wir wollen stolz darauf sein, was wir im Rahmen unserer Möglichkeiten zu leisten in der Lage sind – und dies auch nach außen hin zeigen. 87 Prozent der deutschen Konsumenten wünschen sich, dass Marken sie stärker einbinden. Dies hat die Markenstudie Brandshare der PR-Firma Edelman[7] kürzlich herausgefunden. Es macht ja im Allgemeinen auch viel mehr Spaß, selbst mitzuspielen, als immer nur anderen zuzuschauen.

Wer als Kunde in die Produkt- und Serviceentwicklung eingebunden wird und Marketingprozesse maßgeblich mitgestalten kann, der spricht beherzt über seinen Anbieter und wird dessen Wohl und Wehe rührig begleiten. Er wird seinem Unternehmen, seinem Ansprechpartner und seiner Marke die Treue halten. Ferner stehen die Chancen gut, dass solchermaßen emotional eingebundene Kunden sich begeistert als aktive Empfehler betätigen – kostenlos, aus eigenem Antrieb und gern.

6.4 Geschichten erzählen – zum Weitererzählen

Wer Mundpropaganda will, muss Erzählstoff bieten. Also dann: Sind Sie ein guter Geschichtenerzähler? Geschichten eignen sich prima für das Empfehlungsmarketing. Geschichten übersetzen Informationen in Emotionen. Sie faszinieren uns, weil sie uns lehren, das Leben zu meistern. Sie unterhalten, stimulieren und bringen uns zum Staunen. Sie lassen uns am Leben Anderer teilhaben und die Welt mit deren Augen sehen. Sie sind Ausdruck unserer Identität, unserer Beziehung zur Welt und unserer Sicht auf die Dinge. Durch das Erzählen gewinnt man selbst oft erst Klarheit, man bestätigt sich in seinen Vorstellungen und schafft Ordnung in seinen Gedanken.

Gehirnforscher glauben, dass jeder Denk- und Entscheidungsprozess von inneren Bildern begleitet wird, die unser Hirn in einem unaufhörlichen Schöpfungsprozess konstruiert. Diese Konstruktionen werden gespeist aus Wahrnehmungsbildern, also aus Informationspaketen, die unsere Sinne den Hirnwindungen schicken, sowie aus den Erinnerungsbildern früherer Erlebnisse und inneren Vorstellungsbildern. Gute Verkäufer und spannende Marken setzen mit ihren Erzählungen ein wahres Kopfkino in Gang. Marketingleute nennen das Brain Scripts.

»Wir alle suchen nach unserer eigenen Geschichte. Die Brain Scripts, die Geschichten der anderen, helfen uns dabei«, sagt der österreichische Mediendramaturg Christian Mikunda. Gute Geschichten sind solche, die wir leicht dechiffrieren können, weil sie ein uns bekanntes Muster zeigen – wie etwa der Mythos von David gegen Goliath (Greenpeace) oder das Aschenputtel-Syndrom (Prinzessin Diana).

Geschichten ziehen uns geradezu in ihren Bann. Sie erhöhen die Glaubwürdigkeit und sind sehr viel einprägsamer als Zahlen, Daten und Fakten. Wenn meisterlich erzählt, dann haben sie eine unglaubliche psychologische Kraft. Sie machen neugierig und fesseln die Aufmerksamkeit des Adressaten. Sie lockern auf und entspannen. Sie setzen Emotionen in Gang und verbessern das Gesprächsklima. Sie wecken das Gefühl von Vertrautheit. Sie sprechen das Vorstellungsvermögen an und aktivieren. Sie machen sogar überaus komplizierte Zusammenhänge verständlich. Und sie steigern die Überzeugungskraft. Sie fördern das Zuhören, das Verstehen und das Zustimmen, ohne zu bedrängen. Sie werden gut behalten und gerne weitererzählt. Und nicht zuletzt machen Geschichten die Unternehmen und ihre Mitarbeiter auch menschlicher.

Ach, wenn das die verkopften, zahlenfixierten Manager doch nur endlich verstehen würden: Menschen lassen sich lieber durch Geschichten verführen als durch sachliche Darstellungen und nüchterne Fakten. Zwar sind Dashboards und vollgeexcelte Powerpoint-Präsentationen populär, doch es ist äußerst unprofessionell, andere hierüber gewinnen zu wollen. Der US-amerikanische Wissenschaftler und Nobelpreisträger Daniel Kahneman hat übrigens experimentell nachgewiesen, dass nicht derjenige die Deutungshoheit erlangt, der die besten Argumente zusammenträgt, sondern derjenige, der die stimmigste Story erzählt. Der wahre Profi bringt also seine Botschaft über gut gewählte Beispiele, bunte Anekdoten und kluge Metaphern rüber.

Ein schönes Beispiel dafür ist die Einführung des Philips Wake-up Light-Weckers, der einen Sonnenaufgang imitiert und so ein sanftes Aufwachen ermöglicht. Zahlreiche Studien hatten die gesundheitlichen Vorteile des Leuchtweckers belegt, doch die vorgetragenen rationalen Argumente interessierten nur mäßig, das Gerät wurde zum Flop. So entschloss sich Philips zu einer Neueinführung, diesmal mit einer Geschichte namens The Arctic Experiment. Sie handelt von den Bewohnern von Longyearbyen, der nördlichsten Stadt der Welt. Verschiedene Videos zeigten, wie der Leuchtwecker ihnen hilft, die viermonatige Polarnacht zu überstehen. Diese Version weckte zunächst das Interesse der Presse – und danach stieg der Umsatz des Geräts um 20 Prozent.

Also dann: Welche Geschichten erzählt man sich über Sie, Ihre Produkte, Ihre Firma? Und wer erzählt diese Geschichten wem, warum, in welcher Situation, in welcher Form wie oft weiter? Woher stammen diese Geschichten, wer hat sie gemacht? Wie und wo suchen und finden Sie schöne Geschichten, die Ihre Kunden schon jetzt ganz ohne Ihr Zutun erzählen? Und wie gewinnen Sie Kunden dazu, Ihnen begeistert von Erlebnissen mit Ihrer Firma zu berichten, die Sie im Empfehlungsmarketing einsetzen können?

Storytelling im Sinne des Empfehlungsmarketings hat fünf Elemente:

- Es gibt einen guten Grund, die Geschichte zu erzählen.
- Die Geschichte hat einen Helden, und das ist der Kunde.
- Sie beginnt mit einem Konflikt, und sie hat ein Happy End.
- Sie löst Emotionen aus und steckt zum Nachmachen an.
- Sie ist viral, lässt sich also weitererzählen und teilen.

Gut gemachte Geschichten werden aus dem Blickwinkel des Kunden und nicht durch die Brille des Unternehmens erzählt. Sie gleichen einer lebendigen Reportage über eine ganz konkrete Begebenheit, die beispielhaft für ähnliche Situationen steht. Idealerweise folgt der Erzählstrang einer typischen Heldenreise. Diese führt entlang eines Spannungsbogens von einer suboptimalen Ausgangssituation über Hindernisse und Blockaden, Irrungen und Wirrungen oder einem Beinahe-Absturz zu einem glorreichen Endpunkt. Unternehmen, Produkte und Mitarbeiter fungieren dabei als Helfershelfer, als treue Gefährten oder nützliche Geister, die zwar dezent im Hintergrund bleiben, ohne die die Transformation allerdings nicht gelingt.

Beim Aufbau können Sie sich an Märchen orientieren. Sie haben folgendes Muster:
- Was war am Anfang (= das Problem, der Zweifel)?

- Wer (= der Held) tat was (= die gute Tat) mit wessen Hilfe (= die gute Fee)?
- Wo lauerten Gefahren (= das Abenteuer, das Hindernis, der Gegenspieler)?
- Wie ging das Ganze aus (= der Sieg, das Happy End)?

Der Beginn einer Geschichte ist essenziell, denn da fragen wir uns: Hat das was mit mir zu tun? Ist die Antwort Ja und das Ganze für uns relevant, hören wir weiter zu. Ist es für uns ohne Bedeutung, schaltet unser Hirn einfach ab. Im Verlauf der Handlung wünschen wir uns Höhen und Tiefen, das weckt Emotionen und erzeugt Spannung. Nur eitel Sonnenschein, das will keiner. Wir brauchen dramaturgische Wendungen, Rückschläge, Überraschungen. Und einen Helden, der uns bewegt. Die Sprache beim Storytelling ist also nicht ernst und nüchtern, sondern farbenreich und emotional.

Hier ein Beispiel dazu: Als Sonja Flender (31) und ihr Ehemann Martin (35) erfuhren, dass ein ehemaliges Gewerbegelände in Bauland umgewandelt werden sollte, waren sie die ersten Käufer. Aber bis zum Baubeginn sollten noch gut drei Jahre vergehen. »Zuerst musste das Gelände erschlossen werden«, erzählt Martin Flender, »und dann haben wir lange auf die Baugenehmigung warten müssen.« Die Zeit hat das junge Paar genutzt, um konkret in die Hausplanung einzusteigen. Mit genauen Vorstellungen machten sie sich auf die Suche nach ihrem Traumhaus und informierten sich bei verschiedenen Hausanbietern: »Wir suchten ein Fertighaus, das genauso ist, wie wir es geplant hatten.« Fündig wurden sie nicht. »Unser Konzept lehnte sich an das Bauhaus an«, beschreibt Sonja Flender. »Weiß, große Fenster, sachliche Formen, ein großer Luftraum im Eingangsbereich.« Der Besuch bei einem Bauherrentag in Köln brachte schließlich die Entscheidung. ... So beginnt eine Bauherren-Reportage des Anbieters Ytong Bausatzhaus. Es folgt eine reich bebilderte Geschichte über die einzelnen Baufortschritte bis zur Fertigstellung. ... Zehn Monate nach Baubeginn konnten die Flenders in ihr Traumhaus einziehen. Gut 60.000 Euro hatten sie durch Eigenleistung erwirtschaftet. – Verschiedene solcher Reportagen stehen im Wortlaut und als PDF auf der Ytong-Website zur Verfügung, so dass sie sich auch einfach weiterverbreiten.

Die dauerhafte Aufnahme in das Gedächtnis funktioniert übrigens auf zwei Wegen:
- über ständige Wiederholungen oder
- über einzigartige, überraschende, tief berührende Erlebnisse.

Als kleine Kinder hören wir die gleichen Märchen immer wieder gern, später dann als Erwachsene schauen wir uns unsere Lieblingsfilme x-Mal an. Bevor es die Schrift gab, wurden wichtige Ereignisse durch unaufhörliches Erzählen weitergegeben und so für die Zukunft bewahrt. Heute erfüllt das Web diese Funktion.

Moderne Geschichten werden inzwischen transmedial erzählt und in den sozialen Medien platziert. Sie werden von launigen Fotos begleitet oder stehen als unterhaltsame Videoclips zum Anschauen und Weiterleiten bereit. Zuhörer und Zuschauer sind nicht länger auf die Funktion des passiven Konsumenten beschränkt, sie können sich vielmehr aktiv einbringen: indem sie den Fortlauf einer Geschichte mitgestalten, sich angebotenes Hintergrundmaterial beschaffen oder zumindest kommentieren und voten.»Wenn es demnach Werbung und PR gelingt, die Zielgruppe für eine transmediale Story zu begeistern, so wird dies durch eine gesteigerte Verweildauer, höhere Loyalität gegenüber der Marke sowie durch eine höhere Weiterempfehlungsrate belohnt«, schreibt Petra Sammer in ihrem Buch Storytelling. Erklärvideos und Online-Tutorials sind übrigens *die* Lern- und Aufklärungsmedien der jungen Generation. Und der Videodienst YouTube ist die zweitgrößte Suchmaschine der Welt.

6.5 Wie Sie einen Geschichtenfundus anlegen

Wer nichts mehr zu sagen hat, gerät schnell in Vergessenheit. Schaffen Sie sich daher zunächst einen regelrechten Geschichtenfundus an, denn das Geschichtenerzählen darf niemals aufhören. So lässt sich über Kuriositäten aus der Gründerzeit plaudern und wie es dem Unternehmen durch Höhen und Tiefen gelang, dort anzukommen, wo es heute steht. Sie können über erfolgreiche Projekte berichten und welche Erfolge den Kunden mit Ihrer Hilfe gelangen. Die können Geschichten über besondere Menschen in Ihrem Unternehmen erzählen oder Episoden aus dem unternehmerischen Alltag zum Besten geben. Sie können anhand von Beispielen bekannt machen, wie man bei Ihnen den Servicegedanken lebt. Sie können Kurioses zusammentragen. Sie können über die Zukunft in Ihrer Branche berichten. Oder über besondere Produktionsverfahren, seltene Rohstoffe und Geschichten aus deren Herkunftsländern. Im Einzelnen geht es also um:

- Wer-wir-sind-Geschichten,
- Wo-wir-herkommen-Geschichten,
- Wie-wir-Kundenorientierung-leben-Geschichten,
- Wie-es-unseren-Kunden-erging-Geschichten,
- Wo-wir-hin-wollen-Geschichten.

Gute Geschichten sind neu, sie sind anders, sie überraschen, sie sind im wahrsten Sinne des Wortes merkwürdig und sie sind vor allem – wahr. Erzählen Sie Ihre Geschichten so, wie sie sich tatsächlich zugetragen haben, am besten in den Worten des Kunden. Das macht sie glaubwürdig und authentisch. Geschichten, die nicht stimmen oder geschönt sind, werden früher oder später immer entlarvt, wofür nicht selten die entrüsteten Mitarbeiter sorgen. Falsche Loyalität, bei der die Belegschaft wissentlich das unethische Verhalten der Oberen deckt, gibt es nicht mehr. Und das ist auch gut so.

Wie dem auch sei: Das Storylistening steht immer vor dem Storytelling. Die besten Geschichten sind natürlich die, die Ihre Kunden aus freien Stücken über ihre Erlebnisse bei Ihnen erzählen. Diese sind weit glaubwürdiger als Begebenheiten, die Sie selbst in Umlauf bringen, und von daher ein wertvoller Schatz. Reden Sie also mit ihren Kunden, um diese (hoffentlich positiven) Geschichten in Erfahrung zu bringen. Sammeln und dokumentieren Sie diese und geben Sie Passendes sofort wieder in Umlauf. Auch die einschlägige Presse kann hierfür ein dankbarer Abnehmer sein.

Ermitteln Sie auch: Welche Geschichten werden bei Ihnen auf den Gängen, in der Kantine, am Telefon erzählt, und was sagen sie über die Stimmung im Unternehmen aus? Ist der Kunde darin Held oder Horrorgestalt? Was wird von Praktikanten ausgeplaudert und von Außendienstlern unters Volk gebracht? Wie reden Servicemitarbeiter beim Kunden über Internes? Und welche Storys werden von Lieferanten und Partnern über Sie weiterverbreitet? Was erzählen die Führungskräfte hinter vorgehaltener Hand? Und was der Pförtner, wenn man ihn fragt? Welche Anekdoten haben Mitarbeiter im Ruhestand parat? Und was erzählen sich Azubis?

Das Bild, das Ihre Leute zeichnen, ist das Bild, das man von Ihnen haben wird. Erzählen Sie also die Geschichten, die man über Sie erzählen soll! Reden Sie über Resultate und nicht über Probleme! Von einem positiven Image werden alle wie magisch angezogen: die (potenziellen) Mitarbeiter und die (potenziellen) Kunden. Erzählen Sie deshalb Erfolgsgeschichten: bei jeder Begegnung, auf allen Meetings, selbst in der Raucherecke. Erfolgsgeschichten machen stolz und beflügeln. »So gut sind wir (schon)«, wollen sie zeigen und ermuntern zum Besserwerden. »Stellt Euch nur vor, wenn wir jetzt noch ...«, säuseln sie und kreieren Begehren. Kein Sportler würde sich an Niederlagen ergötzen, wenn er zum nächsten Sieg eilen will. Er führt sich seine größten Triumphe vor Augen.

Erfolgsgeschichten spornen uns an, sie beflügeln und setzen eine Menge Energien frei. Sie wirken authentisch und machen weniger angreifbar. Sie werden gut behalten und gerne weitererzählt. Suchen und finden Sie also positives Konversationsmaterial. Durchforsten Sie vor allem auch die sozialen Medien zu diesem Zweck. Laden Sie auf Ihrer Website dazu ein, Ihnen erlebte Geschichten zuzusenden. Veranstalten Sie einen Geschichten-Erzählwettbewerb. Oder holen Sie sich einen Geschichten-Goldgräber ins Haus. Externe mit einem unverstellten Blick finden oft prächtige Nuggets, die bei einem betriebsblinden Internen niemals aufblitzen würden.

6.6 Geschichten weiterverbreiten – drinnen und draußen

Unternehmensgeschichten haben immer zwei Zielrichtungen:
- eine interne (die Mitarbeiter) und
- eine externe (Interessenten, Kunden, Ex-Kunden, Partner, Lieferanten, Banken, Investoren, Bewerber, Multiplikatoren, die Öffentlichkeit).

Intern können Beispiele und Anekdoten gezielt eingesetzt werden, um zu verdeutlichen, wie die Unternehmensphilosophie und deren Leitsätze und Normen konkret gelebt werden sollen. Erzählen Sie zum Beispiel, wie sich eine pfiffige Mitarbeiteridee in der Praxis bewährte und was die Kunden davon hatten. Berichten Sie über die Meilensteine zu einem großen Sieg über den schärfsten Mitbewerber. Oder beleuchten und feiern Sie ein gelungenes Projekt in all seinen Facetten. Entwickeln Sie richtige Geschichten-Serien mit Fortsetzung folgt. Oder erzählen Sie eine Geschichte aus dem Blickwinkel unterschiedlicher Protagonisten. Und lassen Sie Ihre Geschichten nicht nur Offline, sondern auch Online spielen. Die Menschen leben heute in einer Mixed Reality.

Seien Sie sich auch klar darüber, dass jede Geschichte, die Sie intern erzählen, wahrscheinlich nach außen dringt. Und ist eine Geschichte erst mal im Umlauf, ist sie nicht mehr zu kontrollieren. Sie wird zur Empfehlung – oder zur Warnung. Keine noch so fleißige Presseabteilung, kein noch so bunter Imageprospekt, keine noch so ausgefeilte Gegendarstellung kann negative Mundpropaganda stoppen. Sie verselbstständigt sich und zieht ihre bösen Bahnen. Im positiven funktioniert das natürlich genauso: Dem Unternehmen eilt ein guter Ruf voraus, heißt es dann treffend. Was allerdings draußen so geredet wird, hört sich oft weit weniger gut an, als man drinnen im Unternehmen glaubt. Selbst Einzelmeinungen können im Web ein großes Gewicht bekommen, wenn sie von Tausenden gelesen werden. Und Leichen im Keller sind eine immense Gefahr. Denn früher oder später kommt jede Untat heraus. So wird es in Zukunft auch darum gehen, die Dinge, die nicht entdeckt werden sollen, erst gar nicht zu tun. Dann braucht man sich auch keine Sorgen zu machen.

So oder so: Das Geschichtenerzählen will gekonnt sein. Besonders spannend wird es, wenn Sie eine Story nicht sofort komplett enthüllen, sondern zunächst nur Andeutungen machen, die zwar vielversprechend klingen, aber noch nicht alles verraten. So wird das Interesse der Medien und potenzieller Käufer geweckt, On- und Offline wird kontinuierlich darüber diskutiert, es wird spekuliert, und ungeduldig wartet der Markt auf weitere Details. Fazit: Das neue Produkt ist bereits in aller Munde, lange bevor es in den Läden ist. Steve Jobs war ein Meister im Geschichtenerzählen – und er beherrschte auch die Geheimnis-Variante perfekt. Erinnern Sie sich an die Sache mit dem »verlorenen« Handy? Die Story von dem duseligen Mitarbeiter, der den Prototypen eines neuen iPhones in einer Bar liegen ließ, ging um die ganze Welt. Ähnliches Aufsehen entstand, als eine gute Freundin der Harry-Potter-Autorin Joanne K. Rowling der *Sun Times* aus Versehen verriet, wer in Wirklichkeit hinter dem Kriminalroman *The Cuckoo's Calling* des britischen Debütautors Robert Galbraith steckte. Daraufhin schnellte der zunächst magere Absatz von 1.500 Büchern innerhalb von drei Monaten auf über sieben Millionen.

Unternehmensführer werden heute nicht nur daran gemessen, welche Bilanzen sie abgeben, sondern vor allem auch daran, wie sie ihre Taten kommunikativ verpacken. Wer da Defizite hat, sollte schnell auf die Schulbank. Denn die Öffentlichkeit reagiert mitunter gnadenlos. So hatte der Finanzvorstand eines Telekommunikationsanbieters auf einer Investorenkonferenz erzählt, mit welchen Methoden in seiner Organisation überzählige und angeblich nicht leistungswillige Mitarbeiter weggemobbt werden. Was der Mann nicht ahnte: Eine Kamera hatte alles aufgezeichnet. Der Film landete auf YouTube und löste eine Welle der Entrüstung aus. Das Unternehmen erlebte einen herben Imageeinbruch. Und besagter Vorstand trat ab.

Externe Dienstleister können beim Schmieden von Erfolgsgeschichten helfen. Vor allem erfahrene Wirtschaftsjournalisten, die sich infolge des Mediensterbens heute oft als Freelancer verdingen, können aus Fallstudien und Anwenderberichten professionelle Success Storys machen. Ein großes Plus: Weil sie nicht vom Unternehmen selbst, sondern von einem neutralen Dritten geschrieben wurden, fehlen in solchen Arbeiten die üblichen Selbstbeweihräucherungen, es kommt zu einer Profilschärfung, die Außensicht wird besser rübergebracht und die Geschichte erscheint weniger werblich. Doch selbst die beste Geschichte bewirkt nichts, solange sie im Dunkeln schlummert. Holen Sie sie ans Licht, verpacken Sie sie gut und machen Sie sie öffentlich. Füttern Sie die Medien mit Geschichten anstatt mit Geld.

- in Stellenanzeigen
- im Intranet
- auf eigenen Social-Media-Präsenzen
- in Newslettern
- in Prospektmaterial
- im Geschäftsbericht
- in Referenzmappen
- in Präsentationen
- bei Jahrestagungen
- auf dem Messestand
- in Reportagen

- in Employer-Branding Broschüren
- im Internet
- auf fremden Social-Media-Präsenzen
- in Mailings
- in Imagebroschüren
- in Kundenzeitschriften
- in Imagefilmen
- in Vorträgen
- auf Ausstellungen
- auf Events
- in Büchern

Außerdem empfehle ich, an den Anfang eines jeden Meetings eine kunden-bezogene Erfolgsgeschichte zu setzen. Unter der Überschrift »Der Kunde spricht« erhält dieser den besten Platz: Tagesordnungspunkt Nummer eins auf der Agenda. Reihum berichten dann die Teilnehmer über Kundenbe-geisterungsstorys, die das Unternehmen hervorgebracht hat. Vor allem geht es dabei um Wir-Geschichten, also um solche, an denen mehrere Bereiche beteiligt waren, um den Kollaborationsgedanken zu fördern. Ferner geht es darum, die heimlichen Kundenbegeisterungshelden der Firma ausfindig zu machen, die Leisen also, denen das grelle Licht der Öffentlichkeit gar nicht behagt. Die haben nämlich oft die besten Geschichten parat.

Und wenn Sie mögen: Setzen Sie eine Uschi mit ins Meeting. Wer Uschi ist? Eine lebensgroße Puppe, die eine Kundin repräsentiert. Beim Fertighaus-Hersteller Town & Country ist sie immer mit dabei. Jedes Mal, wenn es um kundenbezogene Entscheidungen geht, wird Uschi befragt, was sie davon hält und ob das, was dann passiert, so gut ist, dass sie es weiterempfehlen kann. Eine schöne Geschichte.

7.
Wie man Empfehlungen
im Verkaufsgespräch generiert

Die Skepsis gegenüber Verkäufern ist in vielen Branchen sehr hoch. So mancher wurde in der scheinbaren Obhut eines Hardsellers zum LEO, einem leicht erlegbaren Opfer. Viele haben mit der leichtfertigen Weitergabe von Empfehlungsadressen schlimme Erfahrungen gemacht. Freundschaften sind zerbrochen, weil ein dahergelaufener Finanzjongleur sich selbst sanierte, während seine Kunden verarmten. Beinahe jeder ist schon einmal auf Manipulationstricks hereingefallen, mit denen man es in teuren Seminaren bis zum Master bringt. Welchem Performancedruck Verkäufer inzwischen ausgesetzt sind, ist weitläufig bekannt. So schwingt bei jedem Beratungsgespräch der nagende Zweifel mit, dass einem etwas Unpassendes angedreht wird.

Hat hingegen ein begeisterter Kunde einen Dritten weiterempfohlen, wird das Verkaufen plötzlich ganz leicht. Denn empfohlenes Geschäft ist ja quasi schon vorverkauft. Dies führt zu einer positiveren Wahrnehmung, zu einer höheren Gesprächsbereitschaft, zu kürzeren Gesprächen, zu einer geringeren Preissensibilität, zu weniger Einwänden, zu schnelleren Abschlüssen, zu höherwertigen Käufen, zu einem loyaleren Geschäftsgebaren – und schnell auch zu neuem Empfehlungsgeschäft.

Als Türöffner sind Empfehlungen in Verkauf und Vertrieb deshalb überaus hilfreich. Sie sind jeder Form von Kaltakquise haushoch überlegen – sowohl beim Kosten- und Zeiteinsatz als auch mit Blick auf das zu erwartende Ergebnis. Und so ganz nebenbei lassen sich mit qualifizierten Empfehlungen die gesetzlichen Einschränkungen bei der Kaltakquise umgehen. So kann man diesen Satz nicht oft genug wiederholen:

Am Anfang und am Ende eines jeden Kundengesprächs steht eine Empfehlung.

Ganz unabhängig davon, ob es zu einem Abschluss kommt oder auch nicht, ist ein Teilziel im Verkaufsgespräch also immer auch dieses: Nie mit leeren Händen nach Hause gehen und stets so hervorragend agieren, dass es am

Ende wenigstens ein paar Empfehlungen gibt. In Einzelfällen kommen diese von ganz allein. Doch selbst dann, wenn ein Kunde mit dem Gesprächsverlauf äußert zufrieden war, wird er nicht vollautomatisch daran denken, für Sie als Fürsprecher tätig zu werden. Anstatt also tatenlos auf sein Glück zu hoffen, heißt es, ihn ein wenig zu impfen. Abschied vom Zufall bedeutet, das Empfehlen offen anzusprechen und aktiv um Adressen zu bitten.

Zwei Grundvoraussetzungen gibt es, damit dies schließlich auch klappt:

1. Die Beziehungsebene muss stimmen. Denn wir kaufen zunächst immer den Menschen – und dann erst die Sache. Auch im B2B-Geschäft gilt: Menschen kaufen von Menschen – und nicht von Unternehmen. Die unausgesprochenen Fragen eines Kunden – vor allem bei der ersten Begegnung – lauten also in etwa wie folgt:

- Kann ich mit ihm oder nicht?
- Wirkt er seriös und sympathisch?
- Wirkt er kompetent und verlässlich?
- Meint er es ehrlich mit mir?
- Kann ich brauchen, was er anzubieten hat?

Wir alle umgeben uns am liebsten mit Menschen, die vertrauenswürdig und aufrichtig wirken. Das hängt mit dem Freund-Feind-Szenario aus alten Zeiten zusammen. Bei jeder Begegnung musste ja eine blitzschnelle Entscheidung her: Meint es der Andere gut oder böse mit mir? Wir sind Nachkommen der Geschöpfe, die in solchen Momenten immer die richtige Entscheidung trafen. Und auch heute noch will unser Oberstübchen zuallererst wissen, welche Person sich hinter der Verkäufer-Rolle verbirgt. Man erreicht andere immer dann am besten, wenn man von sich selbst etwas preisgibt. Und wir mögen die Menschen, die zeigen, dass sie uns mögen. Unsympathen hingegen empfehlen wir keinesfalls weiter. Bei dieser Gelegenheit hier gleich ein Detail: Sprechen Sie im Vertrieb nicht von Leads und schon gar nicht von Empfehlungsleads. Das entfremdet und macht das

Verkaufen technokratisch und kalt. Denn Menschen sind Menschen – und keine Leads.

2. Die Sachebene muss stimmen. Nicht das, was ein Verkäufer verkaufen will oder soll, sondern das, was uns Problemlösungen und gute Gefühle beschert, wird am Ende gekauft. Deshalb braucht es neben fachlichem Knowhow auch das Gespür, wie man beim jeweiligen Kunden einen Volltreffer landet. Folgende Zwischendurchfragen können dabei sehr hilfreich sein:

- Passt das Ganze bis hierher für Sie?
- Sind wir auf dem richtigen Weg?
- Bis hierher einverstanden?
- Macht das aus Ihrer Sicht Sinn?
- Ist das in sich schlüssig für Sie?

Nach solchen Fragen suchen Sie Augenkontakt, nicken leicht mit dem Kopf und warten auf Antwort. Denn nur, wenn sowohl das Gesprächsklima als auch die Inhalte stimmen, wenn sich also menschlich und sachlich alles im grünen Bereich bewegt, kann es am Ende Empfehlungen geben.

Natürlich gilt auch beim Generieren von Empfehlungsadressen: Den einen Weg zum Ziel gibt es nicht. Alles hängt von der jeweiligen Branche, der Gesprächslage und dem Kundentyp ab. Im Folgenden erläutere ich also verschiedene Vorgehensweisen und mögliche Gesprächsverläufe. Diese sollen als Denkanstoß dienen oder konkrete Anregungen liefern. Bedingungslos nachgeplappert werden sollen sie nicht. Denn um authentisch zu wirken, muss jeder Verkäufer seine eigenen Formulierungen finden und situationsgerecht einsetzen. Also, wählen Sie weise!

Schon gleich vorweg, und selbst dann, wenn dies zunächst überraschend klingt: Es ist durchaus möglich, bereits zu Beginn eines Verkaufsgesprächs darauf einzustimmen, dass Empfehlungen ein Thema sein werden. Das nennt man eine Empfehlungsvereinbarung. Sie lässt sich platzieren, wenn der Termin aufgrund einer Empfehlung durch Dritte zustande kam – und bei einem normalen Erstbesuch auch.

7.1 Der Erstbesuch bei einem Empfehlungsempfänger

Wenn eine Empfehlung der Auslöser für den Ersttermin ist, propagieren die Vertriebstrainer Marcus Neisen und Roger Rankel in ihrem Buch *So funktioniert Empfehlungsmarketing heute* eine Hinleitung zur Empfehlungsvereinbarung, die ich hier etwas optimiert wiedergebe. Die Ausgangssituation: Sie als Verkäufer (V.) und Ihr Kunde (K.) haben sich begrüßt und einige unverbindliche Worte gewechselt. Im Geiste vergegenwärtigen Sie sich noch einmal dies: Menschen, die aufgrund einer Empfehlung mit Ihnen zusammensitzen, sind nicht nur sehr positiv gestimmt, sondern oft auch bereit, selbst Empfehlungen auszusprechen. Dann legen Sie freundlich los:

V.: *»Herr/Frau Kunde, wir sind ja heute aufgrund einer Empfehlung von Frau Müller zusammengekommen. Was denken Sie, warum sie mich weiterempfohlen hat?«*

K.: *»Sie wusste wohl, dass ich mich derzeit für … interessiere.«*

V.: *»Denken Sie, dass Frau Müller mit mir und meiner Beratung zufrieden ist?«*

K.: *»Hm, vielleicht, ich glaube schon.«*

V.: *»Oh, das freut mich. Wäre es denn für Sie vorstellbar, dass, wenn auch Sie mit mir und mit meiner Beratung zufrieden sind, dass auch Sie mich dann weiterempfehlen?«*

K.: *»Naja, das kann ich doch jetzt noch nicht sagen!«*

V.: *»Klar, Grundvoraussetzung ist natürlich, dass Sie rundherum zufrieden sind. Dann würde ich vorschlagen, wir starten jetzt gemeinsam mit dem eigentlichen Thema, und dann, wenn Sie sagen, das ist wirklich empfehlenswert, dann kommen wir noch einmal darauf zurück. Okay, machen wir das so, passt das für Sie?«*

K.: *»Ja, okay, das passt.*

Sie denken gerade darüber nach, ob Sie das genauso sagen wollen und können? Gut, dass Sie fragen. Zunächst zum Können: Unser Hirn muss üben, um zu brillieren. Spitzensportler wissen das, und Spitzenmusiker wissen es auch. Nur Verkäufer glauben manchmal, beim Kunden zu üben, das reicht. Doch erst dann, wenn man eine Formulierung mindestens hundert Mal aufgesagt hat, rutscht sie in den sogenannten Autopiloten – und kommt dann im Ernstfall ohne zu ruckeln daher.

Nun zum Wollen: Natürlich müssen Sie Ihre eigenen Worte finden, damit das Ganze nicht aufgesetzt und gekünstelt wirkt. Doch können sich bei selbst gewählten Varianten schnell auch mal Fehler einschleichen. Das Erfolgsgeheimnis liegt bekanntlich im Wie. Denn: Es gibt Verlierersprache. Es gibt Gewinnersprache. Und es gibt magische Worte. Wir, gemeinsam, zusammen sind drei solcher Worte. Ein weiteres ist der Begriff vorstellbar. Er regt nämlich das Kopfkino an, und erste Personen, die für eine Empfehlung infrage kommen, ziehen womöglich schon vor dem geistigen Auge vorbei.

»Fragen statt sagen«, lautet eine weitere Weisheit. Nehmen Sie den Dialog zwischen Verkäufer und Kunde daraufhin noch einmal unter die Lupe! Völlig falsch wäre zum Beispiel folgender Einstieg: »Ich bin heute zu Ihnen gekommen, weil Frau Müller mit meiner Beratung so zufrieden war, dass sie mir gleich ein paar Empfehlungen gegeben hat. Wenn Sie also mit mir auch zufrieden sind, dann empfehlen Sie mich gerne weiter.« Sie suchen die Fehler? Es sind drei: der Ich-Modus, die Behauptung, dass der Empfehler zufrieden war und der Glaube, Empfehlungen kämen von selbst.

Also besser weiter in unserem Text. Wenn ..., dann ... ist eine längst erprobte Zauberformel. Sie nimmt Druck aus dem Gespräch und lässt die Tür offen für Handlungsoptionen. Denn wenn unser Kunde noch nicht gleich bereit sein sollte, Empfehlungen auszusprechen, dann kann er das auch zu einem späteren Zeitpunkt tun. Jetzt fehlt noch das Tüpfelchen auf dem i. Es ist der Dreiklang zum Schluss: »Okay, machen wir das so, passt das für

Sie?« Unser Hirn scheint solche Dreier-Kombinationen zu lieben. Aller guten Dinge sind drei, sagt zum Beispiel der Volksmund.

7.2 Die Empfehlungsvereinbarung bei der Kaltakquise

In vielen Fällen kommt ein Interessent nicht aufgrund einer Empfehlung mit Ihnen zusammen, vielmehr wurde er durch Werbung oder puren Zufall auf Sie aufmerksam. Kann man auch hier mit einer Empfehlungsvereinbarung in ein Verkaufsgespräch starten? Man kann, doch dabei wird der Druck ziemlich hoch. So überlasse ich Ihnen, ob Sie das tun. Wieder folge ich in etwa den Formulierungen meiner Kollegen. Da der potenzielle Kunde in diesem Fall nicht aufgrund einer Empfehlung angewärmt wurde, empfehlen sie, zunächst dessen Erwartungen an das Gespräch und seine Anforderungen an eine mögliche Zusammenarbeit zu klären. Danach geht es weiter wie folgt:

V.: »*Herr/Frau Kunde, wenn wir das genauso hinbekommen, wie Sie es erwarten, würden Sie dann sagen, sie wären, zumindest fürs Erste, zufrieden?*«

K.: »*Naja, wahrscheinlich schon.*«

V.: »*Herr/Frau Kunde, Ihre Zufriedenheit ist mir wichtig. Und das hat viele Gründe. Einer davon ist, dass ich am liebsten auf Empfehlungsbasis arbeite, klingt das plausibel für Sie?*«

K.: »*Hm, klar, ich glaube schon.*«

V.: »*Oh, das freut mich sehr. Wäre es denn für Sie vorstellbar, dass, wenn Sie mit mir und mit meiner Beratung, sagen wir, empfehlenswert zufrieden sind, dass Sie mich dann weiterempfehlen?*«

K.: »*Naja, das kann ich doch jetzt noch nicht sagen!*«

V.: »*Klar, Grundvoraussetzung ist natürlich, dass Sie rundherum zufrieden sind, ansonsten steht mir, ehrlich gesagt, eine Empfehlung auch gar nicht zu. Dann würde ich vorschlagen, wir starten jetzt gemeinsam mit dem eigentlichen Thema, und dann, wenn Sie sagen, das ist wirklich empfehlenswert, dann kommen wir noch einmal darauf zurück. Okay, machen wir das so, passt das für Sie?«*

K.: *»Ja, okay, das passt.«*

Nun beginnen Sie mit dem Verkaufsgespräch. Wie dieses zu führen ist und was man bei eventuellen Einwänden macht, dazu wurden bereits viele gute Bücher geschrieben. Entscheidend in unserem Kontext ist dies: Wenn der Kunde kauft und sichtbar zufrieden mit seiner Entscheidung ist, dann nutzen Sie diesen Moment und fragen nach Adressen – insbesondere dann, wenn Sie dies zu Beginn vereinbart haben. Genau hier unterscheidet sich der normale Verkäufer vom versierten Profi. Die Mittelmäßigen an der Verkaufsfront vergessen vor lauter Freude, endlich den Abschluss in der Tasche zu haben, das Geschäft von morgen. Oder sie haben Sorge, dass der Kunde am Ende seinen Entschluss rückgängig macht, also fragen sie lieber nicht. Top-Verkäufer hingegen fragen selbst dann nach Datenmaterial, wenn sie keinen Abschluss bekommen, vorausgesetzt, die Beratungsqualität war hoch und das Gesprächsklima prima. Konnten Kunden dennoch das Angebot nicht brauchen, sind viele bereit, zum Ausgleich Ihrer Mühe und in Anerkennung Ihrer Professionalität wenigstens mit ein paar Adresstipps zu dienen. Soziologen nennen das den Reziprozitätseffekt.

7.3 Die konkrete Frage nach Empfehlungsadressen

Am besten versehen Sie Ihren Wunsch nach Empfehlungsadressen mit einer guten Begründung, denn unser Oberstübchen mag sehr gerne wissen, weshalb es sich überhaupt anstrengen soll. Dabei sollte vor allem herausgestellt werden, dass der Empfehler den Menschen in seinem Umfeld mit einer Empfehlung nützlich sein kann. Das sagen Sie zum Beispiel so:

V.: »*Wir möchten weiter wachsen und in der Sache noch sehr viel Gutes tun, doch viele Menschen da draußen wissen noch gar nicht, dass es uns gibt. Wem möchten Sie denn einen kleinen Tipp zukommen lassen/eine Freude machen/einen Gefallen tun?*«

Danach machen Sie eine lange Pause, denn Ihr Gegenüber braucht jetzt Zeit zum Nachdenken. Nicken Sie unmerklich, doch vermeiden Sie einen starrenden Blick. Zählen Sie gedanklich sieben Sekunden. Danach legen Sie eine Denkspur, etwa so:

V.: »*Für wen, den Sie kennen, könnte denn unser ... nützlich sein? Wer ist denn in einer ähnlichen Situation? Würden Sie da an jemanden aus Ihrem Kollegenkreis denken, oder kämen eher Leute aus Ihrem persönlichen Bekanntenkreis/privaten Umfeld infrage?*«

Oder sie sagen locker lobend und wertschätzend dies:

V.: »*Sie kennen doch viele wichtige Leute/haben doch ein großes Netzwerk/kommen doch unglaublich viel rum. Würde denn unser ... zu Kontakten hier aus der Gegend passen, oder denken Sie eher an Interessenten in einer ganz anderen Stadt?*«

Bei diesen wie auch bei allen weiter folgenden Formulierungen ist es ratsam, sich gut vorzubereiten, um nicht im entscheidenden Moment ins Stottern zu kommen. Am besten suchen Sie nach einer eigenen passenden Begründungseinleitung. Variieren Sie auch die einzelnen Textpassagen. Fragen Sie beispielsweise danach,

*   für wen im eigenen oder in befreundeten Unternehmen, im gleichen Bürogebäude oder Gewerbegebiet, innerhalb oder außerhalb der Branche die Sache noch in Frage kommen könnte,
*   wie der Kunde, wäre er an Ihrer Stelle, denn das Empfehlungsgeschäft entwickeln würde.

Offene Fragen (Für wen könnte ... denn noch interessant sein?) sind in jedem Fall zielführender als geschlossene Fragen (Kennen Sie eventuell jemanden, ...?). War nämlich das Verkaufsgespräch anstrengend, ist die Gefahr groß, dass unser Hirn sich nach einer geschlossenen Frage mit einem definitiven Nein zurückzieht und in den Energie-Sparmodus fällt. Offene Fragen hingegen, möglichst mit Alternativen versehen, aktivieren den Denkapparat.

Hier eine Formulierung, die der Vertriebsexperte Klaus-J. Fink empfiehlt »So wie Sie heute .... (spezifischer Nutzen) ... so ist da möglicherweise der eine oder andere Bekannte oder Kollege, der davon noch nichts weiß, ja vielleicht noch nicht einmal ahnt, dass es das gibt. Wenn es nun darum geht, jemanden darüber zu informieren, ihm hiermit einen Gefallen zu erweisen, an wen denken Sie dann spontan, an jemanden aus Ihrem Bekanntenkreis oder eher an jemanden aus ihrem beruflichen Umfeld?«

Rankel und Neisen propagieren folgenden Einstieg: »Beim Thema Empfehlungen hat es sich bewährt, auf drei Dinge zu achten. Am besten, wir überlegen gemeinsam: Wer passt zu mir als Person, wer passt zu meinem Angebot, und wer wird Ihrer Empfehlung folgen?«

Manchmal kann es sinnvoll sein, sich mit Samtpfötchen der Empfehlungsfrage zu nähern. Dazu habe ich ein interessantes Beispiel bei Neukundenexperte Dirk Kreuter[8] gefunden: »Herr Ögg, Sie schaffen es in Ihren Magazinen immer wieder, die aktuellsten Trends aufzuzeigen und mit den besten Autoren zusammenzuarbeiten. Wie gelingt Ihnen das? Welche Quellen nutzen Sie? Und mit welchen Kollegen aus der Branche tauschen Sie sich aus?« Erst im nächsten Schritt kommt es dann zur Empfehlungsfrage: »Herr Ögg, wenn Sie die Kollegen so gut kennen und mit Ihnen in ständigem Austausch stehen, wie hoch schätzen Sie dann deren Bedarf nach unseren Leistungen ein?« Daraufhin wird ziemlich sicher über Namen gesprochen.

Wenn sich Ihr Gesprächspartner also nun kooperativ zeigt und Namen nennt, erkunden Sie zusätzliche Details, die Ihnen beim weiteren Vorgehen nützlich sein können, etwa wie folgt: »Wenn Sie an meiner Stelle wären, was müsste ich besonders beachten, wenn ich mit Herrn … Kontakt aufnehme? Und wann ist wohl der beste Anrufzeitpunkt?«

Haben Sie mehrere Namen erhalten, fragen Sie so: »Wen sollte ich aus Ihrer Sicht denn am ehesten ansprechen? Und aus welchem Grund?« Oder auch so: »Was müsste ich denn beim ersten Gespräch besonders beachten? Welche Aspekte sollte ich in den Vordergrund stellen? Worauf legt denn Frau … besonderen Wert?« Die Qualität einer Adresse steigt mit jeder Zusatzinformation, die Sie nun erhalten.

Im B2B-Geschäft gibt es keine Empfehlungsadressen? Ein Vorurteil!

Dass im B2B-Geschäft keine Empfehlungsadressen zu bekommen sind, ist ein sehr weit verbreitetes Vorurteil. Okay, niemand will, dass die Konkurrenz zum Beispiel mithilfe des tollen CRM-Programms, das Sie gerade installiert haben, ebenfalls erstarkt. Noch bevor der Kunde solches denkend in allgemeine Ausflüchte verfällt (Wir geben hier grundsätzlich keine Adressen weiter, das ist bei uns Vorschrift.), sprechen Sie dieses Thema besser aktiv an, und das geht so: »Natürlich, Herr/Frau Kunde, geht es nicht darum, dass Sie jetzt Empfehlungen innerhalb Ihrer Branche aussprechen. Das macht ja auch gar keinen Sinn. Ich möchte einfach gern einen Blick in Ihr Umfeld werfen und schauen, wer von … ebenfalls profitieren könnte – und Ihnen im Nachhinein für eine Empfehlung auch noch dankbar ist. An wen denken Sie da – zum Beispiel in Ihrem persönlichen Netzwerk oder unter ehemaligen Studienkollegen?« Auf diese Weise bringen Sie den Kunden in eine neue Denkrichtung und erhalten möglicherweise doch noch Kontaktmaterial.

»Für unsere Kunden sind wir so etwas wie ein Geheimtipp. Nie würden die uns weiterempfehlen!« Das sagte mir einmal ein Werkzeugbauer. Ich konnte ihn dann doch davon überzeugen, eine kleine Testaktion am Telefon zu machen. Die Frage ging so: »Lieber Kunde, wir wollen unserer Region etwas Gutes tun und expandieren. Dabei denken wir auch über Empfehlungen nach. Wenn Sie an meiner Stelle wären und potenzielle Interessenten ansprechen müssten, an wen würden Sie zum Beispiel denken?« Der Erfolg war überwältigend. Von nahezu jedem Kunden erhielt er mindestens eine Adresse.

7.4 Über starke und schwache Empfehlungsadressen

Grundsätzlich unterscheiden wir zwischen starken und schwachen Empfehlungen:

Die schwache Empfehlung: Bei der schwachen Empfehlung erhalten Sie Namen von möglichen Interessenten, übernehmen das Kontaktieren jedoch selbst, indem sie sich auf den Empfehlungsgeber berufen dürfen – oder auch nicht. Wenn Sie seinen Namen nennen dürfen: Erwähnen Sie den Empfehler im Gespräch mit dem potenziellen Kunden möglichst mehrmals. Und ganz wichtig: Sprechen Sie stets wertschätzend über ihn. Will Ihr Empfehlungsgeber hingegen nicht, dass sein Name genannt wird, halten Sie sich unbedingt daran. Alles andere käme einem Vertrauensmissbrauch gleich. Verzichten Sie notfalls auf den Termin und das Geschäft. Das bestehende Kundenverhältnis geht vor. Lassen Sie auch Sätze wie diesen: »Sie sind mir von einem Ihrer Kunden empfohlen worden.« Das wirkt konstruiert und macht Sie einfach nur unglaubwürdig.

Die starke Empfehlung: Bei der starken Empfehlung kontaktiert der Empfehler die Zielperson von sich aus und schafft so die Brücke zu Ihnen. Diese Art der Empfehlung ist weitaus ergiebiger und sollte deshalb direkt angesteuert werden. So kann es beispielsweise gelingen, firmeninterne Mundpropaganda auszulösen, um damit tief in besagtes Unternehmen einzudringen und in bislang unerreichte Abteilungen vorzustoßen. In ausschreibungsintensiven Bereichen kann eine qualifizierte Empfehlung sogar für Geschäfte sorgen, an die man sonst niemals herangekommen wäre. Und im Privatkundengeschäft ist sie sogar unerlässlich, da dort die reine Kaltakquise gesetzlich verboten ist. Darüber hinaus gilt: Qualität vor Quantität. Will heißen: Lieber zwei, drei hochwertige, starke Adressen statt einer langen Liste mit schlechtem Kontaktmaterial.

Wenn Sie nun Empfehlungsadressen erhalten haben, dann fragen Sie den Kunden am besten, ob er womöglich gleich in Ihrem Beisein anrufen kann – beziehungsweise wann er meint, dazu zu kommen. Oder bitten Sie ihn da, wo passend, den genannten Personen gleich eine SMS zu schicken beziehungsweise den Kontakt über WhatsApp anzuvisieren. Je nach Angebot, Situation und Kundentyp können Sie auch ein Selfie von sich und ihrem Gesprächspartner machen – und mit ein paar empfehlenden Worten auf die Reise schicken.

Wichtig bei all dem ist dies: Vermeiden Sie allzu viel Druck! Damit unser Hirn auf Touren kommt, braucht es Entspannung. Wie der Geier mit gespitztem Bleistift auf Beute zu warten bringt gar nichts. Wer sich nämlich unter Druck gesetzt fühlt, beginnt schnell zu mauern. Sog ist besser als Druck. Der Kunde muss Sie und Ihr Angebot unbedingt empfehlen wollen. Dann ist die Frage nach Adressen ganz leicht.

Wird beim Generieren von Empfehlungsadressen hingegen zu viel Druck aufgebaut, erhalten Sie meist nur minderwertiges Datenmaterial – oder sogar falsches. Das Gleiche passiert, wenn Sie als Erpresser (»Nur wenn Sie mir ein paar Empfehlungsadressen geben, erhalten Sie zusätzlich …«) oder als Bittsteller agieren. Wer nämlich seinem Gesprächspartner vorjammert, dass er auf Adressen angewiesen ist und ohne fremde Hilfe bald am Hungertuch nagt, erntet höchstens Mitleid, aber keine Mundpropaganda.

Mit Verlierern will niemand etwas zu tun haben. Mit Siegertypen aber gewiss.

Leider fehlt Verkäufern oft der Mut, die Empfehlungsfrage zu stellen. Und das aus einem einzigen Grund: Aus Angst vor dem Nein des Kunden. Sie fürchten eine Beschädigung ihres Egos oder eine emotionale Zurückweisung. Ablehnung kann, wie jeder am eigenen Leib schon gespürt hat, eine sehr unangenehme Erfahrung sein. So versuchen wir vehement, dies zu vermeiden. Wir erfinden zig Gründe, warum es gerade heute oder bei diesem Kunden nicht möglich war, nach Adressen zu fragen. Nur um einem Nein aus dem Weg zu gehen. Dabei ist es doch so: Nicht gefragt ist auch ein Nein. Viel zu oft machen wir uns völlig unbegründet viel zu viele Gedanken darüber, warum jemand etwas nicht machen könnte. Diese Blockade im Kopf lässt sich lösen, indem man zunächst bei einem nicht so wichtigen Kunden nach Empfehlungen fragt. Solche Courage wird fast immer belohnt. Und selbst dann, wenn dieses Vorgehen mal keine Früchte trägt: Sehen Sie jede Frage nach Empfehlungen als kleine Trainingseinheit. Und zählen Sie nur die Erfolge.

In aller Regel helfen Menschen gern, denn wir wollen liebenswürdig erscheinen und uns gut dabei fühlen. Manche geben gerne ein paar Tipps, weil sie sich hierdurch wichtig vorkommen. Oder sie haben ein Sendungsbewusstsein. Andere wiederum haben von Natur aus ein hohes Mitteilungsbedürfnis. Und viele Menschen können einfach nicht nein sagen, wenn man sie um einen Gefallen bittet.

Allerdings haben viele Menschen auch Vorbehalte, wenn sie Hinweise oder Kontaktdaten weitergeben sollen. Vielleicht hat Ihr Gesprächspartner bereits schlechte Erfahrungen gemacht. Oder er kennt jemanden, dem das passiert ist. Oder er erachtet Ihr Angebot nicht als empfehlenswert. Oder er möchte erst abwarten, ob Ihr Produkt hält, was Sie versprechen. Oder Sie sind ihm unsympathisch. Oder Sie haben einen kommunikativen Fehler begangen. Oder er gönnt Sie den anderen nicht. Oder er möchte nicht, dass andere von seinem Kauf erfahren – und pocht auf Diskretion. In all diesen Fällen: Zeigen Sie Verständnis. Und drängen Sie nicht! Geradezu tödlich wäre an dieser Stelle die Frage nach dem Warum. Ein Kunde, der sich rechtfertigen soll, weil er keine Empfehlungen aussprechen will, kann sehr unangenehm werden.

Versuchen Sie es deshalb höchstens noch einmal ganz sanft, zum Beispiel mit folgenden Worten: »Hm, das ist schade, weil, wissen Sie, eine wohlgemeinte Empfehlung macht anderen Menschen das Leben so leicht ...« Bleibt ihr Gesprächspartner bei seinem Nein, dann akzeptieren Sie das nun sofort, etwa wie folgt: »Gut, dass Sie mir das so offen sagen. Das ist in Ordnung für mich.«

Etwas ganz Wichtiges noch. Sagen Sie dem Kunden unbedingt, was aus seinen Empfehlungen geworden ist. Und bedanken Sie sich, wenn es aufgrund dessen zu einem Abschluss kam: unverzüglich, überschwänglich und möglichst persönlich – am besten verbunden mit einem kleinen (ideellen oder geldwerten) Geschenk. So gewinnen Sie am Ende sogar Super-Empfehler, also solche, die jede Menge Empfehlungen aussprechen.

7.5 Die Frage nach Empfehlungen bei einem Betreuungsbesuch

Auch Bestandskunden können jederzeit auf das Empfehlungsthema angesprochen werden. Für den Einstieg gibt es zwei Varianten:

Variante 1: »*Heute, Herr/Frau Kunde, komme ich kurz auf das zurück, was wir vor einiger Zeit mal gemeinsam besprochen haben. Wie sind Sie denn mit uns/mit meiner Arbeit zufrieden, also ich meine, empfehlenswert zufrieden? Ihre Zufriedenheit ist mir nämlich sehr wichtig. Und das hat viele Gründe. Einer davon ist, dass ich inzwischen überwiegend auf Empfehlungsbasis arbeite, macht das für Sie Sinn?*«

Variante 2: *»Bevor ich es vergesse, Herr/Frau Kunde, haben wir eigentlich schon einmal über das Thema Empfehlungen gesprochen? (Kurze Pause und Antwort abwarten.) Wie sind Sie denn mit uns/mit meiner Arbeit zufrieden? Ihre Zufriedenheit ist mir nämlich sehr wichtig. Und das hat viele Gründe. Einer davon ist, dass ich am liebsten auf Empfehlungsbasis arbeite, klingt das plausibel für Sie?«*

In beiden Fällen geht es nach der Antwort des Kunden, wieder in Anlehnung an Neisen und Rankel, weiter wie folgt:

V.: *»Oh, das freut mich zu hören. Wenn also auch Sie mit mir und meiner Arbeit zufrieden sind, und natürlich nur in dem Fall macht das Sinn, habe ich dann eine Chance auf Ihre Weiterempfehlung? Würde das für Sie passen?«*

K.: *»Hm, ja, warum eigentlich nicht?«*

V.: *»Darf ich dann gleich hier einen Vorschlag machen, den viele meiner Kunden bisher sehr angenehm fanden?«*

K.: *»Okay!??«*

V.: *»Also, es hat sich bewährt, dass Sie dem Empfehlungsempfänger ein kurzes Zeichen geben, dass es mich gibt, und was mich empfehlenswert macht. Alles Inhaltliche kann ich dann mit ihm besprechen, wenn er sich bei mir meldet, oder wenn ich von Ihnen grünes Licht für einen Anruf erhalte. Wollen wir das so machen? Passt das für Sie?«*

Dieses Vorgehen hat den Vorteil, dass Ihr Kunde zunächst noch gar keine Anschriften herausrücken muss, wenn er das zu dem Zeitpunkt nicht will.

Was aber, wenn der Kunde, statt freudig mit Ihnen Kontaktdaten auszutauschen, Sie mit einer fetten Reklamation überrascht? Nichts besser als das. Denn dann spricht er endlich aus, was ihn schon länger bedrückt. Nun gilt es, sich nicht nur schleunigst sondern auch professionell um die Sache zu kümmern, damit sich das Ganze nicht auch noch im Kundenumfeld verbreitet. Ist alles wieder im Lot, sollten Sie umgehend nach Empfehlungen fragen. Denn wie Sie den Vorfall gelöst haben, das hatte Stil, das hat den Kunden beeindruckt. Dafür wird er Sie ein wenig belohnen wollen.

7.6 Wenn Sie einen Bestandskunden neu übernehmen

Für den Fall, dass Sie einen Bestandskunden von einem Vorgänger übernommen haben, kann es sein, das es mit diesem Ärger gab. Um auf der sicheren Seite zu sein, sollten Sie proaktiv vorfühlen, und das geht so: »Herr/Frau Kunde, was sollte ich über die bisherige Zusammenarbeit mit unserem Haus aus Ihrer Sicht denn noch wissen?«

Gegebenenfalls spricht der Kunde daraufhin über Vorkommnisse, die Ihnen bislang noch nicht bekannt waren. In jedem Fall bedanken Sie sich zunächst für die Offenheit. Je nach Vorfall entschuldigen Sie sich im Namen der Firma: »Es tut mir leid, dass das für Sie so unerfreulich gelaufen ist.« Kümmern Sie sich, wenn nötig, persönlich um das Ausmerzen noch bestehender Missstände. Klären Sie dann die spezifischen Erwartungen an eine zukünftige Zusammenarbeit: »Was ist es denn ganz konkret, was ich in Zukunft für Sie besser machen kann?« Nach der Antwort des Kunden geht es so weiter: »Okay, danke. Und was noch?« Das Nachhaken ist überaus wichtig, denn oft werden erst im zweiten Anlauf die wahren Anliegen und Wünsche offengelegt. Um die Bedeutung der genannten Erwartungspunkte aus Kundensicht zu sondieren, sind Skalierungsfragen sehr hilfreich. Sie können einen gefühlten Zustand veranschaulichen, ohne dass er lang und breit erklärt werden muss. Außerdem lassen sich Erwartungen auf diese Weise relativieren: Statt eines kategorischen »Alles ist wichtig« werden Nuancen erkennbar. Das klingt dann so: »Herr/Frau Kunde, auf einer Skala von null (völlig unwichtig) bis zehn (total wichtig), wie wichtig ist Ihnen denn dieser Punkt?« Hierdurch bekommen Sie quasi eine ganz persönliche Gebrauchsanweisung für diesen Kunden.

Danach geht es in etwa so weiter wie schon bekannt:

V.: *»Herr/Frau Kunde, schauen wir nun in die Zukunft, geht das für Sie?*
(Machen Sie hier eine kurze Pause und warten Sie die Reaktion ab.)
Wenn wir das also von nun an genauso hinbekommen, wie Sie es erwarten, würden Sie dann sagen, sie wären, zumindest fürs Erste, zufrieden?

K.: *»Naja, wahrscheinlich schon.«*

V.: *»Herr/Frau Kunde, Ihre Zufriedenheit ist mir sehr, sehr wichtig. Und das hat viele Gründe. Einer davon ist, dass ich persönlich am liebsten auf Empfehlungsbasis arbeite, klingt das plausibel für Sie?«*

K.: *»Hm, klar, ich denke schon.«*

V.: *»Oh, das freut mich sehr. Wäre es denn für Sie vorstellbar, dass, wenn Sie mit mir und mit meiner Beratung, sagen wir, empfehlenswert zufrieden sind, dass Sie mich dann weiterempfehlen?«*

K.: *»Naja, das kann ich doch jetzt noch nicht sagen!«*

V.: *»Klar, Grundvoraussetzung ist natürlich, dass Sie rundherum zufrieden sind, ansonsten steht mir, ehrlich gesagt, eine Empfehlung ja auch gar nicht zu. Dann schlage ich vor, wir starten jetzt die Zusammenarbeit und dann, wenn Sie sagen, das ist wirklich empfehlenswert, dann kommen wir noch einmal darauf zurück. Okay, machen wir das so, passt das für Sie?«*

Beim nächstmöglichen Folgebesuch fragen Sie dann konkret nach Adressen.

7.7 Die telefonische Kontaktaufnahme bei einer Empfehlung

Egal, auf welche Weise Sie die Empfehlungsadressen erhalten haben, für das Verkaufsgespräch brauchen Sie einen Termin. Im Zuge dessen gibt es zwei Varianten: der entsprechende Kontakt wurde vom Empfehler vorinformiert – oder auch nicht.

Im ersten Fall kann sich das Telefonat zwischen Verkäufer (V.) und Empfehlungsempfänger (E.) wie folgt entwickeln:

V.: »*Guten Tag, Herr/Frau Kunde, hier ist Vorname Nachname von Firmenname. Ich melde mich aufgrund einer Empfehlung von Frau Müller bei Ihnen.*«

E.: »*Ah ja, ich weiß schon Bescheid.*«

V.: »*Schön zu hören. Inwiefern hat Frau Müller Sie denn schon über mich informiert? Und was hat sie von meiner Arbeit erzählt?*«

E.: »*Sie sagte nur vage, was Sie machen, dass Sie das gut machen und dass sie bei Ihnen schon seit einiger Zeit Kundin ist.*«

V.: »*Gut, dass Sie mir das sagen. Dann stelle ich mich kurz von meiner Seite her vor. ... Passt das für Sie? ... Prima, dann sollten wir einen gemeinsamen Termin ausmachen. Wann ist denn ein guter Tag für Sie?*«

Es ist sehr wahrscheinlich, dass Sie daraufhin einen Termin bekommen. Sollte nämlich wider Erwarten keinerlei Interesse an Ihrem Thema bestehen, hätte der Empfehler Ihnen das vermutlich direkt nach dessen Sondierungsgespräch mitgeteilt. Oder der Empfehlungsempfänger hätte Sie zu Anfang des Telefonats gleich abgeblockt.

So, nun bleibt noch die folgende Situation: Sie haben Empfehlungsadressen erhalten, die der Geber aber selbst nicht vorinformieren wollte. In diesem Fall müssen Sie den Kontakt selbst herstellen. Auch wenn das Vorgehen hierbei etwas mühsamer ist: Bleiben Sie am Ball. Empfehlungsadressen dürfen nie auf Halde liegen oder für schlechte Zeiten gebunkert werden, dazu sind sie viel zu wertvoll.

In aller Regel werden Sie in einem ersten Schritt telefonieren. Akquise-Experte Tim Taxis hat mir dazu einen Gesprächsentwurf zur Verfügung gestellt, bei dem Sie zunächst im Vorzimmer landen.

Sekretariat: »Firma Bachmeyer, Martina Schneider.«

Sie: »Guten Morgen, Frau Schneider, mein Name ist Vorname Nachname von Firmenname, grüß Sie.«

Sekretariat: »Guten Morgen.«

Sie: »Sagen Sie, Frau Schneider, ist Vorname Nachname heute schon im Haus.«

Sekretariat: »Ja, der ist da.«

Sie: »Schön, bitte verbinden Sie mich mit ihm, danke schön.«

Sekretariat: »Äh ... ja ... sagen Sie mir bitte noch kurz, worum es geht?

Sie: »Es geht um seinen Freund/Geschäftspartner/Kunden und speziell um dessen Anliegen zum Thema XY. Bitte verbinden Sie mich, danke schön.«

Sekretariat: »Einen Moment ...«

Nun haben Sie den gewünschten Ansprechpartner am Telefon.

Sie: »Guten Tag, Herr Kunde, hier ist Vorname Nachname von Firmenname, grüß Sie.«

Kunde: »Guten Tag.«

Sie: »Herr Kunde, darf ich gleich zum Punkt kommen?«

Kunde: (lacht) »Ja bitte!«

Sie: »Ihr Freund/Geschäftspartner/Kunde Vorname Nachname sagte, dass ich mich mit Ihnen in Verbindung setzen soll. Hintergrund: Vorname Nachname nutzt (seit X Jahren) unsere XY (= Ihre Dienstleistung/Ihr Produkt) für seine Z (= die Problemlösung) und ist begeistert. Und Vorname Nachname meinte, dass Sie auch immer mal wieder dieses Thema haben und grundsätzlich offen für einen Austausch seien. Liegt Vorname Nachname da grundsätzlich richtig?«

Kunde: »Ja, schon ...«

Sie: »Schön. Dann möchte ich Sie zum Thema Z gerne persönlich treffen – aber nur, wenn es für uns beide wirklich Sinn macht. Dazu hab ich eine kurze Frage – ist das okay?«

Kunde: »Klar, machen Sie ...«

Sie: »Wenn Sie an den Bereich Z denken – so wie Sie es sich wünschen: Was müsste ein (externer, zusätzlicher etc.) Partner in dem Bereich konkret können? Welches Thema sollte der für Sie noch lösen?«

Kunde: »Naja, wir haben da immer mal wieder die Situation, dass ...«

Sie: »Ah ja, ich verstehe Sie. Und was wünschen Sie sich da genau?«

Kunde: »Ich bräuchte eine Lösung, die ...«

Sie: »Gut, Herr Kunde, dann macht ein gemeinsames Treffen für uns beide Sinn. Wann passt es Ihnen in der nächsten Woche am besten? Vielleicht gleich am Dienstagvormittag?«

Auch hier gilt natürlich, wie bereits weiter vorne gesagt: Nutzen Sie diesen Leitfaden zu Ihrer Inspiration. Er enthält nämlich einige wirklich interessante Redewendungen, die auch für jedes normale Terminvereinbarungstelefonat wertvoll sind.

Ein Rat noch zum Schluss: Bauen Sie von nun an bei jeder Gelegenheit – inzwischen ganz Profi – elegant formulierte Empfehlungselemente in Ihre Gespräche ein. Wenn zum Beispiel ein Interessent bei Ihnen anruft, der noch keine Kunde ist, kann das folgendermaßen klingen: »Wie sind Sie denn auf uns aufmerksam geworden? Rufen Sie aufgrund einer Empfehlung an?« Bejaht das der Kunde, dann sagen Sie dies: »Das freut mich, Empfehlungen haben bei uns immer Vorfahrt. Was kann ich sofort für Sie tun.«

8.
Referenzmarketing:
Der Kunde als Vorverkäufer

»Wer nutzt dieses Angebot denn schon und welche Erfahrungen hat er damit gemacht? Ist der Anbieter kompetent und hält er seine Versprechen ein?« So oder ähnlich klingen die Fragen eines Interessenten auf der Suche nach Seriosität und Sicherheit. Gut, wenn die Antwort aus dem Mund eines begeisterten Kunden kommt, der die Kompetenz dieses Unternehmens verlässlich bezeugt.

Statt mit Werbung zu nerven, unterhalten uns immer mehr Anbieter mit authentischen Anwendergeschichten. So berichten im Blog des Outdoor-Spezialisten Patagonia dessen Kunden über ihre Abenteuer mit der Ausrüstung an den aufregendsten Orten der Welt. Matthias Schulze vom Malerfachbetrieb Heyse sammelt systematisch Kundenstimmen und erstellt Referenzvideos »Am liebsten würde ich hier einziehen. Aber das geht ja nicht«, sagt er am Ende eines kleinen Films über die Renovierung des Schlosses Hammerstein. Der Software-Anbieter Unterm Strich zeigt in einem Slider mehr als zwanzig seiner Kunden und ihre Statements prominent auf der Startseite des Webauftritts.

So nutzt das Referenzmarketing die Kraft des Beispiels und macht aus hypothetischen Produktversprechen nachvollziehbar gelebte Erfolge. Es involviert bestehende Kunden aktiv, was, wie wir schon sahen, die Verbundenheit zum Anbieter stärkt. Es vermittelt Glaubwürdigkeit und ist auch kostengünstiger als klassische Anzeigenkampagnen.

Demzufolge sind positive Kundenstimmen, die in mündlicher, schriftlicher oder audiovisueller Form handfeste Beweise für die Leistungsfähigkeit eines Unternehmens erbringen, sowohl für dessen Reputation als auch für die Neukundengewinnung unverzichtbar. Diese gibt es in unterschiedlichen Formen.

Die Referenz an sich: eine mehr oder weniger ausführliche, gutheißende Beschreibung der Zusammenarbeit oder der Vorteile eines Produkts.

Das Testimonial: ein Kurztext oder Zitat, das die Gesamtperformance oder ein gelungenes Detail der Zusammenarbeit lobend herausstellt.

Die Fallstudie: eine Berichterstattung über den Verlauf eines Projektes mit dem Kunden als Hauptdarsteller, oft in Form einer ausführlichen Beschreibung, im Stil einer Success-Story oder als Reportage mit O-Tönen des Kunden.

Das Referenzvideo: die audiovisuelle Aufbereitung einer Referenzstory.

Der Podcast: die Aufbereitung einer Referenzstory in Form eines Hörspiels.

Vorabüberlegungen für ein professionelles Referenzmanagement sind diese:
- Von welchen Kunden hätten wir gern Referenzen?
- Wer spricht sie passenderweise an?
- In welcher Form spricht man sie am besten an?
- Wann ist der passende Zeitpunkt dafür?
- Wie und wo setzen wir das Referenzmaterial sinnvoll ein?
- Wer ist für das Referenzkundenprogramm verantwortlich?
- Wie dokumentieren wir die Ergebnisse?

Wer geschäftlichen Erfolg anstrebt oder neue Kunden erobern will, kommt mit einer eindrucksvollen Referenzliste inklusive der dazugehörigen Erfolgsstorys schnell weiter. Je bekannter die Namen in einer solchen Dokumentation sind, desto besser. Sie machen einen Anbieter salonfähig. Vor allem im B2B-Bereich, wo eine Fehlinvestition oft weitreichende Folgen hat, spielen Referenzen eine überaus wichtige Rolle. Doch auch in vielen B2C-Branchen ist das Referenzmarketing sehr zu empfehlen.

8.1 Wie man zu aussagestarken Referenzen kommt

Manchmal erhält man positive Kundenaussagen schon allein dadurch, dass man sich im Anschluss an die Leistungserbringung schriftlich bedankt und etwas Individuelles hervorhebt, das einem im Rahmen der Zusammenarbeit sehr gut gefällt. Denn Menschen sind hungrig nach Lob – und sie revanchieren sich gern für gute Gefühle. Dies tun sie auf Meinungsportalen, in Onlineforen und auf Social-Media-Plattformen. Und im wahren Leben natürlich auch.

Wer sich ein gut gefülltes Schatzkästchen an Testimonials zulegen will, kann ganz simpel auch so vorgehen: Kurz nachdem der Kunde Ihre Leistung erhalten hat, schreiben Sie ihm mit der Bitte, Ihnen zu sagen, was ihm daran besonders gut gefallen hat. So arbeitet Bestatter Sven Friedrich Cordes in einer Branche, in der die Frage nach Empfehlungsadressen pietätlos wäre. Deshalb bittet er seine Kunden um handgeschriebene Dankesbriefe, die er in der Firma aufhängt und auf seiner Homepage veröffentlicht.

Statt zu schreiben, können Sie Ihre Kunden auch anrufen oder besuchen und in ein Gespräch rund um das Positive an Ihrer Leistung verwickeln. Fragen Sie so:

- Was ist es, das Ihnen an unserer Leistung *am besten* gefällt?
- Was sind eigentlich für Sie *die größten* Vorteile bei uns?
- Wie war es früher, als Sie unsere Leistung noch nicht nutzten?
- Wie viel Zeit/Geld/Nerven sparen Sie denn mit unserer Leistung ein?
- Was ist eigentlich *der wichtigste* Grund, weshalb Sie uns die Treue halten?

Sind die Antworten positiv, fragen Sie Ihren Gesprächspartner begeistert, ob Sie das aufschreiben oder mit Ihrem Smartphone aufnehmen dürfen. Versehen Sie dies mit einer plausiblen Begründung wie etwa der, dass Sie expandieren oder stärker mit einer gewünschten Branche zusammenarbeiten wollen, und dass es eben viel wertvoller ist, wenn Dritte aus dem Mund eines Anwenders erfahren, wie die Zusammenarbeit läuft. Senden Sie dem Referenzgeber dann den Text zur Freigabe zu. Sagen Sie ihm auch, wie und wo Sie diesen verwenden möchten. Bedanken Sie sich anschließend mit einer kleinen Aufmerksamkeit. Schließlich hilft der Text Ihnen ja beim Verkaufen.

Ein Detail ist an dieser Stelle sehr wichtig: Notieren Sie die Aussagen, die Sie erhalten haben. Wer es nämlich dem Kunden überlässt, das Gesagte mal aufzuschreiben, der wartet meist lange – und in aller Regel vergebens. Und Achtung: Schreiben Sie Kundenzitate nicht in Eigenregie. Vorformulierte Texte, die der Kunde nur noch absegnen soll, wirken fast immer künstlich, werblich und steif. Nur echte O-Töne von Kunden wirken wirklich authentisch.

Im Referenzmarketing sind Qualität *und* Quantität wichtig. Man kann gar nicht genug lobende Kundenaussagen haben. Je nach Branche sollten zwanzig bis vierzig solcher Statements ein Minimum sein. Achten Sie darauf, dass in den einzelnen Ausführungen die unterschiedlichsten Facetten der Zusammenarbeit beschrieben und gewürdigt werden. So haben Sie für jedes Interessentenanliegen eine passende Referenz parat.

Eine Referenz auf dem Original-Briefpapier eines Kunden ist besonders wertvoll. Zumindest sollten der volle Name, die Position, das Unternehmen und der Firmensitz genannt werden dürfen. Ein sympathisches Foto des Referenzgebers ist ebenfalls nützlich. Hingegen ist es ein absolutes Tabu, Referenzen zu erfinden oder zu fälschen. Wer aus Gründen der Geheimhaltungspflicht oder aus Rücksicht auf den Kunden dessen Namen nicht nennen darf, kann im Notfall auch mit Kürzeln arbeiten. Schreiben Sie dann aber unbedingt, dass dies der Wunsch des Geschäftspartners war und dass Sie bei Bedarf eine Verbindung zu ihm herstellen können.

Wenn Sie auf Referenzen von Konzernen und industriellen Großunternehmen erpicht sind, heißt es vielfach, geduldig zu sein. Denn die Genehmigungsverfahren sind in solchen Fällen oft lang und beschwerlich. Ansonsten stehen Kunden meist liebend gern als Referenzpartner zur Verfügung, um potenziellen Neukunden Einblick in erfolgreich abgeschlossene Projekte zu geben, weil sie damit gleichzeitig auch Werbung für sich selbst machen können. Und nicht vergessen: Wer so kooperativ ist, sollte je nach Situation Vergünstigungen, Sachleistungen, kostenlose Transaktionen, Privilegien oder eine Aufwandsentschädigung erhalten. In der IT-Branche wird dafür zum Beispiel in Form von Mann-Tagen bezahlt.

8.2 Wie sich Testimonials und Referenzen einsetzen lassen

Nicht jede Referenz stellt automatisch eine Erfolgsgarantie dar. Erarbeiten Sie daher ein internes Ranking Ihrer Referenzen nach Kriterien wie Marktposition, Aktualität, Glaubwürdigkeit und so weiter. Interessent und Referenz müssen in jedem Fall – beispielsweise in Hinblick auf Größe, Branche und Regionalität – zueinander passen.

Achten Sie auch darauf, dass Sie Ihrem Interessenten nicht ausgerechnet seine größte Konkurrenz als Referenz präsentieren. Ebenso ist es eher kontraproduktiv, einem regional agierenden Kleinunternehmer den internationalen Großkonzern als Referenz zu nennen. Wer fühlt sich schon gern als Lückenbüßer? Trennen Sie sich ferner von Referenzpartnern, die in die Negativschlagzeilen geraten sind oder bekanntermaßen der Insolvenz entgegen schlittern. Trivial? Auf vielen Websites stehen noch Namen und Logos von Firmen, die es längst nicht mehr gibt.

In manchen Branchen gehört das Nennen von Referenzen bereits zum Standard. Bei vielen Ausschreibungen werden sie sogar als fester Bestandteil verlangt. Schlecht ist der gestellt, der keine hat. Denn Fürsprecher mit klingenden Namen können bislang verschlossenen Türen öffnen. Passende Referenzen verhelfen in Offerten zu den nötigen Pluspunkten, weil sie die Entscheidungssicherheit erhöhen. Wer also mit einer Empfehlung und den entsprechenden Referenzschreiben ins Rennen geht, startet bereits mit ein paar Metern Vorsprung gegenüber den Mitbewerbern – selbst wenn dies offiziell so niemals gesagt werden würde. Referenzen dienen auch zur Absicherung, wenn eine Entscheidung weiter oben begründet oder gerechtfertigt werden muss.

Ein Testimonial sorgt ferner dafür, dass aus einer austauschbaren Leistung eine einzigartige wird. Sind etwa die Angebote verschiedener Handwerker nahezu identisch, wird wahrscheinlich der günstigere den Zuschlag erhalten, denn dann ist der Preis das einzige Unterscheidungsmerkmal. Gerade in solchen Fällen kann ein aussagekräftiges Kundenstatement den maßgeblichen Unterschied machen, vor allem dann, wenn es sich auf solche Leistungen bezieht, die dem potenziellen Kunden wichtig sind. Schmücken Sie Ihre Angebote also immer mit passenden Testimonials!

Legen Sie bei Bedarf eine Referenzmappe an, lassen Sie Referenz-CDs brennen oder erstellen Sie Audio-Slideshows und Anwender-Videoclips, in der nach einheitlichem Muster über herausragende Projekte berichtet wird. Hierbei wird das jeweilige Problem aus Kundensicht geschildert, der Lösungsweg und das anschließende Ergebnis werden aufgezeigt und die dazugehörigen Ansprechpartner werden genannt. Über die Projekt-Highlights benötigt man darüber hinaus Fotos und Filmmaterial. Beides dient sowohl zur Neukunden-Akquise als auch zur Stammkunden-Information.

Referenzprojekte lassen sich auch als spannende Geschichten erzählen. Wie diese aufgebaut werden, darüber haben Sie im Kapitel über das Storytelling schon eine Menge gehört. Die besten Geschichten kann und sollte man, vor allem, wenn sie originell sind, der Presse kosten- und werbefrei anbieten. Wer einschlägige Wirtschafts- und Fachzeitschriften durchforstet, wird feststellen, dass viele Beiträge mit Fallbeispielen arbeiten. Case

Studys und Anwenderberichte stehen auf der Wunschliste der Leser ganz oben, weil man daraus lernen kann. Und: Erfolgsstorys, die bereits vorliegen, ersparen den Redakteuren das zeitaufwendige Recherchieren.

Nicht zuletzt fördern positive Kundenstimmen auch den Stolz der Mitarbeiter auf ihr Unternehmen. Machen Sie also alles gesammelte Referenzmaterial nicht nur dem Vertrieb, dem Marketing, dem Kundendienst und der Kommunikationsabteilung zugänglich, sondern auch Ihren Mitarbeitern. Bitten Sie diese, tolle Kundenaussagen oder gut gemachte Videos in deren Netzwerken zu teilen. Vor allem XING, LinkedIn, Google+ und Twitter eignen sich dafür sehr gut. Facebook hingegen wird von den meisten Angestellten hauptsächlich privat genutzt, sodass Meldungen, die den Arbeitgeber betreffen, womöglich nicht passen. Doch ein Mitarbeiter, der seiner Firma mit Herz und Seele verbunden ist, wird auf allen Kanälen begeistert berichten.

Wie Testimonials und Referenzen im Einzelnen verwendet werden, das ist natürlich branchenspezifisch. Der Kreativität sind dabei keine Grenzen gesetzt. Hier eine Reihe von Möglichkeiten:

- Veröffentlichen Sie Referenzen oder ein Anwender-Interview in internen Medien wie Intranet und Mitarbeiterzeitung.
- Zeigen Sie positive Kundenstimmen auf TV-Screens am Empfang, im Personalraum, in der Kaffeeküche und so weiter.
- Lassen Sie unter dem Stichpunkt *Der Kunde spricht* auf Meetings regelmäßig positive Kundenkommentare vortragen.
- Bringen Sie passende Testimonials in Angeboten, Verkaufsunterlagen, Prospektmaterial, Imagebroschüren, Werbebriefen, Kundenzeitschriften, auf Ihrer Website, in Newslettern, als PS in E-Mails und so weiter unter.
- Auf Ihrer eigenen Website sollten Kundenreferenzen gleich auf der Startseite erscheinen – am besten mit Link zu weiteren Hintergrundinformationen.
- Integrieren Sie das Thema Testimonials und Referenzen systematisch in Ihre Verkaufsgespräche, und zwar auf zweierlei Weise: Präsentieren Sie vorhandene und fragen Sie nach neuen.
- Rahmen Sie Referenzschreiben und hängen Sie diese im öffentlichen Bereich Ihres Unternehmens aus.

- Gestalten Sie Anzeigenkampagnen, in denen Ihre Referenzkunden auftreten. Oder besser noch: Ersetzen Sie klassische Werbung durch Anwenderberichte.
- Führen Sie Kundeninterviews zu interessanten Projekten durch und stellen Sie diese als Text, Podcast oder Video auf eigenen Onlinepräsenzen ein.
- Verfassen Sie Erfolgsstorys oder drehen Sie Vor-Ort-Videos über den erfolgreichen Ablauf von Projekten, und laden Sie diese in internen und externen Medien hoch. Dies dient zusätzlich auch dem Suchmaschinenmarketing.
- Führen Sie Webinare zum Thema durch, in denen auch Kunden auftreten.
- Bringen Sie Interessenten systematisch mit bestehenden Kunden zusammen, zum Beispiel bei Events oder im Rahmen von vertraulichen Einzelgesprächen.
- Laden Sie Pressevertreter zu Vor-Ort-Events bei Referenzkunden ein.
- Lassen Sie Referenzkunden auf Veranstaltungen, Kongressen und Messen über die Zusammenarbeit mit Ihnen berichten.
- Veröffentlichen Sie Projektbeispiele und Case Studys im Rahmen von Presseberichten und Fachpublikationen oder in Ihrem Geschäftsbericht.
- Ermuntern Sie Ihre Kunden, über Positives in Blogs und Foren sowie auf Bewertungsportalen zu berichten.
- Schaffen Sie eine Community-Plattform, in der Kunden ihre Erfolgsstorys schildern und sich miteinander austauschen können.
- Bringen Sie Promis, Stars und Sternchen dazu, sich mit Ihren Produkten zu schmücken und somit – idealerweise kostenlos – als Referenz aufzutreten.

Gute Verkäufer haben immer Referenzschreiben dabei. Sie spielen bei Interessenten keine selbstherrlichen Imagefilme, sondern Referenzvideos auf dem Laptop oder Tablet ab. So wird aus Anwendersicht dokumentiert, wie ein Dienstleister arbeitet, wie gut eine Geschäftsbeziehung läuft oder wie beeindruckend eine Maschine performt. Testimonials transportieren Lob statt Eigenlob – und das ist kostbar wie Gold.

Gastbeitrag von Harry Weiland

90 Prozent aller Referenzen sind wirkungslos – auch Ihre?

Haben Sie schon einmal darüber nachgedacht, was eine Referenz eigentlich wertvoll macht? Ist es nur die Möglichkeit, einen bekannten Namen als Kunden nennen zu dürfen, oder ist da vielleicht noch mehr?

Eine nackte Referenz besteht nur aus einem Namen. Genau genommen ist es nur das Recht, eine bestehende Kundenbeziehung publik zu machen. Doch ist das ausreichend? Der reinen Veröffentlichung eines puren Kundennamens fehlt die notwendige Glaubwürdigkeit. Einer simplen Referenzliste glaubt heute fast niemand mehr – zu viel wird hier geschummelt. Nahezu jedes Unternehmen widmet einen eigenen Bereich seiner Homepage der Darstellung von Referenzlisten. Doch die Mühe ist umsonst. Das Format wird nicht mehr ernst genommen. Es sind bestenfalls Logo-Friedhöfe.

Für ein erfolgreiches Marketing mit Referenzgebern ist die Anreicherung einer Referenz mit konkreten Inhalten unabdingbar. Referenzen funktionieren erst mit Inhalten. Was waren die Anforderungen des Kunden? Was ist für ihn getan worden? Was hat er erreicht? Jede Referenznennung muss diese simplen Fragen beantworten, um überhaupt wirken zu können. Neukunden wünschen diese Inhalte. Niemand gibt sich mehr mit der simplen Nennung eines Kundennamens zufrieden.

Das Aufladen von Referenzen mit Inhalten hat einen zweiten zentralen Vorteil: Die Leistungen des Referenznehmers werden anhand eines Beispiels erzählt. Und wie wir alle wissen: Nichts überzeugt Menschen mehr als eine gute Geschichte und ein treffendes Beispiel.

Es scheint zwar so zu sein, dass die Bedeutung von guten Referenzen gerade für ein Empfehlungsgeschäft durchaus erkannt wird, aber bei der Umsetzung hapert es gewaltig. Schon in der Produktion von Referenzinhalten werden gerne Fehler gemacht. Es entsteht viel zu oft Material, das seine Funktion verfehlt, weil es nicht wirkt. Nach Überzeugung von *casestudies.biz* sind 90 Prozent aller Referenzmaterialien wirkungslos, weil sie entweder nicht wahrgenommen und nicht gelesen beziehungsweise betrachtet werden, oder weil sie als inhaltsleere Werbung daherkommen und nicht glaubwürdig sind. Das Schlimme daran: Die Fehlfunktion wird nicht bemerkt, denn kein Interessent beschwert sich über Inhalte, die es nicht gibt, oder die ihn weder interessieren noch motivieren. Wer wirksam mithilfe von Referenzen neue Kunden generieren will, muss darum nach dem Motto handeln: Inhalte statt Reklame.

Die Verantwortung dafür liegt alleine beim Referenznehmer. Er möchte mit seinen Referenten etwas erreichen, daher ist es seine Aufgabe, seine Referenzen mit Inhalten zu ergänzen. Er sollte diese Inhalte schaffen und er sollte auch eine Vorstellung davon haben, wie wirkliche Referenzen zum Neukunden gelangen. Denn wirken kann nur, was auch wahrgenommen wird.

Grundprinzipien für die Arbeit mit Referenzen

Worauf kommt es nun beim Erstellen von Referenzinhalten – vom simplen Kundenzitat bis zur aufwendigen Video Case Study – also an? Wie schafft man glaubwürdiges Referenzmaterial, das Interessenten gefällt, begeistert und letztlich überzeugt? Indem man folgende Grundprinzipien beachtet:

1. Ohne Glaubwürdigkeit keine Wirkung

Werbung fällt bei vielen Menschen durch, weil sie nicht glaubwürdig ist. Referenzmarketing darf diesen Fehler nicht machen. Das bedeutet konkret: Verzichten Sie auf Eigenlob, verzichten Sie auf marketinggetriebene Beschreibungen des Produkts, selbst wenn sie der Referenzkunde selbst liefern sollte, verzichten Sie auf Heile-Welt-Projektbeschreibungen, die Ihnen niemand abnimmt. Nehmen Sie lieber auch Fehlentwicklungen und Learnings in ihre Referenzberichte auf – so entsteht Glaubwürdigkeit. Und verschweigen Sie keine heiklen Punkte: Nichts funktioniert wirklich reibungslos. Warum sollten Sie ein Problem lösen können, wenn laut ihren Referenzberichten die Kunden gar keine Probleme hatten?

2. Die Kundensicht zählt

Referenzmarketing kehrt Paradigmen um. Sie liefern – und bezahlen – eine Bühne, auf der Sie selbst nicht stehen, sondern ausschließlich Ihr Kunde. Sie geben ihm das Wort, es ist hier wertvoller als Ihres. Allein seine Sicht zählt, weil sie derjenigen eines potenziellen Kunden entspricht. Mit Referenzmarketing knüpfen Sie einen kommunikativen Faden zwischen bestehenden und anstehenden Kunden. Fördern Sie diese Kommunikation, aber mischen Sie sich nicht ein.

3. Referenzen brauchen Profis für Inhalte

Wertvolle Inhalte – die einen Interessenten bewegen – sind vom Referenzgeber nicht einfach zu bekommen. Aber noch schwieriger ist es, eine von Inhalt und Sprache kundengerechte Referenz zu erhalten. Macht man es selbst, produziert man schnell anrüchiges Eigenlob. Überlässt man es dem Referenzkunden, bekommt man typischerweise wohlgemeinte, aber nicht in der Interessentensprache formulierte Darstellungen. Und lässt man einen Werbeprofi ran, dann gibt es das, was dieser Mensch gut liefern kann: einen Werbetext. Besser ist es, einen journalistischen Dienstleister zu wählen, der sich aufs interessentengerechte Geschichtenerzählen versteht.

4. Außen- statt Innensicht

Ein weiterer Erfahrungswert lautet: Jeder ist betriebsblind. Es ist darum nicht zielführend, Projekte selbst zu beschreiben. Neutrale Externe haben immer den frischen Blick, sie stellen die besseren Fragen und finden stets neue Aspekte. Auch Ihr Referenzkunde ist externen Erstellern gegenüber meist offener und sagt ihm Dinge, die er Ihnen direkt nicht sagen würde. Der Einsatz eines Dritten bei der Referenzmarketingproduktion befreit den Referenzgeber außerdem vom Verdacht, als kostenlose Werbefigur zu Diensten zu stehen. Dass Externe unter Umständen Ihr Thema (noch) nicht kennen, ist kein Nachteil, sondern ein Vorteil. So erzählen Sie die Referenzgeschichte so, dass sie auch wirklich alle Interessenten verstehen.

5. Authentizität schafft Glaubwürdigkeit

Viele Referenzberichte, Case Studys und Success Storys sind für den Leser blutleer. Warum? Weil sie abstrakt und theoretisch bleiben. Menschen aber interessieren sich für Menschen und in diesem Fall für Kollegen. Liefern Sie Aussagen von Menschen, zeigen Sie deren Bilder, veröffentlichen Sie konkrete Zitate. So wird Ihr Referenzmaterial authentisch und echt. Und unterlassen Sie es, ihren Referenzgebern Zitate in den Mund zu legen. Man wird immer merken, dass das nicht echt ist. Besonders in Video Case Studys ist es eine große Kunst, dafür zu sorgen, dass das Gesagte nicht aufgesagt klingt. Das gelingt aber meist nur, wenn Experten in Sachen Interview-Führung ans Werk gehen.

6. Achtung Spannungsbogen – Geschichten wollen erzählt sein

Jede Referenz, jeder Text, jedes Video über Sie steht in Konkurrenz zu allen anderen Medienangeboten, die Ihr Zielkunde täglich konsumiert. Geben Sie sich darum Mühe, die Geschichten Ihrer Kunden so zu erzählen, dass der Interessent sie spannend findet und zu Ende betrachtet. Der klassische Case-Study-Aufbau Problem – Lösung – Ergebnis ist nicht gerade das, was Menschen als spannend empfinden. Gutes Storytelling ist so etwas wie ein Erfolgsgeheimnis guter Referenzen. Gelingt es, dann wird Ihre Video Case Study auch bei vier Minuten Länge noch gerne zu Ende geschaut.

7. Nutzen, Zahlen, Fakten

Ihr Ego mag es befriedigen, wenn der Referenzkunde Allgemeinplätze zu Ihrer Leistung von sich gibt, ihren Interessenten aber wird es langweilen. Fordern Sie daher unbedingt von Ihrem Referenzkunden Zahlen, Ergebnisse, konkreten Nutzen und vor allem echte Beispiele. Liefert er sie nicht, ist er ein Referenzkunde zweiter Wahl. Ihr Interessent wird Ihnen diese Hartnäckigkeit danken. Machen Sie nicht den Fehler anderer: Speisen Sie ihre potenziellen Neukunden nicht mit Name-Dropping ab, sondern liefern Sie ihm Beef. So wird Ihr Marketing relevant.

Wie HRworks mit Referenzmarketing punktet

Ein Beispiel für eine gelungene Referenz-Kommunikation über viele Jahre hinweg liefert das Mitarbeiterportal HRworks. Der Anbieter hat inzwischen über 900 Firmenkunden, die mit der Cloudanwendung Reisekosten, Urlaubspläne und Arbeitszeiten der Mitarbeiter erfassen lassen. Der Softwareanbieter setzte in seinem Marketing von Beginn an auf die überzeugende Wirkung von Referenzkunden.

HRworks begann schon vor fünfzehn Jahren damit, Kundengeschichten im redaktionellen Teil von Printmedien zu veröffentlichen. Die Text-Case-Studys vermitteln seitdem Inhalte aus der Welt der HRworks-Kunden. Weil Sie frei von Werbung und authentisch sind, werden sie von Medien regelmäßig veröffentlicht. Nach Erstveröffentlichung in der jeweiligen Zeitung verwendet der Anbieter die entstandenen Geschichten in einem zweiten Schritt als Referenzinhalt auf allen Online-Kommunikationskanälen, was dem Suchmaschinenmarketing förderlich ist.

Auch im Vertrieb werden die Referenzen verwendet. So wurden fünf Referenzfälle in einer sechzehnseitigen Broschüre zusammengefasst und unter dem Titel *HRworks-Case Studies – Zufriedene HRworks-Kunden berichten* veröffentlicht. Die Broschüre nutzen die Kundenberater gedruckt und als PDF zur Ansprache von Kunden.

Vor einigen Jahren wollte der Cloud-Anbieter dann den Trend zum bewegten Bild im Internet für sich nutzen. Von nun an sollten die Kunden auch im Video zur Wort kommen. Die Erfahrungen beschreibt Cornelia Meier, verantwortlich für die Kommunikation bei HRworks: »Videos sind sehr authentisch, schließlich sieht und hört man konkret, wie der Kunde mit uns zufrieden ist.« Seitdem ließ das relativ kleine Unternehmen (aktuell 25 Mitarbeiter) mittlerweile sieben Video Case Studys erstellen, in denen die Erfahrungen mit dem Anbieter authentisch und nachvollziehbar vermittelt werden.

9.
Influencer-Marketing: Der Kunde als Meinungsmacher

Influencer sind die neuen Perlen in Sales und Marketing. Als Multiplikatoren und Meinungsführer sorgen sie nicht nur für Glaubwürdigkeit, sondern auch für Geschäft. Als empfehlende Beeinflusser stärken sie die Reputation eines Anbieters, verhelfen Produkten und Marken zum Durchbruch – und sichern so den Erfolg.

Influencer werden manchmal auch Alphas, Mavens oder Opinion-Leader genannt. Es sind Menschen, die hohes Ansehen genießen, einen Expertenstatus besitzen oder im Rampenlicht stehen – und deshalb eine Leitfunktion haben: Eliten, Autoritäten, Lobbyisten, Mentoren, Unternehmer-Persönlichkeiten, Insider, Journalisten, Analysten, Investoren, Buchautoren, Vortragsredner, Leitungsorgane in Business-Clubs, A- und B-Promis, Stars und Sternchen, bekannte Sportler, Trendsetter, Vordenker und Macher.

Im lokalen Umfeld kommen als Influencer auch Pfarrer, Lehrer, Klassensprecher, Friseure, Vereinsvorsitzende, Fitness-Trainer, Hotelportiers, Barkeeper, Sekretärinnen, Ärzte, Kosmetikerinnen, Taxifahrer, Fahrlehrer und so weiter infrage. Entscheidend ist also nicht unbedingt ein hoher Status, sondern vielmehr, inwieweit eine Einzelperson Nachrichten an eine größere Zahl von Mitmenschen weiterreichen und dabei entscheidungsbeeinflussend sein kann.

Ein Großteil des Influencing findet nach wie vor außerhalb des Internet statt. Doch die digitalen Influencer holen mächtig auf. Denn der hohe Vernetzungsgrad und die rasante Schnelligkeit des Cyberspace machen das onlinebasierte Influencing besonders interessant. Als Beeinflusser kommen hier vor allem Foren- und Portalbetreiber, A-Blogger, Facebooker mit vielen echten Freunden und Fans, Google+ler mit umfangreichen Circles, YouTube-Kanal-Betreiber sowie relevante Twitterer mit wertigen Followern infrage. Solche Menschen können die öffentliche Meinung stark prägen und Anbietern, die sie schätzen, schnell zum Aufstieg verhelfen.

Lifestyle-Produkte, die Automobil-Industrie und zum Beispiel auch die Modebranche setzen schon seit langem auf den Verstärkereffekt der digitalen Meinungselite. So hat die italienische Stilikone Chiara Ferragni allein im Fotosharing-Netzwerk Instagram mehr als drei Millionen Follower. Lobt sie ein Produkt, steigen die Verkaufszahlen exorbitant. Der neunjährige Amerikaner Evan, der Spielsachen testet, hat weit über eine Million Abonnenten auf seinem YouTube-Kanal. Und auch Rentner wie Karl-Heinz Garber aus Sachsen-Anhalt sind wertvoll. Im Monat lesen bis zu 90.000 Natur- und Gartenfreunde seinen Blog.[9] Firmen wie Bosch und Zalando arbeiten mit ihm zusammen. Erfolgreiche YouTube-Berühmtheiten werden von Agenturen inzwischen genauso vermarktet wie Promi-Testimonials in TV-Spots. Und mit Glück treten selbst Weltstars als kostenlose Beeinflusser auf. Unvergesslich ist das unbezahlt ins Mikro gehauchte Statement von Marilyn Monroe:»Zum Schlafen trage ich nur ein paar Tropfen Chanel No. 5.« Sie machte das Parfum über Nacht weltberühmt.

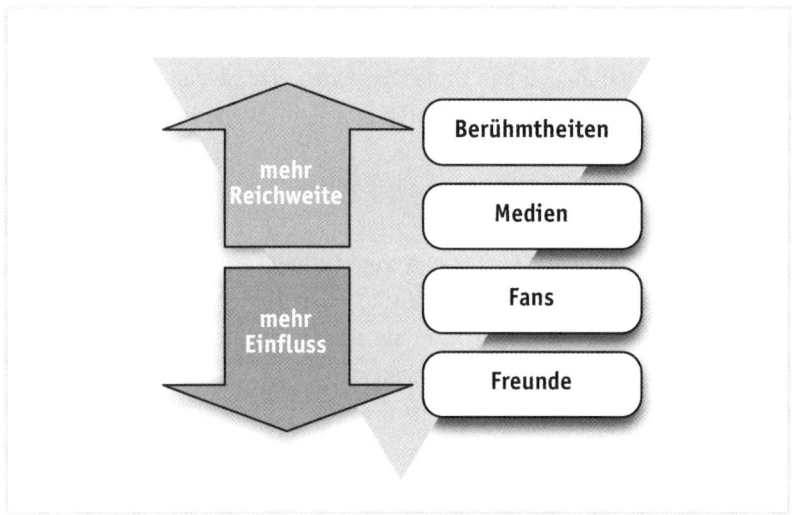

Abbildung 10: Influencer-Gruppen, ihr jeweiliger Einfluss und ihre Reichweite.

Egal, ob off- oder online: Wer Influencer-Relations betreibt, der weiß auch warum. Wenn solche Meinungsmacher nämlich eine Nachricht streuen, dann erzeugt das:

1. Reichweite, denn sie sind bekannt und kennen die richtigen Leute. Ihr Beziehungsnetz besteht sowohl aus sogenannten weak ties, also flüchtigen Verbindungen zu vielen Menschen aus unterschiedlichen Kreisen, als auch aus strong ties, also intensiven und einflussnehmenden Verbindungen zu ihnen gut bekannten wichtigen Menschen, die wiederum Türen öffnen können.

2. Relevanz, denn sie verbreiten nur Passendes in ihrem soziales Netz. Für das, was sie weitergeben, stehen sie mit ihrem guten Namen ein. Was von ihnen für gut befunden wird, hat Hand und Fuß. Und sie speisen in die einzelnen Netzwerke nur das ein, was die Empfänger auch tatsächlich interessieren könnte. Ihre Streuverluste sind also gering.

3. Reputation, denn sie umgeben sich nur mit dem Besonderen. Sie positionieren sich mit den Dingen und Menschen, mit denen sie sich gerne zeigen. Diese sind Ausdruck ihres Selbstkonzepts. So verdeutlichen sie, wer sie sind und von welcher Klasse das alles ist. Von solchem Glanz fällt auch was auf die ab, die ihnen vertrauensvoll folgen.

4. Resultate, denn die Fürsprache von Influencern verkürzt Entscheidungsprozesse. Sie verringert das Risiko einer Fehlentscheidung mit unangenehmen Nebenwirkungen. Und sie ersetzt mangelndes Wissen durch Vertrauen. So kommt es, dass Menschen sich oft in Massen an denen orientieren, die das Sagen haben.

9.1 Influencer-Typologie: Meinungsführer und Multiplikatoren

Untersucht man Influencer genau, lassen sie sich in verschiedene Raster packen, wobei Reichweite und vor allem Einflusspotenzial entscheidend sind. Ich selbst unterscheide zwei Typen: Multiplikatoren und Meinungsführer.

Typ 1: der beziehungsstarke Multiplikator (Hub)

Die beziehungsstarken Multiplikatoren sind vor allem an Menschen interessiert, kennen Gott und die Welt und lieben die Abwechslung. Sie sind begeisterungsfähig, kreativ, kommunikativ, wahnsinnig umtriebig und extrem gut vernetzt. Sie haben vielfältige Kontakte zu ganz unterschiedlichen Personengruppen und pflegen sie gut. Ihre heißen Tipps werden sich von daher im Kreis der User wie ein Lauffeuer verbreiten. Multiplikatoren erzielen somit Breite und schnelle Hypes.

Die im Internet aktiven Multiplikatoren senden eine Vielfalt von Links in die virtuelle Welt hinaus. Sie werden in hoher Zahl Inhalte weiterleiten, Interessantes teilen, Meldungen retweeten, liken und plussen, Kommentare schreiben, Bewertungen abgeben, an Umfragen teilnehmen, Videos hochladen und einbetten. Sie sind offen für Mitmach-Aktionen und stehen gern als Produkttester zur Verfügung.

Sind sie Fan einer Marke, dann verbreiten sie deren News auf allen ihnen zur Verfügung stehenden Kanälen wie wild. Ihre Motivation: Sie wollen Spaß, auf ihre Weise die Welt mitgestalten, ihrem Netzwerk als Tippgeber dienen – und sich auch ein wenig wichtig fühlen. Wer dabei virtuos in selbstgemachten Videos auftritt, kann es bis zur Internet-Berühmtheit schaffen.

Typ 2: der einflussnehmende Meinungsführer (Authority)

Einflussnehmende Meinungsführer sind vor allem an Informationen interessiert. Sie haben reiches Detailwissen auf ihrem Fachgebiet und beraten andere gern. In ihrem Umfeld werden sie als Experte hoch geschätzt. Sie sorgen für Vertrauen, Komplexitätsreduktion, Zeitersparnis und Entscheidungssicherheit. Ihre Meinung wird selten infrage gestellt. Vorbehaltlos hängt man an ihren Lippen und folgt ihren Hinweisen nahezu blind. Meinungsführer erzielen somit Tiefe und können als wirksame Beeinflusser und hocheffiziente Empfehler fungieren. Sie wissen um ihre Macht und sind anspruchsvoll. Sie pflegen ihre Reputation und wollen umworben werden. Nie lassen sie sich für Minderwertiges vor den Karren spannen. So können sie ihren Favoriten schnell zum Durchbruch verhelfen.

Die im Web aktiven Meinungsführer *erhalten* eine Vielzahl von Links von den unterschiedlichsten Seiten, weil ihre fundierten Botschaften gerne weiterverbreitet werden. Als Reichweitenführer und Meinungsmacher haben sie sich einen relevanten Platz in ihrer Onlinegemeinde gesichert. Ihr Einfluss ist groß, da sie es auch zu einiger Medienpräsenz bringen und in der Presse oft als Zitatgeber fungieren. Vor allem die sogenannten A-Blogger, deren Einträge von Tausenden täglich gelesen werden, haben in diesem Zusammenhang einen sehr hohen Stellenwert.

»Sie sind die Trüffelschweine, die täglich das Beste aus den Weiten des Webs ausgraben und ihren Lesern das Suchen ersparen. Zu jedem Thema gibt es vielleicht ein Dutzend dieser Reichweiten-Aggregatoren. Zu dem Personenkreis zählen häufig Journalisten, Analysten und Investoren. Sie sind leicht zu finden, denn Twitter ist ihr Wohnzimmer und das eigene Blog gehört zu ihrer Grundausstattung.« Das schreibt Mark Pohlmann, Geschäftsführer der Social-Relations-Agentur Mavens. [10]

9.2 Wie und wo Sie passende Influencer finden

Die Ausgangsfrage ist die: Wer ist überhaupt passend? Niemand kann Influencer für alles und jeden sein. Die Interessenlagen müssen sich entsprechen. So ist zum Beispiel der Klout-Score, der manchen schon als neues Statussymbol gilt, keine große Hilfe, da er nur ein allgemeines Beeinflussungspotenzial aufzeigt und für sein Ranking nur Teilbereiche des Social Web erfasst. Als Vermarkter benötigen Sie aber die für Ihr Business oder ein bestimmtes Thema geeigneten und für die anvisiere Zielgruppe relevanten sowie gleichzeitig auch aktiven Influencer-Persönlichkeiten. Die Suche nach geeigneten Influencern ist also größtenteils Handarbeit. Durchforsten Sie dazu Ihre eigenen Adressdateien sowie Foren, XING und Co., Fach-Communitys, Facebook-Gruppen und andere relevante Netzwerke. Auf Ihre Liste relevanter Multiplikatoren und Meinungsführer gehören vor allem die, die Kontakte oder Kunden haben, an denen Sie interessiert sind, die Ihrer Sache zugeneigt sind, und die sich für Sie mächtig ins Zeug legen können und wollen. Fragen Sie sich dabei in etwa wie folgt:

• Wer in meinem Umfeld redet gern – über sich und andere?
• Auf wen in meinem Umfeld hören andere, weil deren Meinung zählt?
• Wer ist gut vernetzt und kennt viele Leute?

Für eine dezidierte Onlinerecherche erstellen Sie am besten eine Liste mit passenden Schlagwörtern, die Sie dann googeln. Analysieren Sie die Inhalte der Experten, die Sie gefunden haben, genau, denn im Social Web wird eine Menge Schönfärberei und Selbstdarstellung betrieben. »Je werblicher diese sind, desto wahrscheinlicher ist es, dass Sie auf einen Scheinriesen hereingefallen sind«, meint der Reputationsexperte und Top-Influencer Klaus Eck. Solche Leute sind Egomanen, aber keine Multiplikatoren.

Eine weitere Möglichkeit: Erkundigen Sie sich in Ihrer Umgebung oder fragen Sie Ihre Facebook-Freunde: »Wen kennst Du, der jede Menge Leute kennt und zu der und der Zielgruppe gute Kontakte pflegt?« oder: »Wen würden Sie in Sachen ... als maßgeblichen Experten am ehesten zu Rate ziehen?« Im Jugendmarketing fragt man zum Beispiel so:»Wer ist der absolut coolste Typ, den du kennst?« Übrigens: Auch wenn wir von digitalem Influencing sprechen, lassen sich die passenden Personen am ehesten draußen im wahren Leben finden.

Folgendes Beispiel zeigt, wie eine Suchanzeige lauten kann:»Die internationale Word of Mouth Marketing Agentur Buzzer sucht fünfhundert Handwerker, die Lust haben, den Bosch Akkubohrschrauber Bosch GSR 10,8-2-LI Professional in ihrem Arbeitsalltag zu testen. Gefragt sind vor allem Schreiner, Messebauer sowie Fachleute aus den Bereichen Küchenbau, Innenausbau und Elektroinstallation. Die ausgewählten Handwerker können das Gerät kostenfrei ausprobieren und geben danach ihr Feedback dazu. Als Tester bewerben kann man sich unter ...« Um über die gemachten Erfahrungen öffentlich diskutieren zu können, wurde ein spezielles Onlineforum eingerichtet.

Spezialisierte Dienstleister können mit ihren Internet-Monitoring-Programmen die Suche zunächst unterstützen. Sie analysieren, wer im Social Web wie oft über bestimmte Themen spricht und welchen Einfluss er damit hat. Hierbei gibt es sowohl quantitative als auch qualitative Kriterien, die als Indikatoren für die Wichtigkeit eines Influencers herangezogen werden können. Doch erst die Verknüpfung dieser Kriterien erlaubt eine sinnvolle Betrachtung.

Sind die Namen beisammen, geht die Feinarbeit los: Erstellen Sie Ihr ganz persönliches Influencer-Ranking. Gehen Sie dabei auch einen Schritt vor und einen zurück. Das heißt, Sie untersuchen, wen genau diese Person beeinflusst und von wem sie selbst beeinflusst wird. Ergo: Das geschulte Auge eines Netzwerkprofis muss die Onlinetechnik ergänzen. Die Bedeutung potenzieller Influencer lässt sich so analysieren:

Reichweite: Mit wieviel Personen kann der potenzielle Influencer Kontakt aufnehmen? Die Zahl der Fans, Freunde und Follower kommt dabei ins Spiel, doch für sich betrachtet besagt sie nicht viel, zumal Facebook den Fans meist nur noch fünf bis zehn Prozent der Posts anzeigt. Nicht Zahl, sondern Aktivität (Likes, Shares und Kommentare) zählt! Vorsicht auch vor manipulierten Werten! So sind sehr hohe Follower-Zahlen bei Twitter, die in etwa der Zahl der Followings entsprechen, durch Follow-me-follow-you-Mechanismen entstanden.

Sozialer Status: Qualität vor Quantität. Es reicht nicht, viele Leute zu kennen, es müssen vielmehr die richtigen sein. Und diese müssen dann auch noch wichtig sein. Beeinflussungsmöglichkeiten und Beeinflussungsgrad hängen stark vom sozialen Status eines Influencers ab: Wird er als anerkannter Experte gesehen? Ist er gerade in Mode? Folgen viele Menschen seinem Rat? Hat er eine Vorreiter-Rolle?

Sichtbarkeit: Wie weit vorne erscheinen seine Aktivitäten bei den Suchmaschinen-Treffern? Und wie oft wird er in der Presse zitiert?

Neutralität: Inwieweit hat er ein glaubwürdiges Interesse am Promoten einer Botschaft? Je weniger Werbung sich auf seinem Blog befindet, desto größer ist die Neutralität – und desto weniger wirkt er käuflich.

Frequenzhäufigkeit: Wie oft hat er die Möglichkeit, andere in ihrer Entscheidung zu beeinflussen? Hier zählt unter anderem die Zahl der Tweets, Blogeinträge, Foren- und Facebook-Posts.

Expertise und Glaubwürdigkeit: Wie hoch ist sein fachliches Urteilsvermögen, um die entsprechende Sache zu promoten? Dazu ist die inhaltliche Qualität seiner Posts wie auch Anzahl und Inhalt der Kommentare zu untersuchen.

Überzeugungskraft: Wie stark bewirkt sein Zuspruch eine tatsächliche Entscheidung Dritter. Das hängt vom inhaltlichen Nutzwert ab, aber auch von seinem sozialen Status und seiner Sichtbarkeit.

Engagement: Mit wie viel Herzblut wird er bei der Sache sein? Welche Schwerpunkte setzt er bisher und welche Aspekte bewegen ihn sehr.

Finanzierbarkeit: Wird sein Engagement etwas kosten? Und wenn ja, was und wie viel? Für ihre Dienste wollen nicht wenige Blogger mehr als ein paar Produktmuster oder ein einfaches Danke.

Verfügbarkeit: Ist die Person während des gesamten Projektzeitraums disponibel? Und wie gut passt sie zu Anbieter, Produkt oder Marke?

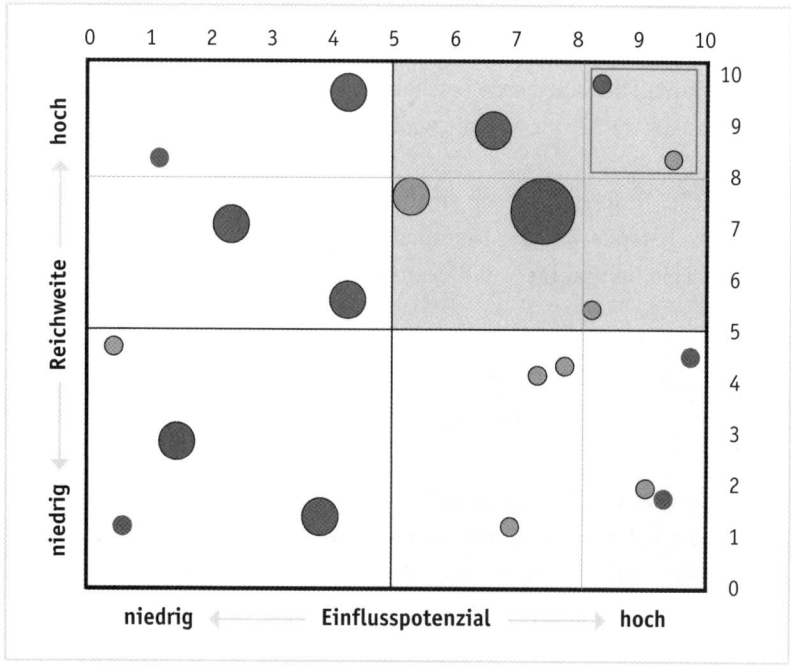

Abbildung 11: Ranking-Raster nach den Kriterien Reichweite und Einflussmöglichkeit. Die Farbe und Größe der einzelnen Punkte können weitere Kriterien determinieren.

Vergeben Sie nun gewichtete Punkte für die einzelnen Aspekte. Danach bringen Sie die näher beleuchteten Individuen in ein Ranking. Daraus lässt sich dann eine Matrix, wie in Abbildung elf gezeigt, erstellen. Speichern Sie alles in einer Datenbank! Hiernach versuchen Sie, so viel wie möglich über die favorisierten Personen und ihre Vorlieben zu erfahren. Eine perfekte Vorbereitung ist alles! Denn Influencing hat ganz viel mit Ego zu tun. Den meisten Menschen ist ihre eigene Bedeutung nämlich sehr wichtig.

9.3 Wie Sie Influencer für sich gewinnen

Nun kommt die entscheidende Frage: Wann und wie spricht man die auserwählten Personen am besten an? Hierbei sind eine Reihe kritischer Aspekte zu berücksichtigen: Exklusivität, Diskretion, Diplomatie, Kommunikationstalent, Timing, Geduld. Der passende Mix entscheidet darüber, ob Ihr potenzieller Influencer sich geehrt oder ausgenutzt fühlt, und ob demzufolge eine Zusammenarbeit klappt oder nicht. Niemand lässt sich gern als verlängertes Werbesprachrohr vor den Karren spannen. Massenmails mit gleichem Inhalt (plus Verteilerliste) oder Standardfloskeln sind deshalb völlig tabu. Auch der Versand einer klassischen Pressemeldung ist fehl am Platz. Nicht selten werden verunglückte Ansprachen sogar öffentlich gemacht und mit Häme bedacht.

Bevor es mit dem Influencer-Marketing losgehen kann, braucht es also einen Plan:

- Wer ist für das Influencer-Programm verantwortlich?
- Welche Ziele werden damit verfolgt?
- Wer spricht welche Influencer zu welchem Thema an?
- In welcher Form spricht man sie an?
- Wann ist der passende Zeitpunkt dafür?
- Welche Inhalte sollen jeweils angeboten werden?
- Wie werden die Ergebnisse dokumentiert?

Influencer brauchen exklusive Botschaften, Hintergründe und Vorabein-
blicke. Ein Auserwählter möchte jeder gern sein. Wenn Sie etwa signali-
sieren, dass er/sie zu den ganz wenigen zählt, die für Ihre Aktion infrage
kommen, steigt das Interesse gewaltig. Bevor Sie diese Individuen dann
ansprechen und zu einer Aktion einladen oder um einen Gefallen bitten,
sollten Sie sie kennenlernen: zumindest telefonisch, besser noch persönlich. Im ersten Schritt geht es darum, ihr Vertrauen zu gewinnen. Und beginnen Sie immer mit Geben: Schenken Sie ihnen Kommentare, Links und
Likes. Auch exklusive Vorabinformationen sind ein prächtiger Köder. So
kann Ihr Influencer in seinem Umfeld mit Kenntnissen glänzen, die außer
ihm noch niemand hat.

Haben Sie überhaupt etwas, mit dem sich die potenziellen Influencer
schmücken und vor anderen gut dastehen können? Gut! Dann geht es
nun darum, die Botschaft und alles, was dazugehört, ansprechend aufzu-
bereiten und das Weiterreichen so einfach wie möglich zu machen. Ferner
muss die Motivation auch während der Aktion hoch gehalten werden. Es
braucht also Zuspruch, Anerkennung, Dank und ein regelmäßiges Feedback
darüber, wie sich die Sache entwickelt. Und was noch? Das ist natürlich
von Mensch zu Mensch verschieden, hat aber in den wenigsten Fällen ausschließlich mit Geld zu tun. Auch Ansehen, Hilfsbereitschaft, gegenseitige
Vorteilnahme und ähnliche Aspekte sind von Bedeutung. Grundsätzlich
betrachtet geht es darum, jemand zu sein oder etwas beizutragen.

9.4 Journalisten sind auch Influencer

Eine überaus wichtige Sonderstellung unter den Influencern nehmen die
Journalisten ein. Denn sie bedienen die Medien, also Zeitungen, Zeitschrif-
ten, Radio- und TV-Sender sowie deren Onlineportale. Medien machen Meinung: unverblümt, schnörkellos und bisweilen tendenziös. Sie können die
öffentliche Meinung sehr nachhaltig prägen, und sie haben im Allgemeinen immer noch eine hohe Glaubwürdigkeit.

Mit Blick auf das Empfehlungsgeschäft lautet deshalb eine Kernfrage so: Wie können wir unsere Aktivitäten derart gestalten, dass sie sowohl für die richtigen Zielgruppen als auch für die breite Öffentlichkeit und die Medien interessanten Gesprächsstoff bieten? Pressearbeit funktioniert aber immer nur dann, wenn man die Spielregeln kennt. Damit wird sofort die riesige Bedeutung dieses diffizilen Instruments klar. Ein Erfolg lässt sich im Vorfeld nicht absehen und schon gar nicht garantieren. Deshalb hier nur ein paar wesentliche Punkte zum Thema. Alles Weitere überlasse ich den Experten.

Damit wohlwollend berichtet wird, gilt es, Redakteure und Medienmacher im Positiven auf sich aufmerksam zu machen. Dies erreichen Sie am besten durch regelmäßige Kontakte, ehrliche Information und presserelevant aufbereitete Storys. Das ist nicht nur etwas für die Global Player mit ihren Kommunikationsagenturen, Presseabteilungen und Pressesprechern. PR ist auch für KMU höchst interessant. Gerade in kleineren Städten und Gemeinden kann der persönliche Kontakt zu Vertretern der Presse sowie zu lokalen Rundfunk- und Fernsehsendern gezielt gepflegt werden – und von großem Nutzen sein.

In punkto Zusammenarbeit mit der Presse gibt es ein paar Grundregeln:
- Gute PR-Arbeit ist von öffentlichem Interesse.
- Sie ist informativ, schnell und hochaktuell.
- Sie ist offen und ehrlich – und nicht werblich geschönt.
- Sie findet kontinuierlich statt.
- Sie hat Substanz: Qualität geht vor Quantität.
- Sie darf keine verkäuferischen Elemente beinhalten.

Den Journalisten interessiert vor allem eins: Was ist für unsere Leser/Zuschauer/Zuhörer von Interesse beziehungsweise von Nutzen? Und wie lässt sich das visualisieren? Die Redaktionen werden hoffnungslos überflutet mit nutzlosen Unternehmensmeldungen, denn jeder will kostenlos unterkommen. Die klassische, nach dem Lehrbuch verfasste, staubtrockene und uninspirierte Pressemeldung ist längst passé. Produzieren Sie Geschichten statt Papier. Gute Storys sind heute gefragt.

Produzieren Sie Geschichten statt Papier:

- Bringen Sie neue Produkte oder Services auf den Markt?
- Investieren Sie in Forschung und Entwicklung?
- Welche innovativen Technologien nutzen Sie?
- Schaffen Sie neue Arbeitsplätze?
- Haben Sie Anwenderbeispiele und Hintergrundinformationen parat?
- Bahnbrechende Absatzzahlen gegen den Branchentrend?
- Eine fundierte Studie?
- Sind Sie kontrovers und provokant, originell oder völlig unkonventionell?
- Leisten Ihre Azubis, Ihre Serviceleute, Ihre Konstrukteure und Monteure etwas Außergewöhnliches, worüber berichtet werden könnte?
- Steht der Chef für ein kompetentes Interview bereit?
- Welche überraschenden Seiten haben Ihre (neuen) Führungskräfte?
- Ist Ihr Unternehmen sozial aktiv?
- Oder vorbildhaft im Umweltschutz?
- Haben Sie mit Berühmtheiten zu tun?

Sprechen Sie über all das und vieles mehr, damit die Presse darüber spricht! Sammeln und sichten Sie passendes Material und verarbeiten Sie es zu pressewirksamen Geschichten. Erstellen Sie einen Themenplan für das ganze Jahr und erweitern Sie ihn kontinuierlich. Viele gute Geschichten sind vom Absender initiiert, sie wurden nicht zufällig von der Presse entdeckt. Die Presse interessiert sich vor allem für das, was neu und anders, spektakulär, skandalös, dramatisch oder kurios ist. Geht es dabei um Zahlen, Daten und Fakten, müssen die Angaben nicht nur wahr, sondern auch nachprüfbar sein. Ein zusätzlicher Tipp: Halten Sie professionelles Bildmaterial parat!

Missbrauchen Sie jedoch die Presse nicht als kostenlosen Verkaufskanal. Obwohl auch hier die Grenzen immer mehr aufweichen, wird ein seriöser Journalist Sie bei solchen Vorhaben sofort in die Anzeigenabteilung verweisen. Für den redaktionellen Teil wird die Geschichte hinter der Geschichte gesucht – und zwar möglichst exklusiv. Bedienen Sie eine Presseanfrage immer sofort, präzise und kompetent! Dabei ist vor allem der Chef des Hauses gefragt. Ständig klagen Presseleute über kopflose Unternehmen, weil sich die Inhaber nicht zeigen (wollen). Doch genau da, wo es keine Transparenz gibt, ist viel Raum für Gerüchte und Spekulationen. Außerdem wollen die Konsumenten zunehmend wissen, welche Menschen sich hinter den Produkten verbergen und für welche Werte sie stehen. Der Blick hinter die Kulissen ist also gefragt. Die Vorhänge müssen aufgezogen und Nebelmaschinen abgestellt werden. Lügen haben gerade in der Pressearbeit kurze Beine. Früher oder später kommt alles heraus. Und so ganz am Rande: Journalisten können furchtbar nachtragend sein.

Gastbeitrag von Magda Bleckmann

Wie Sie tragfähige Netzwerke mit Entscheidern aufbauen und pflegen

Auf Facebook, XING, LinkedIn, Google+, Twitter & Co. vernetzen sich Menschen und teilen Gedanken und Informationen. Immer mehr nutzen sie Social Media auch, um geschäftlich mit relevanten Entscheidern oder Zielgruppen in Kontakt zu kommen. Doch rein virtuelle Kontakte sind keine belastbaren Beziehungen. Nur wenigen gelingt es, die Mehrwerte im Internet zu erreichen, die sie sich erhoffen, also zum Beispiel mehr Umsatz mit Kunden, mehr Neukunden, valide Beziehungen zu Einkäufern und Kollegen oder eine größere Bekanntheit. Die Frage ist: Wie und wo netzwerken Entscheider, und wie schafft man es, mit ihnen ein tragfähiges Netzwerk aufzubauen?

Die sozialen Medien sind gut geeignet, um einen ersten Kontakt herzustellen und Informationen zu sammeln. Auch sind sie nützlich, um einen Kontakt aufrechtzuerhalten. Doch die Anzahl der Freunde auf Facebook, die Kontakte auf XING oder die Follower auf Twitter sagen nur wenig über den Beziehungswert einer Person aus. Daraus lässt sich nicht ableiten, ob überhaupt und wenn ja, wie weit das eigene Netzwerk wirklich trägt, wenn es darauf ankommt. Ein Button ist schnell geklickt, ein Kontakt schnell bestätigt. Sich jedoch zu kennen, zu verstehen und zu unterstützen – das ist etwas ganz anderes.

Reale Beziehungsnetzwerke sind virtuellen überlegen

Wer beruflich erfolgreich sein möchte, braucht echte Beziehungen zu anderen Menschen. Der entscheidende Branchentipp und die beste Empfehlung kommen nur selten über das Internet, sondern in erster Linie von Partnern, Kollegen, Freunden oder Mitarbeitern, eben aus dem realen Leben und Arbeitsumfeld. Die sozialen Medien können zwar eine Menge Erstkontakte generieren und vielleicht den Dienst eines sich selbst aktualisierenden Adressbuchs erfüllen, aber zu Beziehungen führen sie meist nicht. Die Internet-Elite ist sich dieses Umstandes sehr wohl bewusst, denn wie kaum eine andere Spezies pflegt sie ihre Kontakte bevorzugt auf Barcamps, eine neue Form von Konferenzen wie etwa die TED Events und die re:publica. Dort treffen sich auch Blogger, Onlinemarketer und PR-Profis ganz real. Sie wissen: digitales Netzwerken alleine reicht nicht. Und selbst auf klassischen Kongressen und Branchenmessen stellen Insider fest, dass sie in erster Linie nicht der Arbeit sondern dem Netzwerken dienen.

Grundsätzlich gilt beim Netzwerken, dass jede Beziehung am Anfang nur ein Kontakt gewesen ist, der dann durch strategisches Kommunikationsmanagement immer mehr aufgewertet wurde. Als Kommunikations- und Informationsplattform sind die Social Media für Netzwerker also viel wert. Neuerungen und aktuelle Infos zur Person, die Geburtstagserinnerung sowie berufliche und private Veränderungen werden frei Haus geliefert. Dies ist allerdings nicht mehr als ein Hilfsmittel. Was früher im Gedächtnis geparkt oder im Notizblock notiert war, weiß heute das Web. Und dennoch: Wie persönlich ist der Geburtstagsglückwunsch über XING im Vergleich zum handgeschriebenen Brief oder zur mündlichen Gratulation? Menschen sind soziale Wesen und keine virtuellen Botschaftsempfänger. Heute hebt sich mehr denn je derjenige ab, der persönlich anruft oder ein kleines passendes Präsent versendet.

Bis jetzt haben die sozialen Netzwerke es nicht geschafft, Berufsverbände, Business-Clubs oder unternehmerische Interessenverbände zu verdrängen. Im Gegenteil: Der Zuspruch für diese Organisationen nimmt eher zu als ab. Hier gilt: je exklusiver, desto gefragter. Und das, obwohl auch solche Organisationen ihre interne und externe Kommunikation mittels virtueller Netzwerke verstärkt modernisieren. Der Wunsch, einer besonderen Gruppe oder einem bestimmten Milieu anzugehören, kann offensichtlich nicht durch Social Media befriedigt werden. Auch hier stehen der persönliche Austausch, das gemeinsame Erleben und die individuelle Beziehung im Mittelpunkt. Teilnehmen und Teilhaben ist mehr als bloßes Dabeisein!

Auch heute werden Karrieren nicht im Internet gemacht. Noch niemand ist befördert worden, weil er die 5.000er-Freunde-Marke bei Facebook durchbrochen hat – aber schon viele, weil sie die richtigen persönlichen Beziehungshebel in Bewegung setzen konnten. Beziehungen schaden nur dem, der keine hat. Diese Binsenweisheit gilt unverändert. Deshalb ist es oft besser, aktiv an Veranstaltungen teilzunehmen oder realen Karrierenetzwerken beizutreten, als virtuelle Kontakte zu sammeln. Besser zwanzig echte Freunde in Schlüsselpositionen als tausend Kontakte im Internet. Die Frage ist: Wie kann ich Beziehungen zu solchen Key Playern aufbauen und pflegen?

Regeln zum Knüpfen stabiler Beziehungen

Die Goldmedia Custom Research GmbH befragte 2012 im Auftrag des Dictyonomie-Instituts und der Deutschland Group Führungskräfte, welchen Stellenwert Networking für sie habe.[11] Befragt wurden hundert Entscheiderinnen und Entscheider, die in mindestens zwei professionellen und wirtschaftsorientierten Clubs Mitglied sind. Die Ergebnisse im Zusammenhang mit Netzwerkaufbau und -pflege:

- 90 Prozent machen lieber Geschäfte mit Personen, die sie gut kennen.
- 74 Prozent engagieren sich aktiv.
- 67 Prozent halten pro Woche zu weniger als zehn Geschäftspartnern Kontakt.
- 65 Prozent sehen Vertrauen als das wichtigste Gut in Netzwerk-Beziehungen.
- 61 Prozent pflegen ihre Geschäftsbeziehungen nur persönlich, nicht online.
- 58 Prozent wissen, dass beruflicher Erfolg mindestens zur Hälfte von ihrem Netzwerk abhängt.
- 56 Prozent trennen Berufliches nicht vom Privaten.
- 10 Prozent halten zu mehr als zwanzig Geschäftspartnern in der Woche Kontakt.

Wenn aus losen Kontakten stabile Beziehungen werden sollen, die in Empfehlungen münden, lassen sich folgende Regeln beachten und in das tägliche Tun einbeziehen.

Kontaktaufnahme: Wo finden sich Influencer überhaupt? Oft in kleineren Gruppen, bei Veranstaltungen als Vortragende oder Podiumsdiskutanten und in exklusiveren Netzwerken oder bei VIP-Veranstaltungen. Dazu müssen Sie selbst bei solchen Veranstaltungen präsent sein und sich in diese Kreise hineinbewegen. Zeit und Engagement sind dabei die Grundvoraussetzungen – es sind nicht Geld und Machtpositionen. Natürlich würden es diese einfacher machen, aber es geht auch ohne, wenn Sie aktiv sind und mit klaren Zielvorstellungen ans Werk gehen.

Wenn Sie mit Entscheidern netzwerken wollen, betrachten Sie diese als normale Menschen, informieren Sie sich über diese Personen, recherchieren Sie. Je mehr Sie über Ihr Gegenüber wissen, desto besser können Sie ins Gespräch kommen und lockeren Small Talk führen. Stellen Sie interessierte Fragen zum Tätigkeitsgebiet des anderen oder zu Artikeln, die Ihr Gegenüber verfasst hat. Überlegen Sie, wie Sie dem anderen nutzen können, und machen Sie sich selbst interessant: mit Kontakten, die Sie kennen, oder Informationen, die Sie weitergeben können. Solchen losen Gesprächen sollten zeitnah weitere persönliche Treffen folgen, denn Geschäfte werden immer von Menschen gemacht, die sich kennen und vertrauen – und das kann dauern.

Kontaktqualität: Die große Mehrheit der Entscheider aus der Studie hält pro Woche zu weniger als zehn Geschäftspartnern bewusst Kontakt. Mehr als vierzig bis sechzig wirklich starke Beziehungen lassen sich weiterhin kaum aktiv übers Jahr hinweg pflegen. Beziehungen machen Arbeit und natürlich auch Spaß. Sie erfordern zudem, sich für das Leben anderer Menschen zu interessieren und daran teilzunehmen. Es gilt: Klasse statt Masse!

Wertschätzung und Respekt: Echtes, ehrliches Interesse ist einer der Grundbausteine, um Beziehungen langfristig aufzubauen. Es bringt nichts, wenn Sie mit Menschen ins Gespräch kommen, nur weil diese vermeintlich wichtig sind. Viel erfolgversprechender ist es, anderen Menschen Wertschätzung entgegenzubringen, sich für sie zu interessieren. Bescheid zu wissen, wo der andere hin will, was seine Ziele sind, und ihn dabei zu unterstützen – das bringt Ihnen auch Empfehlungen ein.

Investition in Netzwerke: Bevor Beziehungen in Anspruch genommen werden, muss investiert werden. Erst geben, dann nehmen, und immer aktiv bleiben. Nutzen stiften und auch die Vorteile des anderen im Blick zu behalten, das ist gefragt und zahlt sich langfristig aus. Wenn Sie neu in ein Netzwerk wie einem Businessclub oder einen Verbandsarbeitskreis kommen, überlegen Sie immer: »Was ist mein Beitrag, was kann ich einbringen«, anstatt zu fragen: »Was bekomme ich, von wem kann ich profitieren?«

Aufbau von Vertrauen: Gerade in strategischen Karrierenetzwerken ist Geduld eine Tugend. Egal ob im eigenen Unternehmen, in Verbänden, Business-Clubs oder Kontaktbörsen: Vertrauen muss wachsen dürfen. Es ist die Basis des Erfolgs. Zusätzliche Faktoren sind Verlässlichkeit und Ehrlichkeit. Nur wer hält, was er virtuell und im realen Leben verspricht, kann mit positiven Reaktionen, nachhaltigen Empfehlungen und Unterstützung rechnen.

Disziplin und Organisation: Sich immer wieder, ohne aufdringlich zu sein, in Erinnerung zu rufen – das ist die wahre Kunst. Führen Sie Listen und telefonieren Sie viel. Rufen Sie Ihre Netzwerkpartner auch einfach mal so an, ohne etwas zu benötigen. Sie werden sehen, das lohnt sich.

Verschwiegenheit: Reden Sie nie schlecht oder negativ über andere. Sie wissen nicht, wer wen kennt und wer mit wem zu tun hat. Wenn Ihnen Dinge erzählt werden, sprechen Sie nicht darüber mit anderen nach dem Motto: »Ich weiß auch was ...« Beim Netzwerken ist Understatement die bessere Methode. Punkten Sie mit Kompetenz, Wissen und Verlässlichkeit, gepaart mit nützlichen Tipps und Informationen.

Aktivität: Profis wissen: »Ohne Fleiß kein Preis!« Und wenn Sie schon in einem Netzwerk dabei sind, gehen Sie regelmäßig hin, nehmen Sie teil und lernen Sie die anderen mit Namen, Tätigkeit und ihren Zielen kennen. Übernehmen Sie Funktionen in Vorstand oder Leitungsorganen des Netzwerks – so werden Sie sichtbarer, und andere Mitglieder werden auf Sie zukommen.

Meine abschließende Empfehlung: Machen Sie sich einen strategischen Plan, teilen Sie Kontakte in Kategorien ein und führen Sie ein Beziehungsmanagementsystem, das sie immer wieder an die Kontaktpflege erinnert. Vor allem aber: Vergessen Sie den Spaß beim Netzwerken nicht, denn Sympathie gewinnt immer.

10.
Guerilla und Buzz – neue Formen der Mundpropaganda

Mit klassischer Werbung werfen die Anbieter Millionen zum Fenster hinaus. Dies tun sie sogar, man mag es kaum glauben, bei vollem Bewusstsein. Im Durchschnitt bringen mehr als 99 Prozent eines Mailings überhaupt keine Response. Banner im Web erzeugen fast nur noch deswegen Klicks, weil man den Schließen-Button nicht richtig erwischt. Anzeigen, die Anbieter aufs Handy pushen, werden fast ausnahmslos weggeblockt. Marketer reden so gerne von Reichweite, doch die ist rein theoretisch. In Wirklichkeit erreichen sie fast niemanden mehr. Auswege aus diesem Dilemma sind also vonnöten, und es gibt sie schon längst. Die richtig gute Nachricht dabei: Sie erzeugen nicht nur Aufmerksamkeit und Resonanz, sondern auch Mundpropaganda. Die Rede ist von Guerilla- und Buzz-Marketing.

10.1 Guerilla-Marketing: große Wirkung mit kleinen Mitteln

Der Ausdruck Guerilla kommt aus dem Spanischen und bedeutet übersetzt kleiner Krieg. Die Methoden im Guerilla-Marketing sind jedoch selten sehr martialisch, sondern meist mit einem Augenzwinkern verbunden. Als Wortschöpfung des US-Marketingexperten Jay C. Levinson setzt Guerilla-Marketing auf Brain statt Budget, also auf pfiffige Ideen für wenig Geld. Die Aktionen sollen für hohe Aufmerksamkeit in der Öffentlichkeit und den Medien sorgen, also Gesprächsstoff bieten und Mundpropaganda erzeugen. Dahinter steckt ein Moment des Unvorhersehbaren, der verblüfft, verzaubert, schockiert, amüsiert oder nachdenklich macht. Dazu braucht es Kreativität, eine gehörige Portion Mut und immer wieder neue Überraschungen. Die Menschen sollen dabei zu Beobachtern oder mehr noch, auch zu Mitmachern werden. So finden Guerilla-Aktionen meist draußen statt. IKEA etwa hat mal Bushaltestellenhäuschen mit Wohnzimmer-Garnituren im schwedischen Design eingerichtet.

Ursprünglich wurde Guerilla-Marketing als Waffe für kleine Firmen mit knappen Werbegeldern im Kampf aus dem Hinterhalt gegen die ganz Großen entwickelt. Doch angesichts der zunehmenden Werbeflut mit immer größeren Streuverlusten wird das Instrument inzwischen auch von Weltmarken genutzt, um mit unkonventionellen Methoden Aufmerksamkeit zu erzielen und eine öffentliche Diskussion anzuregen. Gut gemachte Guerilla-Aktionen sind im wahrsten Sinne des Wortes einmalig, sie sind kreativ und gewagt, forsch und frech, laut und rebellisch, idealerweise geradezu spektakulär. Sie kommen mehr oder weniger unangekündigt wie aus dem Nichts daher und verschwinden dann wieder. Sie polarisieren und bringen sich so ins Gespräch. Man mag sie oder man mag sie nicht – Hauptsache, man redet über sie. Ihre Wirkung ist meist emotionaler Natur und damit auch nachhaltiger als konventionelle Werbung.

In Frankfurt sorgte vor Jahren eine Aktion der Hilfsorganisation Amnesty International für Furore, bei der täuschend echt aussehende Hände von innen die Gitterstäbe von Gullideckeln umklammerten. Wie eintätowiert standen auf den Fingern Schlagworte wie Wrong Colour oder Wrong Opinion. Auf diese ungewöhnliche Weise sollte auf Menschen aufmerksam gemacht werden, die wegen ihrer Hautfarbe, ihres Glaubens oder ihrer politischen Anschauungen unschuldig in Gefängnissen sitzen.

Tribis, eine Schweizer Hundeschule aus Bubikon machte so auf sich aufmerksam: Wenn Hundebesitzer nach dem Einkaufen zu ihrem vor dem Laden angebundenen Hund zurückkehrten, bekamen sie einen Schrecken. Ihr Vierbeiner hatte einem Stofffetzen zwischen den Zähnen, der wie ein Stück Hosenbein aussah. Erst bei näherem Hinsehen konnten sie auf dem Jeansstoff lesen:»Glück gehabt, das ist nur ein Fetzen Werbung. Falls Sie aber ernsthaft an den Manieren Ihres Lieblings gezweifelt haben, wird es Zeit für einen Termin bei uns.« Die Resonanz war gewaltig. In kürzester Zeit waren die Kurse ausgebucht, so dass die Aktion vorzeitig gestoppt werden musste. Kleines Budget, pfiffige Idee, große Wirkung. Und Marketingpreise gab es außerdem.

Als immer einmaliges und meist unterhaltsames Ereignis sorgt Guerilla-Marketing für eine selbstständige Weiterverbreitung der Botschaft per Mundpropaganda, über das Smartphone, die sozialen Medien und oft auch über die Presse. Bei schlecht gemachtem Guerilla-Marketing spricht man dabei nur über die Aktion als solche, bei einer gut gemachten Kampagne auch über die darin exponierte Marke und ihr Produkt.

So verbreitet der Autovermieter Sixt ganz gezielt provokante Werbemotive, um eine hohe Medienresonanz zu erreichen. »Unser Mitarbeiter des Monats«, betitelt das Unternehmen zum Beispiel eine Anzeige mit dem Foto des GDL-Chefs Claus Weselsky mitten im Bahnstreik, der Ende 2014 halb Deutschland lahmlegte. Abmahnungen nimmt Sixt bei solchen Aktionen nicht billigend in Kauf, sie sind sogar erwünscht. Denn diese heizen die Diskussionen um den Anbieter noch weiter an.

Eine spektakuläre Aktion ist vor einiger Zeit auch der Firma LEGO geglückt. Der Bauklötzchen-Hersteller setzte unbemerkt vor der niederländischen Küste einen zweieinhalb Meter großen Legomann im Wasser aus und ließ ihn von allein an den Strand treiben. Schon von weitem konnten die Urlauber das Objekt sehen und rätselten, was denn da auf sie zukam. Als der Legomann schließlich von den Mitarbeitern einer Strandbar geborgen wurde, war das Erstaunen groß. Die Lokalpresse wurde alarmiert, Urlauber schossen Fotos und einheimische Jugendliche drehten Handyvideos. Ein paar Stunden später meldete bereits die Nachrichtenagentur Reuters den Fund. Ab diesem Zeitpunkt ging die Nachricht über das kuriose Treibgut um die Welt. Parallel dazu tauchten im Internet immer mehr Videos und Fotos auf, die den Fund von Ego Leonard dokumentierten. Unverzüglich begannen Diskussionen in Blogs und Foren über die Herkunft des skurrilen Funds. Doch nach den Verantwortlichen musste nicht lange gesucht werden: Der Legomann wurde kurz vor dem siebzigsten Geburtstag der Marke an Land gespült und war der gelungene Auftakt zu einer ganzen Reihe weiterer Aktionen.

Eine besonders listige Form des Guerilla-Marketing ist das sogenannte Campaign Hijacking. Dabei wird eine fremde Marketingaktion für eigene Zwecke missbraucht. Zum Beispiel parkten beim Kinostart des Spielfilms *Godzilla* völlig zerquetschte Autos in Dinosaurier-Schrittweite voneinander entfernt entlang einer Londoner Straße. Bereits wenige Stunden später standen daneben die Klappschilder eines Versicherungsunternehmens mit dem Slogan: »Wir versichern alles«.

Eine Gefahr im Guerilla-Marketing ist die mangelnde Kontrollierbarkeit. Zu den Kernaufgaben derartiger Aktionen gehört es ja, für Irritationen zu sorgen. Dies kann Gegner auf den Plan rufen, die die Protagonisten zu beschädigen trachten, aber auch Befürworter mobilisieren, die sich schützend vor die Marke stellen. Solche Solidarisierungsprozesse können sogar die Identifikation mit dem Anbieter stärken. Wird jedoch die eigene Zielgruppe zu stark irritiert, steht deren Loyalität auf dem Spiel. Erfahrene Guerilla-Marketer planen deshalb die gezielten Konter, zu der ihre kontroversen Kampagnen geradezu einladen, vorsorglich mit ein.

Doch nicht allen gelingt es. Attacken aufgebrachter Internet-Nutzer hat zum Beispiel die Automarke Chevrolet bei ihrem Geländewagen Tahoe zu spüren bekommen. Chevrolet stellte eine Website online, die es den Besuchern ermöglichte, Videoclips mit eigenen Werbesprüchen zu vervollständigen. Viele Teilnehmer haben diese Gelegenheit genutzt, um sich auf ironische Weise über den hohen Benzinverbrauch der Autos lustig zu machen. In einem der Clips fährt der Tahoe durch eine Wüstenlandschaft. Ein zynischer Text dazu lautete: »Das Öl unseres Planeten ist beinahe aufgebraucht. Man benötigt kein GPS, um zu sehen, wohin uns dieser Weg führt.«

10.2 Gute Tipps, damit Guerilla-Aktionen gelingen

Gerade bei medienwirksamen Outdoor-Aktionen kann man vieles richtig, aber auch manches falsch machen.

Sieben Regeln, die Sie in jedem Fall beachten sollten:

1. Behindern Sie niemanden! Stellen Sie Ihre Werbemittel den Menschen nicht in den Weg. Die schönste Installation wird nervig, wenn man ihretwegen größere Umwege machen muss. Orte, an denen Gefahrensituationen entstehen können, sind absolut tabu. Denn da werden die Behörden selbst bei der lustigsten Kampagne kein Auge mehr zudrücken. Offizielle Genehmigungen müssen sowieso in vielen Fällen vorab eingeholt werden, um fette Bußgelder zu umgehen.

2. Respektieren Sie die Umwelt! Zahlreiche Menschen sind bei diesem Thema sehr sensibel – und die Naturschutzvereine warten auf jede Gelegenheit, sich zu profilieren. Bevor Sie also mit einer Lasershow den Vogelflug stören oder ein Großevent im Stadtwald durchführen wollen, klären Sie die Situation vorher ab.

3. Verfolgen Sie die Nachrichtenlage! Guerilla-Aktionen dürfen zwar provokant sein, durch ein zufälliges Zusammentreffen mit aktuellen Geschehnissen können Sie aber schnell ins Geschmacklose abdriften. Blasen Sie die Sache im Zweifelsfall lieber ab, statt sich negative Presse einzufangen.

4. Bleiben Sie nicht zu lange! Die Strategie der Guerillakämpfer beruht darauf, wie aus dem Nichts aufzutauchen und wieder zu verschwinden. Machen Sie es Ihnen nach: Wenn auch noch der letzte Ihre Aktion gesehen hat, ist nichts mehr aufregend daran. Welchen Grund könnte es dann noch geben, davon zu erzählen?

5. Schweigen Sie bis kurz vor Beginn! Informieren Sie nicht die komplette Presse vorab und versenden Sie auch nicht tausende E-Mails. Wenn Sie die virale Verbreitung einer Guerillakampagne anstoßen wollen, holen Sie sich maximal ein oder zwei unterschiedliche Medien ins Boot und informieren nur einen engeren Kreis. Das erhöht die Exklusivität der Nachricht und damit die Motivation der Empfänger, darüber zu berichten – offline und online.

6. Binden Sie die Menschen mit ein! Interaktive Elemente, Mitmach-Aktionen oder begehbare Installationen machen Spaß, erhöhen die Wahrnehmung und lassen die Passanten Teil der Botschaft werden. Aktionsfotos und -filmchen werden dann vollautomatisch ins Social Web eingestreut und können sich mit etwas Glück von dort aus weiterverbreiten.

Und auch die involvierten Mitarbeiter sollten Dokumentationsmaterial fleißig in ihre eigenen Netzwerke tragen.

7. Schaffen Sie etwas Neues! Egal welche Guerilla-Taktik Sie wählen, zwei Gesetze gibt es dabei: niemals die gleiche Aktion wiederholen und niemals eine fremde Idee abkupfern. Wer sich an Kampagnen dranhängt, die ähnlich bereits gelaufen sind, erntet eher Spott als Ansehen im Markt. »Denen fällt auch nix mehr ein!« ist wahrscheinlich noch das mildeste Statement, das Sie damit ergattern werden. Lassen Sie sich lieber mehr Zeit, denken Sie sich etwas Neues aus oder entwickeln Sie vorhandene Ideen intelligent weiter.

Guerilla-Marketingexperte Thomas Patalas ergänzt diese Hinweise wie folgt: »Wichtig ist, dass Guerilla-Marketing-Kampagnen keine kreativen Schnellschüsse sind, sondern – wie alle Marketingaktionen – sorgfältig geplant und vorbereitet werden müssen. Sammeln Sie dafür alle relevanten Informationen und analysieren Sie diese – vom eigenen Leistungsangebot über Ihre Kunden und das spezifische Umfeld bis hin zum Kommunikationsziel. Fragen Sie sich, was Sie mit dieser Kampagne vermitteln wollen. Es gibt etliche Guerilla-Aktionen, die sind witzig, aufregend und amüsant, aber kein Mensch versteht die Botschaft – sofern es überhaupt eine Botschaft gab.

Guerilla-Marketing will kein reines Unterhaltungstool sein, sondern Ihre Marketingstrategie unterstützen. Nicht zuletzt deshalb sollen die Art der Kampagne, die Botschaft, die eingesetzten Kommunikationsinstrumente und natürlich auch das Budget zu Ihrem Unternehmen und seinen Angeboten passen. Guerilla-Marketing-Kampagnen verführen zwar dazu, auch mal was Verrücktes auszuprobieren, dennoch dürfen weder der bisherige Marketingstil auf den Kopf gestellt noch das Image beschädigt werden. Wenn Sie sich bei der Kampagnenplanung nicht ganz sicher sein sollten, fragen Sie doch einfach mal Ihre Mitarbeiter oder – noch besser – im Vertrauen ein paar Kunden, was sie davon halten und ob das Ganze zu Ihnen passt. Dies kann nicht nur Ihr Marketingbudget schonen, sondern auch Ihr Standing am Markt schützen.«

Oh, Sie haben Lust bekommen, eine eigene Guerilla-Aktion durchzuführen, wissen aber noch nicht genau wie? Im Internet finden sich jede Menge Beispiele, die zumindest als Anregung dienen können. Also: Einfach mal googeln! Aber nicht kopieren!

10.3 Buzz-Marketing: Wirbel erzeugen und Wellen schlagen

Bei der recht jungen Disziplin Buzz-Marketing (Marc Hughes) sind sich die Fachleute noch nicht ganz einig, was dazu gehört und was nicht. Manche verstehen darunter eine Erweiterung guerillaähnlicher Aktionen in den digitalen Raum, vor allem durch die Publikation von Kurzvideos zwecks viraler Verbreitung. Als zusätzliche Hebel dienen Blogbeiträge, Foreneinträge sowie Berichte in den soziale Medien und der Presse. Andere rechnen Buzz dem Viralmarketing zu. Beim Viralmarketing geht es aber vor allem um Content wie PDFs, Videoclips, Audios, Bilder, Infografiken, Animationen und Computerspiele, die sozusagen als Köder fungieren und weitergereicht werden sollen. Bei Buzz hingegen geht es um Objekte, Menschen oder Ideen, über die Gespräche entstehen.

Im Buzz-Marketing spielen sogenannte Buzz-Agents, auch Buzzer genannt, eine wichtige Rolle. Sie haben die Aufgabe, Produkte oder Dienstleistungen in ihrem sozialen Umfeld oder an öffentlichen Plätzen auf ungezwungene Weise ins Gespräch zu bringen und bei Gefallen geeignete Empfehlungen auszusprechen. Dabei wenden sie sich – als Konsument und nicht als Werber – gezielt genau an die Personen, die sich für diese Sache auch interessieren. Hierdurch gelangen Produkte relativ kostengünstig und ohne Streuverluste direkt an ihr Zielpublikum. Besonders bei Neueinführungen im Konsumgüterbereich, bei denen es Flopraten von bis zu 90 Prozent gibt, ist dieses Vorgehen sehr effizient, und im Vergleich zu klassischen Kampagnen auch günstig. In der breiten Öffentlichkeit sind viele der so promoteten Produkte oft nicht einmal bekannt. Zumindest zunächst. Denn sobald sich der Erfolg einstellt und Geld zu sprudeln beginnt, wird mit Massenkommunikation nachtariert, um die Bekanntheit zu pushen. So kann der Eindruck entstehen, das Produkt sei über Nacht populär geworden. Dabei hatte das Buzz-Marketing im Vorfeld den Weg geebnet.

Wie Buzzer dem anvisierten Markt ein Produkt im wahrsten Sinne des Wortes schmackhaft machen können, wurde bei einer neuen Wurstsorte der Marke Al Fresco deutlich. Dem produzierenden Unternehmen Kayem Foods war es mit herkömmlichem Marketing nicht gelungen, ihr Produkt auf die Teller der amerikanischen Verbraucher zu bekommen. So wurde eine Truppe von Buzz-Agenten angeheuert. Sie organisierten Grillfeste, priesen die neue Wurst in Supermärkten und Grillstuben, erzählten Freunden und Verwandten davon, fragten nach der Wurst in allen möglichen Läden und beschwerten sich, wenn sie dort nicht im Regal lag. So setzte eine glühende Nachfrage ein, die Verkaufszahlen schossen in die Höhe und der Umsatz stieg unmittelbar nach der Kampagne um 1,2 Millionen Dollar. Dave Balter, Gründer der Agentur BzzAgent, der diese pfiffige Kampagne initiiert hat, ließ verlauten, dass er im Schnitt einen Erfolgsquotienten von eins zu fünfzehn erzielt. Das heißt, jeder Buzzer überzeugt fünfzehn zusätzliche Verbraucher, die die Botschaft dann im Schneeballverfahren weiter verbreiten.

Es ist eine Kombination aus energiegeladener Neugier, gesundem Selbstvertrauen und dem Bedürfnis nach Wertschätzung oder Geselligkeit, die Menschen treibt, sich für andere zu engagieren. Ihr Produkt ist brandneu, exklusiv, frech oder cool? Dann stehen Ihre Chancen gut, dass man sich dafür interessiert. Entscheidend für den Erfolg einer Kampagne ist die Auswahl passender Teilnehmer, sowohl in Bezug auf das Themenfeld als auch mit Blick auf deren Aktivitätsgrad. Interessierte Personen müssen sich also für eine Aktion bewerben und dabei erläutern, warum sie für diese geeignet sind. Im Fachjargon nennt man das Casting. Das Interesse an solchen Aktionen ist in vielen Fällen sehr hoch. So hatten sich für einen Produkttest der Babypflege-Marke Penaten um die 10.000 Mütter beworben. 2.500 Testpersonen wurden schließlich ausgewählt.

Die passend zum Thema ausgewählten Personen bekommen Produktmuster und Anleitungen für die Interessentenansprache. Sie tun und sagen, was sie wollen, arbeiten unentgeltlich und unterliegen keinerlei Zwang. Buzzen ist für sie eine Chance, neue Produkte zu testen, bevor sie auf den Markt kommen und an deren Entwicklung Anteil zu nehmen. Und so ganz nebenbei können sie sich amüsieren, Prestige aufbauen, einen Informationsvorsprung gewinnen, ihr Geltungsbedürfnis nähren und anderen helfen. Buzzer sind also vor allem Avantgardisten, Trendsetter, experimentierfreudige Networker und nicht selten auch Selbstdarsteller. Wo solche Personen zu finden sind? In themenspezifischen Communitys, über Werbeagenturen mit Buzz-Expertise, auf WOM-Plattformen und auch in den eigenen Netzwerken.

Zum Beispiel sind bei der Buzz-Agentur trnd (the real network dialogue) allein im deutschsprachigen Raum weit über 700.000 Personen (Stand Februar 2015), sogenannte Mitglieder, registriert. Diese haben im Vorfeld mittels Fragebogen ein genaues Interessenprofil abgeliefert. Angeworben werden sie so: »Hilf mit, deine Lieblingsprodukte im Freundeskreis bekannt zu machen und beeinflusse große Unternehmen und Marken mit deiner Meinung.« Wer bei einer Aktion mitmachen will und passt, erhält ein Starter-Paket mit allen notwendigen Details. Während der Kampagne berichten die Protagonisten regelmäßig über ihre Aktivitäten. Sie besprechen das Produkt in ihren eigenen Blogs, stellen Bilder und Videos ein, verteilen Gutscheine oder Rabattcoupons und führen Blitzumfragen durch. Über das Projekt-Blog kommunizieren Moderatoren täglich mit den Aktionisten, um Ergebnisse abzufragen und Tipps für weitere Maßnahmen zu geben. Denn nur bei intensiver Betreuung funktioniert alles gut. Am Ende der Kampagne wird für den Auftraggeber ein Gesamtbericht erstellt. Und der ist nicht selten richtig erfreulich.

So hatten rund zweitausend Mitglieder des Empfehlungsportals Konsumgoettinnen.de ein Sechserpack des Erfrischungsgetränks Schwip Schwap ohne Koffein zum Ausprobieren, Kommentieren und Weiterempfehlen erhalten. Diese luden im Schnitt über zwanzig Personen zum Probetrinken ein, womit der Kreis auf 43.000 Tester stieg. Die wiederum sprachen über 125.000 Onlineempfehlungen aus und initiierten beinahe 270.000 persönliche Gespräche über das neue Getränk.

Auch über eine eigene Facebook-Seite können Marken ihre Fans als Produkttester gewinnen. Die Kräuterbonbon-Herstellerin Ricola nutzt diese Variante vor allem, um ihrer Facebook Community ein exklusives Erlebnis zu bieten, aber auch, um Buzz zu neuen Produkten zu erzeugen. So konnten sich Ende 2013 zur Lancierung der neuen Ricola Sorten Apfelminze und Lakritz 7.500 Ricola Fans via Facebook App an einer Tester-Kampagne beteiligen. Die Ricola Fans erzeugten bei ihren Freunden über 50.000 Probiererlebnisse, sprachen mit mehr als 55.000 Personen und sorgten mit ihren Onlineberichten für eine Reichweite von mehr als zwei Millionen Onlinekontakten.

Bloß, was passiert, wenn die Buzzer ein Produkt gar nicht mögen oder sogar öffentlich kritisieren? Deren durchaus auch kritische Auseinandersetzung mit dem Kampagnengut kann den Anbietern helfen, etwaige Minderleistungen in einem sehr frühen Stadium auszumerzen. Und völlig unbrauchbare Erzeugnisse können gestoppt werden, bevor sie größeren Schaden anrichten. »Word-of-Mouth-Marketing ist kein Problemlöser, sondern furchtbar ehrlich – es macht (versteckte) Probleme sichtbar. Als Initiator eines Empfehlungsmarketing-Projektes sollte man deshalb überzeugt davon sein, dass das als Neuheit präsentierte Produkt wirklich Neues, Ungewöhnliches leistet und nicht nur ein Abklatsch dessen ist, was es im Markt schon seit langem gibt«, sagt David Eicher, Inhaber der Agentur Webguerillas. Jede Form von Mundpropaganda läuft immer unkontrolliert ab. Es braucht also auch einen Plan für den Fall, dass die Aktion floppt.

Gastbeitrag von Mark Leinemann

Guerilla, Buzz, WOM und Co. sind erwachsen geworden.
Wer heute Empfehlungen über Mundpropaganda generieren will, hat ganz andere Möglichkeiten als im vergangenen Jahrhundert. Denn es gibt spezialisierte Dienstleister und Internetplattformen, die eine sogenannte Word-of-Mouth-Kampagne (WOM) fast so einfach realisierbar machen wie das Schalten eines TV-Werbespots. Dadurch und auch, weil die erforderlichen Budgets vielfach überschaubar sind, sind Word-of-Mouth-Kampagnen heute nicht nur etwas für die ganz Großen. Kleinunternehmer können genauso davon profitieren.

Mit Guerilla Marketing verbinden wir oft Werbe- oder Marketingaktionen, die sehr ungewöhnlich erscheinen. Ein typisches Beispiel konnte ich kürzlich, als ich mich in München mit einem befreundeten Trainerkollegen traf, kennenlernen. Er zeigte mir auf einer kleinen Empfehlungstour in der Maxvorstadt den Optiker Bartholomä, in dessen Schaufenster man sich reich sitzen kann. Die Aktion »Sitz Dich Reich« hat mittlerweile Tradition – jedes Jahr nach der Wiesn und vor Weihnachten macht der Optiker seine Kunden zur lebenden Schaufensterdeko. Und er vergütet diese Leistung mit 10 Prozent Rabatt auf eine neue Brille.

Guerilla Marketing eignet sich gut, um auch kleinere Anbieter für eine kurze Zeit zum Gesprächsstoff werden zu lassen. Der öffentliche Raum, wie Schaufenster, Fußgängerzonen oder auch Events und Messen bieten eine Spielwiese voller Möglichkeiten. Allerdings lässt sich nicht jede coole Idee eben mal aus der Portokasse stemmen. Hierzu folgendes Beispiel: Im Frühling 2001, ich hatte gerade ein Marketingprojekt in der Schweiz begonnen, meldete sich bei mir ein Freund aus Berlin. Wie er aus dem Radio erfahren hatte, hing damals in der Spreemetropole ein Porsche an einem Kran, und die Menschen konnten per SMS abstimmen, ob der Porsche fallen gelassen werden sollte oder nicht. Mit der Aktion wollte der Mobile Marketing Anbieter YOC private Nutzer auf seine mobile Community aufmerksam machen. 100.000 Nutzer stimmten ab – und der Porsche kam spektakulär nieder. Die Vorabinfo an die Medien zielte vor allem darauf, die Aktion zum Stadtgespräch werden zu lassen, sie sollte Buzz erzeugen. Eine tolle Aktion, aber das Budget, um einen Porsche zu schrotten, muss auch erst einmal vorhanden sein. Wer seufzt nicht sehnsüchtig, wenn er von solchen Beispielen hört?

So geht WOM heute: Planung statt Zufall

Der Gründer der BzzAgent Company, Dave Balter, entwickelte schon vor Jahren ein Grundprinzip von standardisierten Mundpropaganda-Marketing-Kampagnen, die eine Mischung verschiedener Marketingdisziplinen aus den Bereichen Direkt- beziehungsweise Dialogmarketing, Guerilla- beziehungsweise Buzzmarketing, Produktmusterverteilung, Onlinemarketing, Pressearbeit und Marktforschung darstellte.

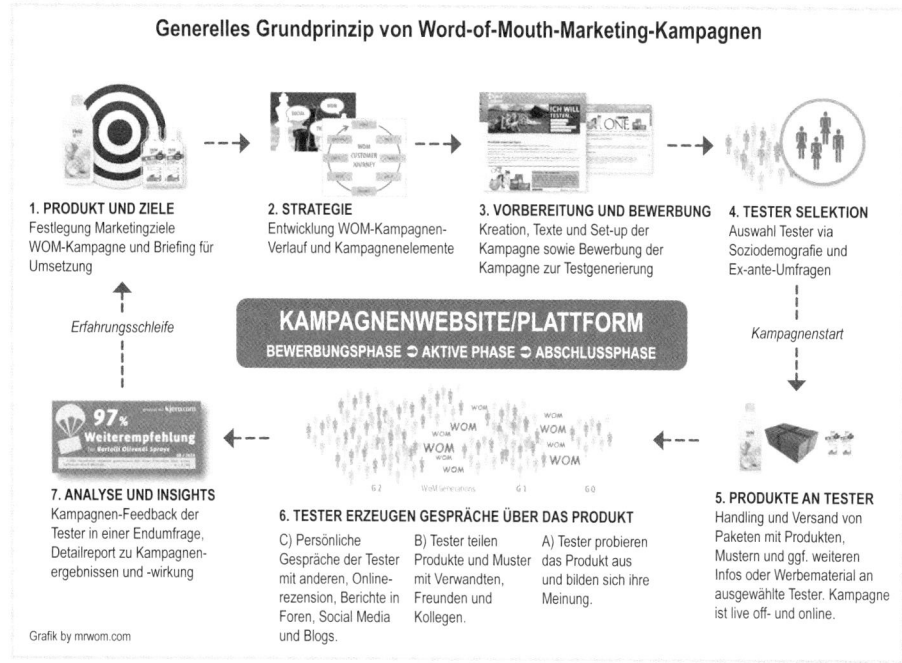

Abbildung 12: Das Grundprinzip von Word-of-Mouth-Kampagnen (Quelle: mrwom.com).

Nach diesem Denkschema laufen heute die meisten Kampagnen ab, auch die mit kleinerem Budget. Und so wie in Abbildung 12 verdeutlicht geht man dabei Schritt für Schritt vor: Auf Basis der Ziele (1) und der Kampagnenstrategie (2) für ein Produkt wird eine Kampagnen-Website (3) für einen Produkttest aufgesetzt. Dies kann eine sehr einfache Website (Landingpage) mit Registrierungsfunktion, ein Forum, ein Blog oder ein Kommentarbereich sein, aber auch eine umfassende Onlineplattform mit Community-Bereich, Nutzerprofil-Datenbank und Umfragetools. Infrage kommt heute auch eine App für Social Media und Smartphones.

Im nächsten Schritt müssen geeignete Tester als Weitererzähler rekrutiert werden. Bei den meisten WOM-Plattformen sind diese in einem Nutzerpanel registriert und können per E-Mail zur Kampagne eingeladen werden. Bei markeneigenen WOM-Portalen wie etwa dem Nestlé-Marktplatz können registrierte Newsletterempfänger direkt angeschrieben werden. Ist beides nicht möglich, können relevante Produkttester als Weitererzähler auch über Anzeigen- und Onlinewerbeschaltungen oder PR-Berichte gewonnen werden. Die angesprochenen Weitererzähler registrieren sich als Tester auf der Website und füllen eine Bewerbungsumfrage aus. Durch diese Umfrage kann ein Unternehmen seine Weitererzähler nach bestimmten Kriterien selektieren (4).

Erfüllen die Bewerber alle Kriterien, erhalten sie als Tester im nächsten Schritt ihr Testpaket (5). Dieses enthält üblicherweise Informationen zur Kampagne, die Produkte, für die Mundpropaganda erzeugt werden soll, und zusätzlich meist bis zu zwanzig Produktmuster. Die Muster sollen die Tester an ihre Freunde weitergeben – meist in Verbindung mit einem Gespräch über das Produkt – und online über ihre Produkterfahrungen berichten (6). Die Analyse und Auswertung der Kampagne erfolgt dann über eine Endbefragung der Tester (7).

Möglichkeiten für fast jedes Budget

Hatten erfolgreiche WOM-Kampagnen früher etwas Anrüchiges an sich und wurde der Erfolg gerne dem glücklichen Zufall zugerechnet, so ist heute die Situation eine andere. So wie es eine Infrastruktur und kompetente Dienstleister für Printwerbung gibt, findet sich heute eine Infrastruktur für WOM-Marketing.

Wer heute über WOM seine Kunden erreichen will, muss sich also nicht mehr die Frage stellen, ob das überhaupt geht. Eine ganze Reihe von Anbietern steht bereit, wenn man sich kein eigenes WOM-Portal beziehungsweise keine eigene Fanbase aufbauen will, um so seine Markenbotschaften direkt zu verbreiten. Es gibt heute auch genügend Werbeagenturen, die Erfahrungen in moderner viraler Kommunikation haben und individuelle kreative WOM-Kampagnen entwickeln können. Für Anbieter ohne großes eigenes Marketingteam bieten Kampagnen über WOM-Plattformbetreiber eine ideale Möglichkeit, um Kaufempfehlungen zu erzeugen.

So hat der Olivenöl-Hersteller deOleo bei der Markteinführung des neuen Bertolli Olivenöl Sprays auf eine Kampagne über die WOM-Plattform Kjero.com gesetzt. 3.000 Tester wurden aufgefordert, Grillpartys mit Ihren Freunden zu veranstalten und dabei gemeinsam das Olivenöl-Spray auszuprobieren. Die Tester führten rund 27.000 Empfehlungsgespräche mit anderen Konsumenten und ließen über 70.000 Menschen die Bertolli Sprays ausprobieren. Insgesamt konnten rund 600.000 Word-of-Mouth-Interaktionen erzeugt werden.

Im deutschsprachigen Raum gibt es bereits eine Fülle von WOM-Plattformen – und ständig kommen neue Anbieter hinzu. Die derzeit zehn relevantesten Anbieter im Überblick:

Reine WOM Plattformen:
- trnd.de (europaweit in achtzehn Ländern)
- kjero.com (Deutschland, Österreich, Schweiz, Tschechien, Slowakei)
- konsumgoettinnen.de (Deutschland)
- brandnooz.de (Deutschland)
- Probierpioniere.de (Deutschland)

WOM Plattformen von Verlagen:
- freundeskreis.de (Burda Verlag)
- leckerscout.de/Scout Community (Bauer Verlag)
- Markenjury.de (Gruner + Jahr)
- trendsetter.eu (Jahreszeiten Verlag)
- Empfehlerin.de (Erdbeerlounge.de)

Sofern Budget und Personalressourcen es zulassen, können Unternehmen auch eigene Markenportale für WOM-Kampagnen aufsetzen, wie die Beispiele Procter & Gamble mit forme.de oder Nivea mit ihrem Markenbotschafter-Programm zeigen. Das kann durchaus sehr interessant sein, weil so eben ein noch direkterer Zugang zum Kunden entsteht. Gerade für Empfehlungen ist dies ein nicht zu unterschätzender Aspekt.

WOM-Kampagnen und B2B: Es geht, sehr gut sogar!

Abschließend möchte ich auf einen weit verbreiteten Denkfehler eingehen, der mir als WOM-Spezialist schon sehr oft begegnet ist: »Guerilla-Marketing, Buzz- und WOM-Kampagnen sind eine ganz tolle Sache, aber eben leider nur für Hersteller von Konsumgütern, für uns als auf Geschäftskunden spezialisiertes Unternehmen ist es leider nicht durchführbar. Über WOM können wir unsere Kunden nicht erreichen!«

Solche oder ähnliche Aussagen höre ich immer wieder. Sie sind aber falsch. Auch Geschäftskunden und Einkäufer sind Menschen, die über das Internet erreicht werden können. Vor allem aber sind es Menschen, die, wenn sie im Büro sitzen, sehr gerne ungewöhnliche Geschichten mit Kollegen und Geschäftspartnern teilen. Passende Geschichten sind auch eine wunderbare

Gelegenheit, sich im Rahmen eines digitalen Small Talks bei Kunden in Erinnerung zu rufen. Sie müssen nur produziert werden.

Als zum Beispiel das US-Unternehmen GotVMail – ein Anbieter von Telefon-Mehrwertdiensten für Unternehmer – seine Umbenennung in Grasshopper kommunizieren wollte, setzte es auf eine eigenentwickelte Word-of-Mouth-Kampagne, die mit Elementen des Guerilla-Marketings arbeitete. Unter dem Motto: »Unternehmer können die Welt verändern. Treten Sie jetzt der Bewegung bei!« wurde ein Postmailing an 5.000 der einflussreichsten Personen in den USA versandt: TV Sprecher, Politiker, Prominente, Journalisten, Blogger, Unternehmer und Geschäftsführer großer Firmen.

Das Mailing beinhaltete lediglich einen weißen Beutel mit einem Anhänger, auf dem sich der Link zu einem inspirierenden Video über die Risikobereitschaft und Kraft des Unternehmertums befand. Der Clou jedoch bestand aus dem Inhalt des Beutels: In ihm befanden sich fünf schokoladenüberzogene geröstete Bio-Heuschrecken zum Essen – eine echte Herausforderung, gerade richtig nach dem Geschmack von Unternehmern und Medien und ein echter Gesprächsstarter zum Weitererzählen.

So sorgte diese B2B-Word-of-Mouth-Kampagne für jede Menge Mundpropaganda im Internet und für Buzz in den Medien: Insgesamt wurden rund 30.000 Onlineempfehlungen und mehrere hundert Blog- und News-Artikel online generiert, acht Mal wurde über die Aktion im Fernsehen berichtet und das YouTube-Video wurde bis heute über 1,8 Millionen Mal angeschaut.

11.
Online-Mundpropaganda:
Der Kunde als Multiplikator

Was gut ist, was man unbedingt haben sollte und wovon man besser die Finger lässt: Seitdem die Menschen Handel treiben, gibt es Gerede darüber. Ein guter oder ein schlechter Ruf eilt einem Anbieter voraus. Mundpropaganda ist also nicht neu. Neu ist allerdings die Dimension, die sie heute erhält. Das größte Empfehlungsnetzwerk, das es je gab, heißt Social Web. Das klassische Weitererzählen erlebt als digitaler Consumer-Content eine unbändige Renaissance. Social Sharing wird dies auch genannt.

Empfehlungen werden schon längst nicht mehr nur von Mund zu Mund weitergereicht, sie stecken auch in der Hand- oder Hosentasche. Wer unterwegs ist und zum Beispiel über ein Restaurant oder Hotel Informationen will, braucht sein Smartphone nur noch in die gewünschte Richtung zu halten. Aus den Tiefen des Internet holt sich unser mobiler Begleiter, sofern er über eine entsprechende App verfügt, die Antworten in Echtzeit aufs wartende Display. Und während unser Blick über die Auslagen eines Schaufensters streift, checkt unser Smartphone schon die Reputation des Händlers, die ökologische Haltung des Anbieters, den Fan-Faktor der Marke und die Preise im Vergleich.

All das ist Risiko und Chance zugleich. Denn im Web wird nicht hinter vorgehaltener Hand, sondern vor aller Augen geredet. So müssen sich Unternehmen nun endgültig von der Idee verabschieden, dass ihr Erfolg nur durch eigene Vertriebs- und Marketingarbeit gesteuert werden kann. Die Konsumenten sind die neuen Vermarkter. Und Mundpropaganda ist ein überaus imposantes Ausdrucksmittel von Verbrauchermacht.

Noch bis vor wenigen Jahren beschränkten sich die Möglichkeiten zum Weiterempfehlen auf Familienmitglieder, Nachbarn, Freunde und Kollegen. Mundpropaganda fand in einem überschaubaren privaten Rahmen statt. Sie war zwar hörbar, aber nicht sichtbar. Und sie war flüchtig, denn sie musste erinnert werden. Heutzutage wird das, was wir von einer Sache halten, für die ganze Welt verfügbar gemacht. Für die Guten ist dies ein Riesenglück. Schlechte Anbieter hingegen schweben in Todesgefahr. Denn

Suchmaschinen sehen alles – und vergessen nichts. Mithilfe digitaler Kommunikationswerkzeuge erreicht Word-of-Mouth nicht länger nur die Ohren weniger Interessierter, sondern drahtlos die unzähligen Bildschirme bis in den letzten Winkel der Erde. Smarte Unternehmen, allen voran die Markenartikelindustrie, überlassen solche Effekte schon lange nicht mehr dem Zufall. Sie entwickeln gezielte Kampagnen, um ihre Botschaften viral, also ansteckend schnell zu verbreiten.

11.1 Virale Effekte sind für jeden Anbieter wertvoll

Mundpropaganda im Web ist für jeden Anbieter interessant. Wenn ich allerdings mit Unternehmern darüber rede, stellt sich heraus: Die Angst vor negativem Onlinegerede ist nach wie vor groß. Und wenn ich auf Vorträgen meine Zuhörer frage, dann glaubt die Mehrzahl, dass negative Mundpropaganda bei Weitem überwiegt. Doch das ist – falsch! »Der verbreitete Glaube, dass sich Menschen nur dann Zeit zum Posten nehmen, wenn sie eine negative Erfahrung loswerden wollen, ist einfach nicht wahr!«, sagt Steve Kaufer, CEO des Reisebewertungsportals TripAdvisor. »Die überwiegende Mehrzahl der über 20 Millionen Meinungen, die wir erhalten haben, ist positiv.« Und beim österreichischen Suchportal herold.at bestätigte man mir: »Etwa 80 Prozent der bei uns eingestellten Bewertungen sind positiv.«

Eine globale Nielsen-Studie zeigt, dass nur 33 Prozent aller Europäer dazu neigen, im Web über negative Produkterfahrungen zu berichten. Der weltweite Schnitt liegt übrigens bei 41 Prozent. [12] »Die Ersten, die kommen«, so Kommunikationsberater Michael Domsalla, »sind immer die Guten. Weil nur die, die Dich lieben, Zeit investieren, um das anderen mitzuteilen.« Ein weiterer Grund wird wohl der folgende sein: Bei Menschen, die man weniger kennt, will man einen guten Eindruck machen. Wer will schon in seinem Umfeld als Miesepeter und ewiger Nörgler gelten? Genauso, wie man sich hübsch macht, wenn man in die physische Öffentlichkeit geht,

will man sich auch auf den Marktplätzen im Web von seiner Schokoladen-
seite zeigen.

Ist eine negative Bewertung denn überhaupt eine Katastrophe? Wenn negative Bewertungen die einzigen sind, die man bislang erhalten hat, dann
sicher ja. Ansonsten gilt: Es kommt darauf an. Erhält etwa ein Arzt abra-
tende Kommentare, machen sich sicher gleich Zweifel breit, und man geht
lieber anderswo hin. Bei Angeboten aus dem Konsumgüterbereich hingegen
stützen vereinzelte ungünstige Hinweise sogar die Glaubwürdigkeit. Denn
jeder weiß: Wo Licht ist, ist immer auch Schatten. Ausschließlich positive
Bewertungen in großer Zahl machen deshalb argwöhnisch: das Ganze wirkt
manipuliert. Als Faustregel gilt: Zehn Prozent ablehnende Aussagen sind
tolerabel und fallen meist nicht ins Gewicht.

Wertvolle Hinweise zu diesem Thema kommen von einer Studie der HTW
Aalen und Big Social Media.[13] Ihr zufolge verkaufen sich Produkte mit
einem positiven Rating doppelt so gut wie Produkte ohne Rating. Positive
Bewertungen führen zu einem durchschnittlichen Umsatzanstieg von 30
Prozent. Ebenso wichtig wie die Qualität ist aber auch die Quantität der
Kommentare: Ein Produkt mit mehr als 50 Bewertungen wird um 63 Prozent häufiger verkauft. Produkte mit 4,5 Sternen verkaufen sich drei Mal
besser als solche mit 5 Sternen. Der Grund: Knapp ein Drittel der poten-
ziellen Käufer geht davon aus, dass es sich um gefälschte Bewertungen
handeln muss, wenn kein einziger Kunde etwas auszusetzen hat. Gut zwei
Drittel der Befragten vertrauen auf Bewertungen deshalb eher, wenn es
neben den positiven auch ein paar negative Äußerungen gibt. Außerdem
raten die Studienautoren dringend dazu, auf Bewertungen zu reagieren.
Die Kaufwahrscheinlichkeit erhöht sich hierdurch um bis zu 186 Prozent.
Und trotz aller Enthüllungsstorys über gefälschte Bewertungen im Web: 72
Prozent der in dieser Studie Befragten vertrauen den Hinweisen der On-
linecommunity.

Aus solchen Ergebnissen lassen sich zwei primäre Handlungshinweise ableiten:

1. Machen Sie sich empfehlenswert!
2. Gestalten Sie Onlinegespräche maßgeblich mit!

Über Punkt eins haben wir in Kapitel vier bereits ausführlich gesprochen. Und zu Punkt zwei gibt es einen aktiven und einen passiven Weg.

Passiv heißt: Sie überwachen mithilfe von Monitoring-Tools, wie in Kapitel fünf beschrieben, was im Web über Sie gesagt wird und reagieren passend darauf. Dies hat nicht nur positive Effekte auf die Kundenloyalität und eine virale Weiterverbreitung, es verbessert auch die Suchmaschinen-Platzierung. Darüber hinaus helfen Echtzeit-Meinungen aus dem Web bei der Früherkennung von Highlights oder Problemherden. Ungeschminkt lassen sich Schwachstellen aufdecken, Missstände entlarven und neue Trends erschließen. Vor allem dafür sollte sich das Top-Management brennend interessieren, wenn von Social Media die Rede ist. Denn aus dem eigenen Haus erhält die Teppichetage ja meist nur solche Informationen, von denen die weiter unten glauben, dass man sie oben hören will: vorgefiltert, politisch gefärbt, diplomatisch serviert. Und heilige Kühe werden gar nicht erst angefasst. Dem Kunden jedoch sind heilige Kühe völlig egal. Der Ton im Web ist manchmal rau, aber die Essenz aus Kommentaren kann wegweisend sein. In einem Fall kam ein Staubsauger-Hersteller über Onlinegespräche darauf, dass Hunde nicht kläffen, wenn seine Geräte eingeschaltet werden. Daraus kann man werblich ganz schön was machen.

Aktiv heißt: Sie werden zum engagierten Social-Media-Mitgestalter und stellen selbst Inhalte ein. Im Vordergrund stehen dabei aber *keine* Ego-Botschaften (wir sind, wir haben, wir können), sondern Inhalte, die für die anvisierten Zielpersonen von Interesse sind. Sind solche Inhalte innovativ, witzig, nützlich, einzigartig, bizarr oder in einer anderen Form bemerkenswert, dann werden sie garantiert kommentiert, gevotet, gerankt, geliked, geplusst und gerne auch weiterempfohlen. Halleluja! Oder vielleicht doch nicht? Von Usability-Berater Jakob Nielsen stammt die 90:9:1-Regel, wonach nur ein Prozent der Menschen in den Web-Communitys Superaktive sind, neun Prozent sind punktuell Beitragende und 90 Prozent folgen dem digitalen Austausch ganz und gar passiv, ohne eigene Beiträge zu leisten. Und dann gibt es da auch noch die MOFs. Das sind Menschen ohne Freunde. Die können nichts weiterleiten oder empfehlen.

Wie dem auch sei: Warten Sie, wenn Sie positive Kundenaussagen wollen, nicht einfach nur ab, was passiert, sondern laden Sie Ihre Fans zum Mitreden ein. Und das geht so: »Diskutieren Sie in unserem Forum über ...« Oder so: »Erzählen Sie uns Ihre Geschichte zu ...« Oder so: »Laden Sie doch auf unserer Website Bilder hoch, die zeigen, was Sie mit unseren Produkten Schönes erlebt haben.« Oder so: »Bitte bewerten Sie uns in ...« Oder so: »Schreiben Sie einfach bei Gelegenheit einen kleinen Erfahrungsbericht auf ...« Ergänzen Sie das jeweilige Wunschportal. Und sorgen Sie dann dafür, dass potenzielle Neukunden von diesen Empfehlungen auch erfahren.

Zuvor sollten Sie sich auf den entsprechenden Portalen registrieren, ein repräsentatives Unternehmensprofil anlegen und bei Bedarf aktualisieren. Das ist (meist) gratis. Viele Portale haben interessante Zusatzfunktionen, die meist kostenpflichtig sind. Bewerten Sie selbst auch mal andere Firmen, damit Sie sehen, wie das genau funktioniert.

Schüren Sie nun den Offenbarungswillen Ihrer Kunden! Bei Monarch Wildlife Cruises & Tours aus Neuseeland klingt das so: »Wir freuen uns, wenn Sie Ihre Erlebnisse, Bilder und Videos mit anderen Wildlife-Fans auf unserer Facebook-Seite teilen oder uns bei TripAdvisor empfehlen.« Solch ein Text kann auf Flyern, Prospektmaterial und Onlinepräsenzen wie auch im PS von Briefen und E-Mails stehen. Einem Bäcker habe ich einmal empfohlen, einen entsprechenden Hinweis auf die Brötchentüten zu drucken – und es hat funktioniert. Ein Händler hat dafür den Kassenbon und ein Handwerker die Rückseite seiner Visitenkarte genutzt. Gut geführten Hotels habe ich geraten, statt eines klassischen Gästebuchs an der Rezeption einen Tablet-Computer zu installieren und das Wunschbewertungsportal gleich auf dem Display zu zeigen. Ich kenne auch Firmen, die guten Kunden eine kleine Bewertungsgebrauchsanweisung zur Verfügung stellen.

Negativ-Bewertungen lassen sich verhindern, indem man folgenden Hinweis platziert: »Lieber Kunde, wir wollen, dass Sie glücklich sind. Wenn wir Sie also in irgendeiner Weise enttäuscht haben sollten, dann sagen Sie es bitte gleich uns. Und wenn Sie begeistert waren, dann sagen Sie das bitte den Bewertungsportalen.«

Beim Computeranbieter Dell ist man noch proaktiver. Auf deren eigener Website können die Kunden offerierte Produkte bewerten. Angebote, die nur zwei von fünf möglichen Sternen erhalten, fliegen aus dem Sortiment. Am Anfang waren die Entwickler darüber entsetzt: »Wenn der Kunde uns aber nun schlecht bewertet?« – »Seid froh, dann lernt ihr was«, war die Antwort darauf. Heute werden die Bewerter von den Entwicklern direkt befragt: »Du gibst dem Produkt nur zwei Sterne. Erklär doch bitte mal, warum.« So erreicht das Feedback direkt die Stelle, die es betrifft. Um bei Kritik sicher zu sein, dass andere das genauso sehen, fragt Dell auch die Community: »Jemand sagt, am XY-Computer sei der USB-Schlitz zu nah am Steckerloch? Ist Euch das auch so wichtig?« Die Antworten kommen reichlich, und sie helfen, jede Menge Entwicklungskosten zu sparen.

Ihre eigenen Kunden sind nicht so web-affin? Einige Anbieter, wie etwa das Portal KennstDuEinen.de, stellen vorfrankierte Postkarten zur Verfügung, auf die man seine Bewertung schreiben kann. Das wird dann von deren Onlineredaktion eingepflegt. Den Kunden macht es die Sache einfach – und als Unternehmen erhält man so eher ein positives Echo. Denn lange nicht jeder kommt mit Onlineformularen gut zurecht.

Egal wofür Sie sich schließlich entscheiden: Beginnt ein virtuelles Gespräch über Sie, heißt es agieren: den Ball aufnehmen, antworten, fragen, um Ratschläge bitten, Wissen teilen statt horten, bereichern – und danken. Bei Gesprächen im wahren Leben tun Sie das alles ja auch. Sie wollen ein charmanter, eloquenter, wertvoller, gern gesehener Gesprächspartner sein. Das alles kommt auch im interaktiven Web sehr gut an. Und ein bisschen Lob obendrauf ist dann wie Balsam für die Seele. So verschickt Tripadvisor hin und wieder Mails an fleißige Hotel- und Restaurantbewerter, worauf steht: »Raten Sie mal, wie viele Leute Ihren Beitrag gelesen haben?« Ein Link führt zur Antwort und weiteren Details. Zur Ermunterung heißt es schließlich: »Nur noch drei Bewertungen fehlen dir für den Senior Contributor Badge.« Ja, für Ruhm und Ehre tun manche viel.

11.2 Onlinebewertungen: kostenlose Unternehmensberatung

Jede Onlinebewertung – egal ob positiv oder negativ – ist ein kostbares Geschenk: Entweder, man bekommt eine Bestätigung, auf dem richtigen Weg zu sein. Oder es zeigt sich ein wertvoller Lerngewinn: eine Gelegenheit, Schwachstellen aufzudecken, Fehler abzustellen, Verbesserungsprozesse einzuleiten, Innovationen anzustoßen, einen zaudernden Kunden zurückzuholen, negative Mundpropaganda zu vermeiden, Kundenverlusten vorzubeugen und seinen guten Ruf zu retten. Denn was einen Kunden ärgert, das stört womöglich andere auch. Negativkommentare kommen ja keineswegs nur von Querulanten. Konstruktive Kritiker haben ein echtes Interesse daran, dass das Unternehmen erklärt, wie es zu einer unguten Situation kommen konnte und was unternommen wird, um dies in Zukunft zu vermeiden. So betrachten Profis kritische Hinweise im Web als Chance, sich zu verbessern. Die Besten sehen sie als kostenlose Echtzeit-Unternehmensberatung. Nur für schlechte Anbieter sind sie ein Ärgernis. Und wer dabei den Kopf in den Sand steckt, sieht den Feind nicht einmal kommen.

Wer hingegen gezielt um Onlinebewertungen bittet, profitiert auf fünffache Weise:

- Das Wohlwollen der Kunden steigt, denn Menschen werden gerne nach ihrer Meinung gefragt. Hierdurch entsteht auch Verbundenheit.
- Man erhält Meinungen unmittelbar. So lassen sich Mängel schnell aufdecken – und dann schnell abstellen. Kritiker können so zum Retter werden.
- Der Umsatz steigt. Produkte, zu denen es gute Bewertungen gibt, werden bis zu 50 Prozent häufiger gekauft. Produkte ohne Bewertungen werden gar nicht gekauft.
- Kunden werden zu Testern und entwickeln dabei oft kostenlose neue gute Ideen. Kluge Firmen machen sich dies schon lange zunutze.
- Und schließlich: Das im Netz geäußerte Lob kann als O-Ton in Ihrer Werbung und auf Ihrer Website eingesetzt werden. Der Kunde wird Advokat und Kaufauslöser.

Suchen Sie also systematisch nach Kommentaren im Web. Zeigen Sie sich ergriffen und reagieren Sie zügig darauf. Bedanken Sie sich bei denen, die Sie loben. Vor allem aber: Melden Sie sich bei denen, die Beschwerden hatten – und schaffen Sie deren Ärger schnellstmöglich aus der Welt! Gehen Sie dabei so individuell wie möglich vor. Denn Textbausteine und 08/15-Antworten werden sofort als solche enttarnt. Und egal wie schmählich die Kritik auch klingt: Bleiben Sie ruhig und sachlich, polemisieren Sie nicht. Außerdem gilt: nichts vernebeln, nichts vertuschen, die Wahrheit zählt! Am besten folgen Sie den Regeln einer professionellen Reklamationsbearbeitung. Die wichtigsten Stichworte dazu: Kritik ernst nehmen, danken, Verständnis zeigen, sich entschuldigen, Vorfall analysieren, umfassend informieren, ehrlich sein, höflich bleiben, wohlwollend und effizient reagieren, entgegenkommend sein, nach Abschluss des Vorfalls nachfassen, Lehren daraus ziehen und aus Fehlern lernen.

Soll man denn auf ausnahmslos jeden Kommentar reagieren? Nein, natürlich nicht. Manchmal ist es sinnvoller, die Sache einfach auf sich beruhen zu lassen. Vor allem chronische Störenfriede, man nennt sie auch Trolle, ignorieren Sie besser. Die Regel lautet: Don't feed the troll (Fütter keinen Troll). Mit etwas Glück springen wackere Fans für Sie in die Bresche und vertreiben die bösen Geister.

Müssen Sie negative Onlineäußerungen überhaupt tolerieren? Aber hallo! Im Web herrscht Meinungsfreiheit. Stellungnahmen, die eine persönliche Ansicht widerspiegeln und Schmähkritik, die sich auf Produkteigenschaften oder eine erbrachte Dienstleistung bezieht, sind grundsätzlich zulässig, selbst wenn dies anonym erfolgt.

Anders verhält es sich bei unwahren Tatsachenbehauptungen und der Diffamierung einer konkreten Person. Hier besteht ein Anspruch auf Unterlassung und damit auf Löschung des Beitrags. Gegen grobe Verleumdungen können Sie außerdem juristisch vorgehen, denn sie sind ein Strafrechtsbestand, hier haftet der Täter direkt.

Ein paar große Tränen muss ich beim Thema Onlinebewertungen aber doch weinen. Denn Experten zufolge sind, je nach Branche, 20 bis 30 Prozent aller Einträge gefälscht. Hier ergeben sich noch jede Menge Hausaufgaben, um die Glaubwürdigkeit dieses so wichtigen Instruments zu erhalten und rechtschaffene Menschen vor Betrügern zu schützen. Gute Ansätze dazu gibt es beim B2B-Portal Benchpark – und unter anderem auch beim Verbraucherportal Yelp. Via Algorithmen entlarvte gefälschte oder bezahlte Bewertungen werden dort abgestraft und per Consumer Alert öffentlich gemacht.

In jedem Fall kann ich nur raten: Stellen Sie keine selbst verfassten Lobeshymnen über Ihre Angebote ein. Und kaufen Sie keine Kundenstimmen. Irgendwann fliegen solche miesen kleinen Schummelmethoden doch meistens auf – und der getürkte Traum wird zum Albtraum. Denn irgendeiner schaut immer durchs Schlüsselloch, und was er dort sieht, erzählt er der ganzen Welt. In einem dieser Fälle äußerten sich erfundene User in Foren und Blogs positiv zum Thema Bahn, schrieben Leserbriefe und stellten Videos auf YouTube ein. Zunächst schien die Imagekampagne zu funktionieren. Doch dann wurde aufgedeckt, dass die Stellungnahmen von der Deutschen Bahn bezahlt worden waren – mit insgesamt 1,3 Millionen Euro. Dieser PR-Gau brachte dem Unternehmen sogar eine öffentliche Rüge des Deutschen Rates für Public Relations ein.

Ein anderer Fall beschäftigte die Medien Ende 2014. [14] Dabei ging es um vermeintlich echte Jubelmeldungen im Web, die aber in Wirklichkeit von PR-Söldnern erfunden und zum Zweck der Irreführung potenzieller Kunden eingestellt worden waren. Bezahlte Mitarbeiter einer Agentur hatten unter falschem Namen und mit verschleierten Identitäten Tausende Kommentare und Beiträge in Foren, auf Meinungsportalen und Nachrichten-Websites hinterlassen, um unter anderem Autos von Opel, Präparate von Bayer, Kameras von Sigma und Reiseangebote der TUI mit Lob zu überschütten. Also mir ist schleierhaft, wieso gerade derart große Marken noch immer nicht zu kapieren scheinen, wie das Web heutzutage funktioniert.

Eine berechtigte Frage: Sollen (gute) Bewertungen im Nachhinein belohnt werden? Schließlich hat der Verfasser wertvolle Zeit investiert – und positive Texte helfen beim Abverkauf. Außerdem verbessern sie die Google-Platzierung. Es gibt für und wider zum Thema – und unterschiedliche Konzepte. Amazon hat für Top-Rezensenten ein Ranking und eine Hall of Fame geschaffen. Andere verleihen Karma-Punkte. Wieder andere lassen Bewerter an Verlosungen teilnehmen, vergeben Einkaufsgutscheine oder prämieren die besten Bewertungen. Was auch immer Sie tun, übertreiben Sie nicht! Sonst werden Bewertungen, um etwaige Gewinnchancen zu erhöhen, im Eifer zu schön und verlieren damit ihre Glaubwürdigkeit.

11.3 Fünf Tipps, damit der Shitstorm Sie nicht ruiniert

Shitstorms sind schon beinahe ein fester Bestandteil unseres kommunikativen Alltags. In der Parallelwelt des Internets werden soziale Plattformen zu universellen Gerichtshöfen umfunktioniert, in denen Davids gegen Goliaths antreten und sich in Selbstjustiz üben. Plötzlich will jeder den größten Stein werfen. Alles ist anfeindbar, wenn man es will. Im schlimmsten Fall bricht eine Empörungswelle im Web ohne Vorwarnung innerhalb von Stunden über ein Unternehmen herein. Besser also, man bereitet sich in Zeiten, in denen es keine Krisen gibt, schon mal auf Schlechtwetter vor. Am besten ist es natürlich, alles zu tun, damit der Sturm erst gar nicht zu toben beginnt.

Doch zunächst möchte ich Entwarnung geben. Nicht jede böse Kundenbemerkung, die im Web eingestellt wird, führt zu einem Shitstorm. Nicht jeder Shitstorm hat herbe Reputationsschäden und Rufmord zur Folge. Und auch massive Umsatzeinbrüche gibt es nur in den wenigsten Fällen. Entscheidend ist allerdings, dass man sich von Anfang an richtig verhält. Dazu fünf Tipps an dieser Stelle:

1. Seien Sie vorbereitet

Eine onlinebasierte Reputationskatastrophe erfordert eine schnelle und gleichzeitig besonnene Reaktion. Denn im Leerraum fehlender Informationen entstehen die wildesten Aussagen, Hypothesen, Gerüchte. Auf Blogs, Twitter, Facebook und Co. werden diese oft einseitig, unsachlich, polemisch, manchmal sogar hasserfüllt vorgetragen – und virusartig weiterverbreitet. Dabei organisieren geübte Aktionisten Proteste in Windeseile und nutzen öffentliche Medien gezielt als Helfershelfer. Sogar gekaufte Likes auf Negativ-Postings, die durch Dritte in böser Absicht initiiert werden, sind keine Seltenheit mehr.

Deshalb sollte jedes Unternehmen eine Risikoinventur durchführen, sich also fragen, auf welchen Gebieten es angreifbar ist, und ein Wenn-Dann-Flussdiagramm für alle denkbaren Szenarien in der Schublade haben. Definieren Sie dabei auch, welche Personen was in welcher Form sagen dürfen. Wer in punkto Krisenbewältigung keine geübte Kommunikationsabteilung hat, braucht einen externen Berater und juristischen Beistand in Rufbereitschaft. Diese Personen sollten Ihr Unternehmen im Voraus schon kennen, denn zur Einarbeitung bleibt im Fall der Fälle keine Zeit.

Wer gut eingeführte Twitter- und Facebook-Präsenzen hat, kann auch auf diesen Kanälen gegenfunken. Treue Fans und Follower werden sich, wenn sie in guten Zeiten gehegt und gepflegt worden sind, nun auf Ihre Seite schlagen und – hoffentlich – lautstark in die Bresche springen. Wenn Sie gute Kontakte zur Presse aufgebaut haben, zahlen sich diese nun aus, da dann auch Ihre Meinung gehört wird, und auch Ihre Sicht der Dinge zählt.

2. Tägliches Monitoring ist Pflicht

Machen Sie es sich zum täglichen Ritual, Gespräche im Web über Ihre Produkte und Services genauso sorgfältig zu studieren wie Ihre Geschäftspost und die Umsatzzahlen. Dazu sind folgende Fragen sehr wichtig: Welches sind die relevanten Foren, Meinungsplattformen und Bewertungsportale in unserer Branche? Was wird dort bereits über uns erzählt? Wer sind die Meinungsführer und Multiplikatoren, die sich für uns und die Branche stark interessieren? Sind sie uns wohlgesonnen, oder berichten sie kritisch?

Dank Google-Blogsuche, Facebook Search und Co. lassen sich Erwähnungen im Web ganz schnell ausfindig machen. Über Google Alerts und ähnliche Dienste erhält man das einen betreffende Onlinegerede auf Wunsch täglich kostenlos zugespielt. Rufen Sie dazu im Internet die entsprechenden Eingabemasken auf und folgen Sie dann den weiteren Anweisungen. Profis nutzen dazu die schon erwähnten Monitoring-Tools.

3. Keine Kommentare löschen

Begegnen Sie den Kommentaren der erzürnten User im Dialog – und nicht konfrontativ. Das bedeutet zunächst, keine negativen Statements zu löschen – es sei denn, sie enthalten Verleumdungen oder Rechtsverstöße. Leider sind selbst begründete Löschungsanträge bei Suchmaschinen nur bedingt Erfolg versprechend, weil der Portalbetreiber nicht reagiert, oder weil es ewig dauert und dann sowieso meist zu spät ist. Denn selbst wenn man etwa per Rechtsbeschluss bei YouTube ein Video beseitigen oder auf einem Meinungsportal einen Kommentar entfernen lässt, hat sich beides meist schon weiterverbreitet. Der entlarvende Clip wurde längst heruntergeladen und anderweitig wieder gepostet. Und die boshafte Kritik wurde vielfach geteilt und schwelt an zig Stellen weiter.

Schlimmer noch: Gelöschte Beiträge machen manche im Web erst so richtig wütend, und dann geht das Geschrei vollends los. In einem Sturm von Entrüstung stellt sich eine immer größer werdende Gemeinde gegen Sie und fahndet gemeinsam nach dem, was Sie womöglich außerdem noch zu verbergen haben. Und wer fleißig sucht, wird meistens auch fündig.

4. Reagieren Sie schnell

Je zügiger Sie auf Vorwürfe reagieren, desto eher können Sie den Shitstorm aufhalten oder zumindest eindämmen. Halten Sie in den ersten Tagen genügend Manpower bereit, auch am Abend und am Wochenende. Melden Sie sich umgehend bei denen, die die Welle losgetreten haben – und schaffen Sie deren Ärger zügig aus der Welt! Können Sie die Person nicht ausfindig machen, dann schreiben Sie da, wo dies möglich ist, einen sensibel auf das Problem eingehenden Kommentar.

Übrigens sind Portalbetreiber aktueller Rechtsprechung zufolge nicht verpflichtet, die Identität eines Nutzers, der unter Pseudonym kommuniziert, preiszugeben. Wenn das Ganze bereits mediale Wellen schlägt, benötigen Sie womöglich fachlichen Rechtsbeistand, damit keine weiteren Patzer passieren. Und: Kommunizieren Sie den jeweiligen Stand der Dinge auch nach innen, damit bei Ihren Mitarbeitern und Businesspartnern keine Unruhe aufkommt.

5. Kein Öl ins Feuer gießen

Geben Sie Fehler zu – aber nur Fehler. Falls Sie anderer Meinung als Ihre Angreifer sind, sagen Sie das geradeheraus. Belegen Sie Ihre Aussagen nur mit solchen Daten und Fakten, die definitiv wahr sind. Vor allem aber: Reagieren Sie mit Bedacht! Das heißt: Keine Eskalation, keine wilden Drohungen und besser kein Rechtsanwalt! Und ja keine breit angelegten Onlinedementis! Je mehr Text zu einer Sache im Netz steht, desto interessanter ist das für die Suchmaschinen – und desto weiter vorne bei den Treffern findet sich das Problem.

Verbreiten Sie stattdessen schon prophylaktisch viel Positives, das verdrängt ungewollte Negativ-Schlagzeilen. Selbstbeweihräucherung ist damit allerdings nicht gemeint, sondern fachlich fundierter und nützlicher Content, zum Beispiel Inhalte in Form von Beiträgen, Fachartikeln und uneigennützigen Tipps. Hilfreich ist auch, sich in den relevanten Communitys einen Namen zu machen. Dies kann zum Beispiel in Form von Kommentaren, oder besser noch in Form von Fachartikeln passieren. So können sogar die Medien auf Sie aufmerksam werden. Journalisten sind immer auf der Suche nach echten Experten, neuen Geschichten und knackigen Statements.

Wird auf Kritik schnell und konstruktiv reagiert, nehmen die Verärgerten negative Onlinekommentare oft wieder zurück. Wird zusätzlich ein hohes Tier eingeschaltet, also am besten der Chef persönlich, dann kommt dies einem Ritterschlag gleich. So kann sich sogar eine ursprüngliche Feindschaft in Freundschaft verwandeln. Am besten wirkt – na was wohl – eine öffentlich vorgetragene Entschuldigung. Einer Untersuchung von Wirtschaftswissenschaftlern der Universitäten Bonn und Nottingham zufolge hoben 45 Prozent der verstimmten Kunden ihre Kritik nach einer Entschuldigung wieder auf. Gutscheine hingegen veranlassten sie nicht zum Meinungswandel.

11.4 Virales Marketing: Ansteckungsgefahr kann auch positiv sein

Das Internet ist inzwischen zu einer wahren Empfehlungsmaschine geworden – und zu einem weltumspannenden Viralmarketing-Experimentierfeld. Viralmarketing verdankt seinen Namen der dramatischen Schnelligkeit und der exponentiellen Wirkung, mit der sich eine Botschaft epidemisch im Internet und darüber hinaus ausbreitet, ohne dass darauf Einfluss genommen werden kann, welchen Weg sie geht und wen sie wann erreicht. Ferner kann meist nicht sicher vorhergesagt werden, ob die Botschaft eine positive oder eine negative Richtung nimmt. Die Effekte, die durch virales Marketing ausgelöst werden, entwickeln eine hohe Eigendynamik. Sie sind weder planbar noch steuerfähig und auch nicht zu mehr stoppen. Das macht virales Marketing spannend und wertvoll, zugleich aber auch unkalkulierbar und bisweilen gefährlich. Denn wie bei einem echten Virus kann es durch Manipulationen zu unkontrollierten Mutationen kommen, die das ursprüngliche Ziel einer Kampagne ins Gegenteil kehren.

Viralmarketing eignet sich logischerweise nur für internetaffine Kreise. Dazu werden Sie bei einer viralen Werbekampagne, wie bei jeder anderen Kampagne auch, zunächst Ihre Ziele (Bekanntheit, Sympathie, Adressgenerierung, Abverkauf, Erinnerung, Newsletter-Bestellung etc.) definieren, dann die anvisierte Zielgruppe festlegen sowie den optimalen Zeitpunkt für den Kampagnenstart bestimmen. Der Kampagnen-Inhalt selbst muss zu Ihnen, Ihrer Marke und Ihrem Gesamtkommunikationskonzept passen. Danach werden Medien und Container (Video, Foto, Grafik, PDFs usw.) bestimmt, durch der Inhalt – nach etwaigen Vorab-Tests – auf seine virale Reise gehen kann.

Doch niemand wird eine Botschaft weiterverbreiten, wenn sie nichtssagend ist, missfällt oder langweilt. Nur, wenn Sie etwas bieten, worüber es sich zu reden lohnt, womit man demzufolge bei Dritten punkten kann, werden die Leute weiterverbreitend aktiv. Dabei soll der Überträger nicht nur animiert werden, die Botschaft aktiv zu verbreiten, er soll auch den Empfänger der Botschaft zur Weitergabe verleiten. Ihre Kampagne muss also beiden Seiten Nutzen versprechen. Dies kann gelingen, wenn Sie beispielsweise

- etwas Unterhaltsames bieten,
- den Spieltrieb anregen,
- etwas völlig Neues bieten,
- etwas Einzigartiges bieten,
- etwas Sensationelles bieten,
- etwas Geheimnisvolles bieten,
- etwas Nützliches bieten,
- etwas zum Gewinnen ausloben,

und wenn darüber hinaus

- für die Nutzer (außer Zeit) keine Kosten entstehen,
- die Botschaft einfach, bequem und schnell übertragbar ist und
- eine kleine Belohnung (zumindest in Form sozialer Anerkennung) winkt.

Unterhaltsames: Wenn wir etwas besonders lustig finden, lassen wir Menschen, denen wir Gutes tun wollen, gerne daran teilhaben. Eine unterhaltsame Geschichte, ein Cartoon, ein Video, eine originelle Infografik, hie und da auch etwas Besinnliches: All das wird gerne weitergeleitet. Eine Speaker-Kollegin von mir, Sabine Asgodom, hatte einmal einen strippenden Weihnachtsmann auf ihrer Website, der sich durch Anklicken entblätterte. Damit hat sie bei ihrer Zielgruppe einen Volltreffer gelandet.

Sensationelles: Was sensationell, möglicherweise sogar ein wenig makaber ist, erregt die Gemüter, lässt Emotionen hochkochen und ist in hohem Maße viral. Es wird gepostet und weitergeleitet, weil es die Empfänger zum Staunen oder zum Erschauern bringt. Einen sensationellen Erfolg landeten vor Jahren die gruseligen Videoclips eines Anbieters von Energiedrinks auf

Kaffee-Basis namens K-fee. Die Clips brachten es durch Mundpropaganda auf bis zu 100.000 Viewer pro Tag und wurden im Schnitt neun Mal per E-Mail weitergeleitet. Ein Spot schaffte es sogar in eine populäre amerikanische Fernsehsendung und erzeugte daraufhin eine gewaltige Nachfrage.

Nützliches: Checklisten, Anwendertipps, kostenlose E-Books und so weiter werden gerne im beruflichen Umfeld weiterempfohlen. So vermeldete der Karriereblog berufebilder.de Ende 2014, dass ein Beitrag zum Thema Mitarbeitermotivation weit über 6.000 Seitenaufrufe hatte. Auf diese Weise gewinnt man zielsicher neue Kunden in den favorisierten Zielgruppen. Von berechtigten Ausnahmen abgesehen ist eine Vorbedingung für solche Erfolge, dass die angebotenen Unterlagen gratis bereitstehen. Kosten sind seit jeher eine Hemmschwelle im Web, sie lassen die Klickraten schnell abebben. Achten Sie ferner darauf, dass sich Ihre Dokumente schnell aufbauen. Die Geduld im Web ist nicht sehr hoch.

Belohnungen: Sie wollen Anreize schaffen und die Multiplikatoren für ihre Arbeit belohnen? Dann wählen Sie weise! Denn auch die Aussicht auf ein geldwertes Geschenk kann sich viralisieren. Gutscheine, Prämien und ähnliche Belohnungen laden zu Missbrauch geradezu ein. Sagen Sie in jedem Fall dem potenziellen Empfehler, was er genau tun muss, um an das Goodie zu kommen. Eine besondere Variante heißt: Pay with a tweet. Erfunden wurde sie von den Werbern Leif Abraham und Christian Behrendt, die dazu eine kleine Software schreiben ließen. Der Deal: Man bekommt eine Sache gratis, wenn man dafür den Geber mit einer Twitter-Meldung belohnt.

11.5 Die Saat muss aufgehen: Wie virales Seeding gelingt

Viralität kann man nicht machen, sondern nur die Voraussetzungen dafür schaffen. Entscheidend für den Erfolg sind die organische Weiterverbreitung, das Erreichen einer kritischen Masse und die Überwindung des sogenannten Tipping Point, ab dem eine Aktion zum Selbstläufer wird. Dazu sollen möglichst viele Menschen die Botschaft an mehr als eine Person weiterverbreiten. Um dies zu steuern, ist die strategische Erstplatzierung sehr wichtig. Dieser Prozess wird als Seeding bezeichnet. Dabei spricht man vom passiven und vom aktiven Seeding. Beim passiven Seeding wird eine Botschaft einfach auf der Website ausgesetzt, in der Hoffnung, dass sie dann von den richtigen Leuten gefunden wird.

Beim aktiven Targeted Seeding werden gut vernetzte Individuen gezielt angesteuert. Hierzu können sowohl eigene Adressen (Presse, Partner, Mitarbeiter, Kunden usw.) genutzt als auch webaffine Meinungsführer angesprochen werden. Die Erstüberträger sollten Glaubwürdigkeit, Einfluss und vor allem gute Kontakte in der anvisierten Zielgruppe besitzen. Beim aktiven Touchpoint Seeding nutzt man eigene Touchpoints sowie einschlägige Portale, damit das Kampagnengut sich lawinenartig weiterverbreitet. Wird eine solche Viralkampagne von den Medien aufgegriffen und begleitet, kann sie schnell Berühmtheit und damit auch Werbewirkung erlangen.

Beispiel	A	B
Reproduktionsrate (R)	R = 2	R = 0,5
Erstinformierte Personen	50	50
Welle 1	100	25
Welle 2	200	12,5
Welle 3	400	6,2
Welle 4	800	3,1
Welle 5	1.600	1,6
Welle 6	3.200	0,8
Welle 7	6.400	0,4
Erreichte Personen	12.750	100

Abbildung 13: Beispiel für eine gute virale Weiterverbreitung (A) und einen Rohrkrepierer (B).

Gut gemachte Aktionen mit einem breiten Seeding können schnell Hunderttausende, wenn nicht gar Millionen Menschen erreichen. Ein nicht ganz unumstrittenes Beispiel dafür ist die Ice Bucket Challenge, die im Sommer 2014 um die ganze Welt ging. Allein auf Facebook wurden über 2,4 Millionen Videos gezählt, in denen sich Menschen mit Eiswasser übergossen. Der Viraleffekt war auch deshalb so hoch, weil bekannte Sportler und andere Promis mit der Aktion begannen. Ferner waren jeweils drei Personen zu nominieren, die die Mutprobe gleich am nächsten Tag hinter sich bringen und dies auch öffentlich dokumentieren sollten – alles für einen guten Zweck.

Die Szene der Viral-Marketer hat inzwischen eine Fülle von Techniken und Tools entwickelt, um die Erfolgsaussichten einer viralen Kampagne zu erhöhen. Virale Videoclips, auch Virals genannt, werden längst nicht mehr nur um ihrer selbst willen gemacht, sondern stützen komplexe Werbestrategien. Und die Budgets, um sie erfolgreich in Umlauf zu bringen, sind ziemlich hoch. So hat der Supergeil-Spot von Edeka mit allen Kampagnenbausteinen zusammen 220.000 Euro gekostet, wie die *Frankfurter Allgemeine Zeitung* berichtete. Doch diese Summe ist zigfach wieder zurückgeflossen. Über 13 Millionen Views allein auf YouTube, eine Welle von Presseberichten, Sympathiepunkte bei den Verbrauchern, Umsatzzuwächse in den Läden und eine ganze Reihe von Marken-Awards waren der Lohn.

Gastbeitrag von Torsten Panzer

Mythen und Wahrheiten über die Kunst des Teilens und viraler Wirkungen

Warum werden gerade im Web manche Videos, Bilder oder Artikel zu einem Riesen-Hit, während andere kaum Aufmerksamkeit erhalten? Hierüber kursieren viele Mythen und falsche Vorstellungen. Richtig angewendet ist die digitale Mundpropaganda ein Motor für das Empfehlungsgeschäft, doch falsch verstanden sind Enttäuschungen vorprogrammiert.

Wann wird ein Spot im Internet geteilt?

Videos sind im Internet sehr beliebt und folglich arbeiten viele virale Kampagnen mit Videos, die über YouTube und andere Plattformen verbreitet werden. Doch was wissen wir heute eigentlich genau darüber, warum Menschen überhaupt Videos im Netz teilen? Was passiert dabei im Gehirn? Der Wissenschaftler Matthew Lieberman von der University of California (UCLA) hat sich intensiv mit dem Teilen im Netz beschäftigt. Seine Forschungen liefern eine interessante Antwort: Ob ein Spot geteilt wird, hängt von seinem Belohnungswert ab.

Wenn wir online einen Spot sehen, löst das demnach zwei Bewertungen im Gehirn aus: Erstens fragt sich der Zuschauer »What's in it for me?« Zweitens urteilt der Zuschauer intuitiv, ob das Gesehene auch für andere spannend sein könnte. Sich anderen gegenüber als Übermittler neuer, spannender und involvierender Inhalte zu inszenieren, ist für viele Menschen eine besondere und natürliche Form der Belohnung. Das ist nicht weiter verwunderlich, denn Psychologen fanden schon im letzten Jahrhundert heraus, dass ein wichtiges Grundmotiv das Streben nach Anerkennung ist. Jeder Mensch hat somit eine Grundveranlagung, Inhalte zu teilen.

In einer anderen Studie zu der Frage analysierten 2012 die Forscher Berger und Milkman 7.000 Artikel der New-York-Times-Website dahin gehend, welche Inhalte besonders gerne geteilt wurden. Dabei zeigte sich: Je aktivierender (arousal) ein Artikel ist, desto eher wurde er weiterempfohlen beziehungsweise geteilt. Die emotionale Wirkung scheint also entscheidend zu sein. Diese Annahme wurde auch in der bislang größten Studie zur *Science of Sharing* – durchgeführt vom Ehrenberg-Bass Institute in Australien – bestätigt.

Auf dieser Grundlage entwickelte die Firma Unruly, ein Anbieter für Social Video Advertising, sieben Regeln für die Entstehung eines viralen Hits:

1. Sei hoch emotional: Videos, die eine stark psychologische Reaktion hervorrufen, werden doppelt so oft geteilt. Noch verstärkt wird der Effekt, wenn die zweite Regel eingehalten wird:

2. Sei positiv: Videos, die eine starke positive Reaktion auslösen, werden zu 30 Prozent häufiger geteilt als Videos mit einer starken negativen Reaktion. Wie im echten Leben ist gute Laune eben auch im Netz ansteckend.

3. Vergiss Katzen, Babys und Promis – teile für das Ego und inszeniere den persönlichen Triumph: Videos mit einer kreativen Geschichte rund um den Aspekt Persönlicher Triumph, die beim Empfänger ein Hochgefühl (exhilaration) auslösen, werden häufiger geteilt als Videos, die andere positive Emotionen hervorrufen. Bei den Aktivitäten in sozialen Netzwerken geht es also auch um die persönliche Imagepflege und die positive Darstellung des eigenen Egos.

4. Verstecke die Marke nicht: Es gibt der Studie zufolge keinerlei Korrelation zwischen der Shareability und der Intensität der Markenpräsenz, auch wenn bisher von vielen Experten angenommen wurde, dass zu starke Markenpräsenz die Verbreitung von Videos hemmt.

5. Investiere nicht nur in den Content und die kreative Idee, sondern auch in die Distribution: Egal wie ansteckend ein Video ist, eine breite Basis an Views erzeugt mehr Sharing. Ein Video, gesehen von Wenigen, kann nicht von Vielen geteilt werden. Das hängt damit zusammen, dass über 90 Prozent der Personen, die ein Onlinevideo anschauen, dieses nicht weiterleiten. Um diesem Effekt entgegen zu wirken, empfiehlt sich eine breite Streuung durch den Einkauf von Medialeistung.

6. Berücksichtige Themen-Trends: Natürlich muss die Story des Videos zum entsprechenden Zeitgeist passen, also den Nerv der Zeit treffen. Unruly hat die letzten acht Jahre der erfolgreichsten Social Videos analysiert und verschiedene Trendthemen festgestellt. 2009 stand beispielsweise ganz im Zeichen von Action: schnelle Autos, wilde Biker und auch die Babys von Evian gehörten zu den meistgeteilten Videos des Jahres. 2013 waren witzige Streich-Geschichten gefragt. Und 2014 war Trackvertising angesagt, das heißt, Marke und Künstler veröffentlichen gemeinsam ein Musik- und Werbe-Video.

7. Erreiche light buyers für mehr Marktanteil: Für das gewünschte Wachstum des Marktanteils muss mehr getan werden, als den Content nur auf der eigenen Facebook Seite zu posten. Das wäre in etwa so, als würde der Prediger ausschließlich zu den bereits Konvertierten predigen. Die große Masse von potenziellen Käufern ist die viel größere Gruppe von Gelegenheitskäufern – diese gilt es anzusprechen.

Ich denke es lohnt sich, diesen Punkten Beachtung zu schenken. Denn laut einer Studie der Beratungsgesellschaft McKinsey steigert ein geteiltes Video die Kaufbereitschaft um den Faktor 50.

Wann wird Content wie Bilder, Infografiken und Text viral verbreitet?

Nicht nur Videos, auch Bilder, Infografiken, Videospiele oder Animationen erzielen virale Erfolge. Vor allem gilt im Zeitalter der Smartphones, wo das Tippen schwerfällt, mehr denn je das alte Sprichwort: »Ein Bild sagt mehr als tausend Worte«. So mag nicht verwundern, dass Fotos mit einem Anteil von 43 Prozent die Rangliste der beliebtesten Inhalte anführen. Eine Untersuchung von Go-Gulf, einer auf Suchmaschinenmarketing spezialisierten Agentur, stellte dieses 2014 wieder fest. Auch eine italienische Studie kommt zu ähnlichen Ergebnissen. Die Südeuropäer untersuchten die Viralität von Bildern bei Google+. Die Studie zeigt, dass Bilder potenziell mehr Interaktionen als Textbeiträge hervorrufen. Sie stellte außerdem fest, dass Updates, die ein Bild enthielten, in der Regel über 75 Plusse bekommen haben, reine Text-Updates hingegen weit unter dieser Marke blieben. Die Erklärung leuchtet jedem, der Google+ kennt, sofort ein: Bilder können im Newsfeed von Google+ leichter wahrgenommen werden als Textnachrichten.

Eine besondere Form von Bildern sind Infografiken. Diese sind in den letzten Jahren immer öfter gezielt für virale Maßnahmen verwendet worden, und das mit großem Erfolg. Gute Infografiken ziehen die Blicke der Internetnutzer magisch an, wenn ihr Inhalt besonders überraschend oder informativ ist. Außerdem lieben Konsumenten Zahlen und Statistiken – vorausgesetzt sie werden optisch ansprechend dargestellt. Sie kommen dem Wunsch des menschlichen Gehirns nach Entertainment aber auch nach Komplexitätsreduktion entgegen.

Für eine virale Verbreitung gilt: Je mehr Emotionen ein Inhalt hervorruft, desto schneller verbreitet er sich. Damit unterscheidet sich moderne Mundpropaganda nicht von anderen Lebensbereichen. Emotionen und Sympathie sind immer ein gutes Überzeugungsmittel. Was Menschen bewegt, teilen sie gern.

Doch wie ist es mit Texten? Was entscheidet über die Verbreitung eines Artikels. Schließlich kann nicht für jede Botschaft ein Video oder ein Bild verwendet werden. Hier zählt zunächst die Überschrift. Acht von zehn Internetnutzern lesen bei einem Artikel nur die Überschrift und bloß 20 Prozent den kompletten Artikel. Überschriften ermöglichen eine schnelle Orientierung und sind somit ein Filter für unsere Wahrnehmung. Je nach Stärke des Interesses am Thema und den Emotionen, die eine Headline auslösen kann, entscheidet sich dann, ob ein Artikel beachtet und vor allem geteilt wird.

Und welche Artikelinhalte werden geteilt? Die Überschrift kann ja schließlich nicht schon alles gewesen sein. Aus einer weiteren New-York-Times Studie ging hervor, dass Artikel über wissenschaftliche Veröffentlichungen gerne geteilt werden. Als Grund wird angenommen, dass sie besonders oft die Emotionen Ehrfurcht oder Bewunderung auslösen. Ebenfalls ergab die Studie, dass lange Texte öfter geteilt werden. Als Grund wird gesehen, dass längere Artikel mehr Aspekte aus einem Thema herausarbeiten können und somit ansprechender sind.

Für die Verbreitung von schriftlichem Content ist weiterhin ein Erfahrungswert, dass sich Aufzählungen und Toplisten sehr gut verbreiten. Das verwundert kaum, da sie sich leichter konsumieren und erfassen lassen als reine Texte. Für Journalisten ist das keine neue Erkenntnis, sondern so was wie das tägliche Einmaleins im Bemühen um die Aufmerksamkeit des Lesers. Aufhänger wie »Die zehn besten Abnehmtipps« oder »Die häufigsten Fehler im Marketing« oder »Die größten Mythen über das Internet« wecken in jedem Themenbereich Interesse und machen Hunger auf mehr. Auch für denjenigen, der Inhalte teilt, sind sie sehr nützlich: Man kann anderen damit sehr gut zeigen, dass man etwas Interessantes, Spannendes oder Wertvolles entdeckt hat – und sich damit selbst als Experte ins rechte Licht rücken. Wenn diese Kriterien erfüllt sind, werden Artikel zum Beispiel auch weitergereicht, ohne überhaupt gelesen worden zu sein.

Ohne Konnektivität geht nichts

Bisher lag der Blick auf den Inhalten. Doch der beste Inhalt alleine – so die Erfahrungen nach fast zwei Dekaden viralem Marketing – nützt gar nichts. Es braucht ein zweites Momentum: die Konnektiviät. Bildhaft kann man sich das so vorstellen: Die Konnektivität eines Waldes ist umso höher, je dichter die Bäume beieinander stehen. Dementsprechend wird sich Feuer in einem Wald mit höherer Konnektivität schneller ausbreiten. Dabei kommt es nicht auf die Größe der Feuerquelle an (eine Zigarette kann schon ausreichen), sondern allein auf die Konnektivität.

In die Sprache sozialer Netzwerke übersetzt bedeutet das vor allem, dass die Viralität eines Inhalts von der Anzahl der sich online befindlichen Nutzer abhängt. Verstärkt wird der Effekt durch den Einfluss von Multiplikatoren und digitalen Influencern, also Personen, die entweder besonders viele Follower, Fans oder Leser haben oder deren Beiträge von anderen besonders häufig geteilt werden. So kann beispielsweise eine virale Botschaft lange vor sich hindümpeln. Greift aber ein Prominenter mit vielen Fans bei Twitter die Botschaft auf oder berichtet ein reichweitenstarkes Nachrichtenportal, kann sich der erhoffte virale Effekt ergeben.

Daher bleiben professionelle Agenturen nicht untätig und greifen zum Seeding, wenn Sie virale Kampagnen durchführen. Selbst der beste Content verbreitet sich nicht von alleine – dies ist ein Mythos. Wer glaubt, dass die gute Idee bei viralen Kampagnen fehlende Budgets ersetzen kann, wird schnell in der Praxis wachgerüttelt. Tatsächlich wird bei fast allen viralen Kampagnen die initiale Verbreitung finanziell eingekauft. Für das Empfehlungsmarketing bedeutet das aber nicht, dass kleinere Unternehmen mangels Budget auf virales Marketing ganz verzichten müssen, doch sie sollten sehr vorsichtig werden, wenn Dienstleister ihnen Konzepte anbieten, in denen das Seeding nicht enthalten ist.

Was lässt sich für das Empfehlungsmarketing daraus ableiten?

Digitale Mundpropaganda kann eine Grundlage oder ein Verstärker für das Erlangen von Empfehlungen sein. Werbemaßnahmen, die auf das Teilen durch die User setzen, lassen sich mittlerweile nach bewährten Regeln konzipieren und umsetzen. Doch von einem Mythos sollte man sich dabei verabschieden: Eine gute virale Idee ersetzt keine Budgets.

Konnektivität ist mehr denn je der entscheidende Faktor für die virale Verbreitung. Je mehr Nutzer mit einer möglichst hohen Vernetzungsdichte den Inhalt teilen, desto epidemischer verbreitet er sich. Der Profi weiß: Viral ist immer dann erfolgreich, wenn eine gute Distributionsstrategie über Influencer kombiniert wird mit einem gekonnten Seeding und klug eingekaufter Medialeistung.

12.
Kennzahlen im
Empfehlungsmarketing

Ein weit verbreiteter Irrtum ist der, dass sich Ergebnisse im Empfehlungs-marketing nicht so gut messen und steuern ließen wie andere Markter-schließungsstrategien. Diese Vorstellung ist genauso überholt wie die Hoffnung, dass man Kunden mit Werbung kontrollieren könne. In diesem Buch haben Sie erfahren, dass sich Empfehlungsmarketing systematisch betreiben lässt und ein Erfolg planbar ist. Natürlich bedienen sich hier die Profis auch eines Kennzahlensystems, doch dieses ist weit weniger komplex als in vielen anderen Bereichen. Drei Werte reichen meist aus:

- die Wiederkaufbereitschaft,
- die Weiterempfehlungsbereitschaft,
- die Empfehlungsrate.

Zusätzlich können und sollten Sie messen, ob die durch eine Empfehlung gewonnenen Kunden tatsächlich die wertvollsten sind. Das lässt sich wie folgt ermitteln:

- Wie hoch ist, wenn Sie Verkaufstermine machen, die Terminquote bei empfohlenem Geschäft? Und bei nicht empfohlenem?
- Wie lange dauert es bis zum Abschluss bei empfohlenem Geschäft? Und bei nicht empfohlenem?
- Wie hoch ist die Abschlussquote bei empfohlenem Geschäft? Und bei nicht empfohlenem?
- Wie teuer ist ein neu gewonnener Kunde, wenn er aufgrund einer Empfehlung kommt? Und wie teuer ist er im Fall anderer Sales- und Marketing-Aktivitäten?
- Wie hoch sind die durchschnittlichen Umsätze bei empfohlenem Geschäft? Und bei nicht empfohlenem?
- Wie stark spielen Sonderkonditionen eine Rolle bei empfohlenem Geschäft? Und bei nicht empfohlenem?
- Mit welcher Wahrscheinlichkeit werden Empfehlungsempfänger, die Kunde wurden, selbst als Empfehler aktiv?
- Welche Kundenkreise und Branchen empfehlen am ehesten weiter?
- Gibt es geschlechterspezifische, regionale oder nationale Unterschiede?

Anhand solcher Konversionsraten lässt sich zweifelsfrei messen: Kunden, die aufgrund einer Empfehlung gewonnen wurden, sind besonders wertvolle Kunden. Dabei kam der Frankfurter Wirtschaftsprofessor Bernd Skiera, als er einmal das Empfehlungsprogramm einer großen Bank analysierte, zu folgendem Schluss: Kunden, die von bestehenden Kunden an Bord geholt worden waren, erbrachten weit mehr Gewinn als die übrigen Neukunden. Ferner blieben sie dem Unternehmen auch länger treu. Woraus sich schlussfolgern lässt: Die, die ein Unternehmen mit Inbrunst und Leidenschaft weiterempfehlen, werden dieses kaum mehr verlassen. Auf diese Weise kommt man schließlich zu Fürsprechern mit quasi eingebauter Bleibe-Garantie.

Darüber hinaus lassen sich auf Basis der gewonnenen Ergebnisse konkrete Maßnahmen erarbeiten, um das derzeitige Empfehlungsgeschäft immer weiter zu steigern. So sorgen Empfehlungen nicht nur für kräftige Umsatzzuwächse. Sie wirken auch nach innen, indem sie helfen, Produkte und Dienstleistungen ständig an den Wünschen des Marktes auszurichten und unaufhörlich die notwendigen Feinjustierungen vorzunehmen.

12.1 So messen Sie die Wiederkauf- und Empfehlungsbereitschaft

Eine Empfehlung ist der sichtbare und geldwerte Beweis für die Loyalität eines Kunden. Und eine hohe Kundenloyalität ist die ideale Vorstufe für ein funktionierendes Empfehlungsmarketing. Deshalb kann es sinnvoll sein, an ausgewählten Touchpoints oder insgesamt betrachtet sowohl die Wiederkaufbereitschaft als auch die Weiterempfehlungsbereitschaft zu messen.

Am besten würde es laufen, wenn man dazu jeden einzelnen Kunden individuell befragen könnte. Dies ist allerdings nur in den Fällen möglich, in denen es eine überschaubare Anzahl von Kunden gibt. Ansonsten muss exemplarisch eine bestimmte Zahl von Vertretern aus der jeweils zu betrachtenden Kundengruppe ausgewählt werden. Die Befragung selbst kann mündlich oder schriftlich erfolgen. Durch eine Vorher-Nachher-Messung lässt sich dann feststellen, ob es nach den eingeleiteten Maßnahmen zu einer Verbesserung der ursprünglichen Ist-Situation gekommen ist.

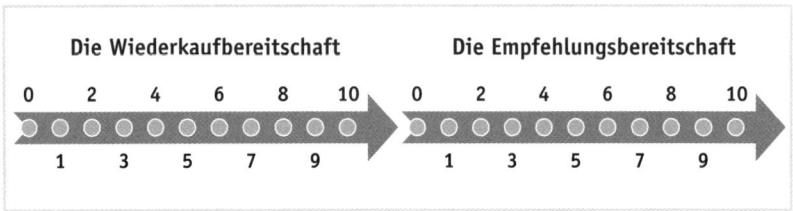

Abbildung 14: Skalen zum Ermitteln von Wiederkauf- und Weiterempfehlungsbereitschaft.

Die jeweiligen Fragestellungen klingen so:

Die Wiederkaufbereitschaft: Auf einer Skala von null bis zehn: Wie sehr würden Sie sich heute wieder für unser Unternehmen/unser Produkt/unsere Marke/unseren Service entscheiden? Und was sind die Hauptgründe für Ihre Bewertung? Was läuft bereits gut? Und was fehlt uns ganz konkret, um einen (noch) höheren Wert zu erreichen? Haben Sie dazu eine schnell umsetzbare Idee?

Die Empfehlungsbereitschaft: Auf einer Skala von null bis zehn: Wie sehr würden Sie unser Unternehmen/unser Produkt/unsere Marke/unseren Service an eine interessierte Person weiterempfehlen? Und was sind die Hauptgründe für Ihre Bewertung? Was läuft bereits gut? Und was fehlt uns ganz konkret, um einen (noch) höheren Wert zu erreichen? Haben Sie dazu eine schnell umsetzbare Idee?

Skalierungsfragen machen die ganze Bandbreite eines gefühlten Zustandes erkennbar. Außerdem lassen sich Verallgemeinerungen oder Pauschalaussagen auf diese Weise relativieren: Statt eines kategorischen Gut oder

Schlecht werden Grauzonen sichtbar. Durch die Zusatzfragen können Hintergründe aufgedeckt werden. Die aus Kundensicht möglichen oder notwendigen Verbesserungen ergeben sich dabei fast wie von selbst.

Doch erst wenn Sie jeweils neun oder zehn Punkte erreicht haben, heißt es: Hurra! Sie sind auf dem besten Weg zum Empfehlungsmarketing-Champion. Aber Sie sind noch nicht am Ziel. Denn die ultimative Kennzahl heißt Empfehlungsrate.

12.2 Die ultimative Unternehmenskennzahl heißt Empfehlungsrate

Empfehlungsbereitschaft ist ja lobenswert, doch dem müssen dann auch Taten folgen. Erst wenn eine wirkungsvolle Empfehlung ausgesprochen wird, kann dies zu neuen Kunden führen. Und dabei muss das Weiterempfehlen so überzeugungsstark sein, dass die Empfänger tatsächlich kommen und kaufen.

Um das herauszufinden, wird die Empfehlungsrate ermittelt. Sie besagt, wie viele Kunden ein Unternehmen aufgrund von Weiterempfehlungen gewonnen hat. Und dies ist – neben Umsatz, Reputation und Wiederkauf – das wichtigste Ziel in einem kundenfokussierten Unternehmen.

So erkläre ich die Empfehlungsrate zur wichtigsten betriebswirtschaftlichen Kennzahl. Sie ist gleichzeitig Ausgangspunkt und Ziel eines systematisch gesteuerten Empfehlungsmarketings. Sie ist vor allem für kleine und mittelständische Anbieter ein Muss. Und sie sollte im Businessplan ganz weit vorne stehen. Denn sie entscheidet über die Zukunft eines Unternehmens. Wer nicht länger empfehlenswert ist, ist auch schon bald nicht mehr kaufenswert.

Aspekte, die sich in diesem Kontext vertiefen lassen:
- Wie viele Kunden empfehlen uns weiter? Und warum genau?
- Welche Produkte und Services werden am stärksten empfohlen?
- Wer genau hat uns empfohlen? Und wie bedanken wir uns dafür?
- Wer spricht die meisten/die wirkungsvollsten Empfehlungen aus?
- Wie ist der Empfehlungsprozess im Einzelnen abgelaufen?
- Gibt es dabei erkennbare und somit wiederholbare Muster?
- Wie viele Kunden haben infolge einer Empfehlung erstmals gekauft?
- Und wie kennzeichnen wir all dies in unserer Datenbank?

Am Ende reichen ein paar einfache Fragen, um dem Ganzen auf die Spur zu kommen. Diese können jedem Kunden, der zum ersten Mal kauft, soweit es die Situation erlaubt, mündlich oder schriftlich gestellt werden. Wollen Sie Ihre Empfehlungsrate zum ersten Mal ermitteln, kann dies auch im Rahmen einer speziellen Telefonaktion erfolgen. Schließlich können Sie ausgewählte Kunden auch im Zuge Ihrer Betreuungsaktivitäten ganz beiläufig fragen. Ein kleiner Hinweis: Die Worte ursprünglich und zuallererst sind sehr wichtig, da heutzutage die meisten Kunden auf vielfältige Weise mit einem Anbieter in Berührung kommen können. Nun zu den Fragen. Sie klingen so:

- Wie haben Sie zuallererst von uns erfahren?
- Oder: Wie sind Sie ursprünglich auf uns aufmerksam geworden?
- Oder: Wo haben Sie zum ersten Mal von uns gehört?
- Oder: Wer oder was hat Sie bei Ihrer Entscheidung am stärksten beeinflusst?

Sofern eine Empfehlung im Spiel war, geht es dann weiter wie folgt:
- Das ist sehr interessant. Was hat der Empfehler über uns/unser Produkt/unseren Service denn so gesagt?
- Und jetzt bin ich mal neugierig: Wer war das denn, der uns empfohlen hat?

Durch die erste Frage wird ermittelt, wie viel Prozent der neuen Kunden aufgrund einer Empfehlung kamen: Das ist Ihre Empfehlungsrate. Die Antwort auf diese Frage zeigt im Übrigen auch, wo Sie in Zukunft Ihre Werbebudgets verstärkt anlegen sollten. Über die zweite Frage gibt der Kunde Hinweise darauf, was genau Sie erfolgreich macht und in welche Richtung die Angebotspalette weiterentwickelt werden kann. Und über die dritte Frage bekommen Sie die Namen Ihrer Influencer, Meinungsmacher, Botschafter, Promotoren, Referenzgeber und aktiven Empfehler heraus.

Ihre Kunden wollen die eine oder andere Frage nicht beantworten? Kein Beinbruch! Sagen Sie einfach charmant, dass Sie das natürlich akzeptieren. Sie konnten den Namen eines Empfehlers erfahren? Fantastisch! Selbst dann, wenn die Sache schon länger zurückliegen sollte: Kontaktieren Sie ihn. Und bedanken Sie sich überschwänglich für seine gelungene Empfehlung, denn sie ist ein Geschenk: an den, der den Hinweis erhielt – und an das empfohlene Unternehmen, also Sie.

Geben Sie Ihrem Empfehler, es lohnt sich, das noch einmal zu wiederholen, auch eine Rückmeldung dazu, was aus seiner Empfehlung geworden ist. Und: Wertschätzen Sie die Person, die Sie durch ihn kennen gelernt haben. Das kann sich beispielsweise so anhören: »Ich muss schon sagen, Sie kennen interessante, einflussreiche, angenehme Leute.« Dazu kann sich dann noch eine kleine Belohnung gesellen. Solch überraschende Momente des kleinen Glücks sind es, die wir Menschen besonders begehrenswert finden. Und mehr noch: Wenn wir von jemandem etwas geschenkt bekommen, fühlen wir uns ihm verpflichtet. So wird aus einem Erstempfehler womöglich im Laufe der Zeit ein Superempfehler, also jemand, der einen ständig weiterempfiehlt.

Zu aufwendig, das Ganze? Dann überlegen Sie mal, wie aufwendig die kalte Kundenakquise heutzutage ist! Aktive Empfehler sind die mit Abstand wirksamsten Neukunden-Werber – und damit die maßgeblichen Treiber einer positiven Unternehmensentwicklung.

12.3 Der Net Promoter® Score im Empfehlungsmarketing

Zur Messung von Kundenloyalität und Empfehlungsbereitschaft hat der amerikanische Loyalitätsexperte Fred Reichheld den Net Promoter® Score (registered trademark of Satmetrix Systems, Inc., Bain & Company and Fred Reichheld) entwickelt. Diese Kennzahl, meist NPS genannt, hat in den letzten Jahren einen weltweiten Siegeszug angetreten, weil sie, wie man so sagt, vorstandstauglich ist. Sie manifestiert die Kundenzentriertheit eines Unternehmens.

Eine der markantesten Erkenntnisse aus Reichhelds Untersuchungen ist die: Unternehmen brauchen keine komplexen Kundenstudien, sondern am Ende nur ein, zwei Fragen, die kontinuierlich gestellt werden müssen. Als die mit Abstand effektivste schlägt er die ultimative Frage vor:

»Wie wahrscheinlich ist es, dass Sie X an einen Freund oder Kollegen weiterempfehlen?«

Dazu wurde eine Skala von null (höchst unwahrscheinlich) bis zehn (höchst wahrscheinlich) entwickelt. Die Antwortgeber lassen sich in drei Gruppen einteilen: Promotoren, passiv Zufriedene und Kritiker. Als Promotoren gelten nur diejenigen, die ihre Empfehlungsbereitschaft mit 9 oder 10 einstufen. Von den Promotoren werden die Kritiker (zwischen 0 und 6) abgezogen. Das Ergebnis ist der Net Promoter® Score. Er kann positiv oder negativ sein. Passiv Zufriedene fließen in die Berechnung nicht ein. So hat die Beratungsgesellschaft buw einmal den NPS für CRM-Systeme gemessen[15], das sind Softwarelösungen für das Kundenbeziehungsmanagement. Jeweils 28 Prozent der Befragten waren Promotoren oder passiv Zufriedene, 44 Prozent waren Kritiker. Der NPS beträgt also –16.

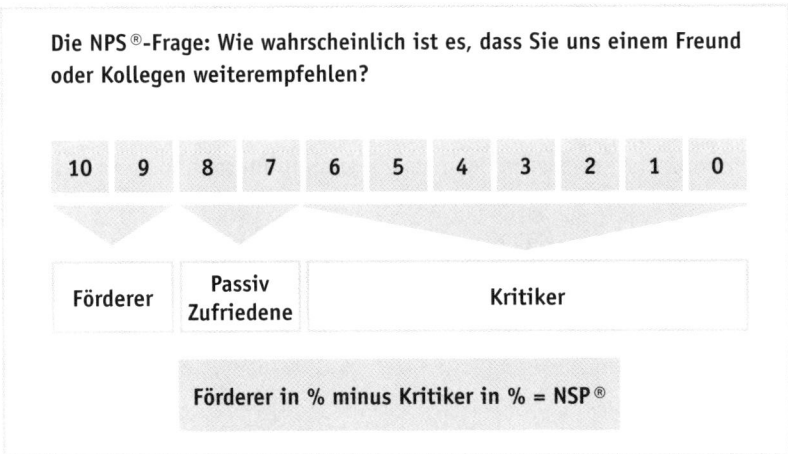

Die NPS®-Frage: Wie wahrscheinlich ist es, dass Sie uns einem Freund oder Kollegen weiterempfehlen?

| 10 | 9 | 8 | 7 | 6 | 5 | 4 | 3 | 2 | 1 | 0 |

| Förderer | Passiv Zufriedene | Kritiker |

Förderer in % minus Kritiker in % = NSP®

Abbildung 15: Die Berechnung des NPS® (Quelle: Fred Reichheld, *Die ultimative Frage 2.0*).

Für Apple wurden schon NPS-Werte von 78, für Amazon 71, für Porsche 68, für Google 63, für Audi 47 und für BMW 42 gemessen. In vielen Fällen sind die Werte hingegen recht niedrig oder sogar negativ, was für die Motivation der Mitarbeiter nicht unbedingt förderlich ist. Ferner sind Vergleiche zwischen Branchen und Ländern mit größter Vorsicht zu genießen, da der jeweilige Befragungszeitpunkt sowie Ereignisse um diesen herum zu starken Schwankungen führen können. So hat die Telekom einmal festgestellt, dass ihr NPS steigt, wenn über Konkurrenzprodukte negativ berichtet wird. Auch kulturelle oder geschlechtsspezifische Unterschiede sind zu berücksichtigen. Zum Beispiel vergeben Japaner höchst selten eine zehn, Lateinamerikaner jedoch andauernd. Wer gerade wütend auf einen Anbieter ist, gibt schnell mal eine null. Wieder andere geben grundsätzlich nie mehr als eine neun, weil sich immer noch was verbessern lässt.

Auf Initiative des FMVÖ (Österreichischer Finanzmarketingverband) wird in Österreich der NPS landesweit für Finanzdienstleister gemessen. Die Besten werden auf einer Gala mit dem Recommender Award geehrt. Die Tabelle zeigt die Zahlen der letzten Jahre. Die schlechten Werte in 2009 hängen mit der Finanzkrise zusammen. Der Sprung in 2014 wird so erklärt, dass in dem Jahr die Stichprobe von sechstausend auf achttausend Personen erhöht wurde. Dadurch wurden mehr regionale Anbieter erfasst, die im Durchschnitt besser abschneiden als die großen internationalen Konzerne.

NPS in Prozent	2008	2009	2010	2011	2012	2013	2014
für Banken	12	2	10	11	17	14	21
für Versicherungen	−3	−3	6	6	8	8	14
für Bausparkassen	−	0	16	10	9	10	16

Der NPS-Wert ist zwar einfach zu ermitteln, doch er misst nur die Temperatur einer Kundenbeziehung. Und so wie Schweine nicht allein dadurch fett werden, dass man sie wiegt, so braucht es auch hier eine Analyse von Ursache und Wirkung. Dies geschieht mithilfe einer Zusatzfrage, und die geht so: »Was ist der Hauptgrund für die Bewertung, die Sie gerade gegeben haben?« Sie ist der eigentliche Startpunkt für kontinuierliche, kundenrelevante Optimierungsmaßnahmen.

Darüber hinaus zeigt der NPS nicht, ob auf die Empfehlungsbereitschaft auch Taten folgen. Denn erst dann, wenn tatsächlich wirkungsvolle Empfehlungen ausgesprochen werden – kann dies neue Kunden bringen. So kam im Rahmen einer Kundenbefragung in einem Telekommunikationsunternehmen heraus, dass zwar 81 Prozent der Interviewten behaupteten, den Anbieter weiterzuempfehlen, doch nur 30 Prozent taten dies auch. Und nur in 12 Prozent der Fälle entstand daraus neues Geschäft. Für einen Finanzdienstleister betrugen, wie im *Harvard Business Manager*[16] berichtet wird, die entsprechenden Zahlen 68 sowie 33 und 14 Prozent.

12.4 Wie mit dem NPS gearbeitet wird

Die reine Frage nach dem NPS-Wert erfordert nur höchstens zwei Minuten und wird am besten telefonisch von einer neutralen Person gestellt. Wo dies nicht möglich ist: schriftlich geht auch. In aller Regel liegt die Antwortquote bei weit über 90 Prozent. Bei der Allianz geben 98 Prozent der Kunden einen NPS-Wert ab, und 67 Prozent stimmen einem weiteren Anruf zu. Wer Repräsentativität will, sollte mindestens 100 Kunden befragen. Reichheld empfiehlt, seine eher unübliche 11er Skala unbedingt beizubehalten, denn sie zeigt Nuancen besser als etwa eine 5er Skala. Außerdem empfiehlt er, den NPS erstens regelmäßig und oft sowie zweitens auch für einzelne Produkte oder Geschäftsvorfälle zu erheben.

So lässt Logitech, ein Hersteller von Computer-Zubehör aus der Schweiz, seine Kunden per NPS entscheiden, welche Produkte überleben. Solche, die niedrige NPS-Werte haben, werden sofort aus dem Programm genommen. Bei Mittelwerten kann die Entwicklungsabteilung sofort nachtarieren. Insgesamt macht der NPS die Produzenten schneller, agiler und kundenorientierter. Im B2B-Bereich kann die Stabilität einer Kundenbeziehung überprüft werden, um gefährliche Fehleinschätzungen zu vermeiden. Angebotene Serviceleistungen können auf Kundenrelevanz überprüft und gefundene Problemlösungen durch die Kundenbrille validiert werden. Insgesamt entsteht eine Innovationskultur, die von den Bedürfnissen des Marktes gesteuert wird und nicht von Ratespielen im Elfenbeinturm.

Übrigens kann man den NPS auch für einzelne Personen (Berater-NPS, Manager-NPS) oder für Lieferanten und Kooperationspartner ermitteln. Wird er für die Firma als Arbeitgeber erhoben, nennt man ihn eNPS®, also Employee Net Promoter Score. »Apple Stores, die regelmäßig führende Werte im Kunden-NPS erhielten, erreichen auch hohe Werte bei den Beschäftigten. Und Filialen mit dem niedrigsten Mitarbeiterengagement erhielten tendenziell auch die niedrigsten NPS von Kundenseite«, schreibt Reichheld in seinem Buch *Die ultimative Frage 2.0*. Diese Aussage stützt das, was ich weiter vorn zum Thema Mitarbeiter gesagt habe: Man kann keine Begeisterung bei den Kunden entfachen, wenn die Mitarbeiter nicht selbst begeistert sind. Beides hängt eng zusammen.

Doch wie schon betont, ist der NPS an sich nur eine Hilfskennzahl. Schließlich geht es am Ende nicht um Ziffern, sondern um glückliche Kunden. So ermöglicht erst die Zusatzfrage (Was ist der Hauptgrund für die Bewertung, die Sie gerade gegeben haben?) den Einstieg in einen fundierten Dialog. Sie kann sofort oder im Zuge eines weiteren Anrufs gestellt werden. Hierbei sollte man sich vor allem auf *die* Touchpoints konzentrieren, die für Loyalität und Empfehlungsbereitschaft eine besondere Rolle spielen. So können Stolpersteine rasch identifiziert und O-Töne der Kunden in Meetings und Mitarbeitergesprächen verwendet werden.

Die passiv Zufriedenen kann man fragen, was zu tun ist, damit sie höhere Werte geben. Und die Promotoren kann man fragen, mit welchen Worten sie die Firmenangebote empfehlen. Mehr als ein, zwei weitere Fragen sollten es jedoch nicht sein, weil dies die Komplexität erhöht und gleichzeitig die Antwortbereitschaft senkt. Doch bei einer sehr schlechten Bewertung sollten Kunden unverzüglich kontaktiert werden, um nach Hintergründen zu fragen. Bei einer sehr guten Bepunktung macht man das am besten auch, denn in beiden Fällen gibt es viel zu lernen. Und: Auch die Führungskräfte sollten solche Gespräche führen. Schon wenige gepfefferte Kundenkommentare können oft mehr bewirken als jeder balkengespickte Berichtsband von Marktforschungsinstituten.

Entscheidend ist dann wie immer, zeitnah und zusammen mit den Mitarbeitern zügige Verbesserungen einzuleiten, kreative Lösungen zu finden und dies für alle sichtbar zu dokumentieren. Letzteres kann auf Screens im Personalbereich, auf der Startseite im Intranet oder auf internen Kollaborationsplattformen erfolgen. Die Führungsleute müssen voll und ganz hinter dem NPS-System stehen, sonst wird ihm bald die Luft ausgehen. Vor allem die ersten Erfolge müssen gefeiert und die Geschichten dazu weitererzählt werden. Gemeinsames Ziel ist es, mehr Promotoren und weniger Kritiker zu erzeugen. Denn Kritiker verursachen Folgekosten, die in Kundenwertberechnungen eingehen müssen: verspätete Zahlungseingänge, böse Reklamationen, Frustration, Fluktuation, Rechtsstreite, Rufmord. Vor allem aber verhindern sie, dass neue Kunden kommen und kaufen. Promotoren hingegen sind Reputationsverbesserer und kostenlose Verkäufer, die weder ein Gehalt noch Provisionen verlangen. Wenn sie darüber hinaus loyal und profitabel sind, sorgen sie für jede Menge organisches Wachstum.

Der NPS ist auch nur dann ein wirksames Tool, wenn er die Kundenbeziehungsqualität zutreffend reflektiert. Dort, wo die Höhe oder Entwicklung des NPS-Werts in ein Vergütungssystem einfließt, muss also besonders darauf geachtet werden, dass die Durchführung in professionellen Händen liegt und wasserdicht ist. Manipulationen sind, wie bei jeder Befragung, auch beim NPS möglich. Rankings und Prämien sorgen ferner dafür, dass Mitarbeiter vollabsichtlich die falschen Dinge tun, nur um an Ehre und Geld zu gelangen. Vor allem die Aussicht auf Boni macht erfinderisch. So werden Rabatte gewährt oder Produkte einfach verschenkt, um im Gegenzug eine zehn zu erhalten. Man kann auch nur die Kunden befragen (lassen), von denen man sich gute Noten erwartet. Am erbärmlichsten aber ist es, wenn hohe Werte von Kunden erbettelt werden. Und auf solch entstellter Basis werden dann strategische Entscheidungen getroffen!

Bleibt abschließend die Frage, wer sich um das NPS-Programm kümmern soll, denn ganz so einfach, wie sich das hier anhören mag, ist es nicht. Bei der Initialzündung können externe NPS-Spezialisten hilfreich sein. Danach sollte eine neutrale interne Person übernehmen. Hier kommt der Customer-Touchpoint-Manager ins Spiel.

12.5 Den Touchpoint-Manager zum NPS-Beauftragten machen

Ein Touchpoint-Manager arbeitet abteilungsübergreifend und versteht sich als Advokat des Kunden im eigenen Haus. Seine Kernaufgabe ist es, an den externen Touchpoints des Unternehmens, also den Berührungspunkten zwischen Produkten, Services, Mitarbeitern und Kunden, eine hochprozentige Kundenfokussierung zu ermöglichen. Hierfür muss der vielfach unkoordinierte kundenbezogene Wildwuchs, der sich in den einzelnen Abteilungen breitgemacht hat, zunächst gesichtet und dann zügig beseitigt werden. Denn wo Unkraut ist, können keine schönen Pflanzen wachsen. Danach geht es, zum Beispiel mithilfe des NPS, um das Entwickeln und Umsetzen synchronisierter, kundenzentrierter, verlässlicher und rentierlicher Wertschöpfungsprozesse.

Der Touchpoint-Manager soll in Sachen Kunde der erste und oberste Anlaufpunkt sein. Er ist mit den kundenrelevanten Entwicklungen draußen und drinnen im Unternehmen vertraut. Er nimmt immer die Perspektive des Kunden ein, und das wird so akzeptiert, auch wenn es schon mal unbequem ist. Geht es um kundenbezogene Entscheidungen, hat er das letzte Wort. Und er hat ein Vetorecht. Er setzt sich mit Herzblut und Kommunikationsgeschick für die Kundeninteressen ein. So stellt er sicher, dass das selbstzentrierte und meist unproduktive Silodenken zwischen den Abteilungen – zumindest, soweit es die Kundenperspektive betrifft – endlich ein Ende hat. Und er weiß: Er geht auf eine lange Reise. Sie braucht Quick wins (schnelle kleine Ersterfolge) und viel Geduld.

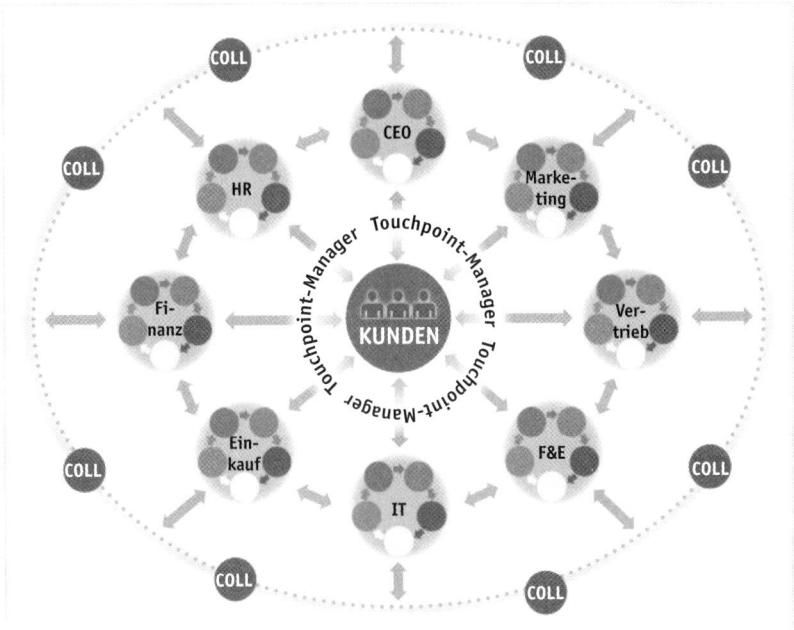

Abbildung 16: Schaubild einer vernetzten, kundenzentrierten Unternehmensorganisation mit Touchpoint-Manager in seiner Rolle als Advokat des Kunden im eigenen Haus. Der Begriff Coll (Collaborateur) steht für Externe, die als Experten zeitlich begrenzt mitarbeiten.

Organisatorisch gesehen ist ein Touchpoint-Manager Knotenpunkt, Drehkreuz und Brückenbauer. Da jeder Unternehmensbereich, unabhängig von seiner Kernaufgabe, auch in Kundenthemen involviert ist, arbeitet er crossfunktional mit allen eng und gleichberechtigt zusammen. Er benötigt die absolute Rückendeckung der Geschäftsleitung, da sein Weg holprig ist und er sich nicht immer nur Freunde macht. Denn wer als Interessenvertreter des Kunden agiert, deckt zwangsläufig Missstände auf.

In kleineren Firmen kann dafür eine Teilzeitstelle ausreichend sein. In größeren Betrieben bekleidet der Touchpoint-Manager abteilungsübergreifend eine eigene Funktionsstelle, die an die Geschäftsleitung angedockt ist. Doch viel wichtiger als die Diskussion, wo er im Unternehmen verankert ist und welche Befugnisse er hat, ist das konstruktive Miteinander. Ein wesentliches Ziel des Touchpoint-Managers ist es, die Kundenbrille ins Unternehmen zu holen und damit die eigene Betriebsblindheit zu überwinden. Kundenorientierung und Empfehlungswürdigkeit wären dann garantiert.

13.
Rechtliche Aspekte im Empfehlungsmarketing

»Die Facebook-Seite meiner Nichte ist 15.000 Euro wert. 15.000 Euro allerdings nicht für meine Nichte, sondern für mich als Anwalt, wenn ich all die Fehler abmahnen würde, die meine Nichte dort macht. Es werden YouTube-Videos ohne Genehmigung weiterverbreitet, Gedichte werden ohne die Lizenz des Dichters veröffentlicht, Vorschaubilder werden gepostet, ohne mit dem Urheber gesprochen zu haben. So bauen sich Social-Media-User große Abmahnpotenziale auf.« Dies erklärte mir nach einem Vortrag einmal Christian Solmecke, ein auf Internet- und Medienrecht spezialisierter Anwalt aus Köln.

Deshalb habe ich ihn gleich gebeten, die wichtigsten rechtlichen Aspekte zu den Themen dieses Buchs zusammenzustellen. Wie aber jeder weiß, sind Gesetze und damit auch die Rechtslage ständig im Fluss. So beziehen sich die folgenden Ausführungen auf den Status quo Anfang 2015. Da jeder Einzelfall jedoch individuell betrachtet werden muss, ist ein adäquater Rechtsbeistand oft eine ziemlich gute Idee.

Gastbeitrag von Christian Solmecke

Rechtliche Anforderungen an das E-Mail- und Empfehlungsmarketing

Wie in der kompletten Unternehmenskommunikation lauern auch im Mundpropaganda- und Empfehlungsmarketing Gefahren, die ein juristisches Nachspiel nach sich ziehen können. Denn Unternehmen tappen schnell in rechtliche Fallen, wenn sie zum Beispiel versuchen, neue Kunden über Werbe-Mails oder Empfehlungsschreiben zu generieren. Die Folge sind nicht selten teure Abmahnungen und Klagen, die den Marketingerfolg zumindest finanziell zu Nichte machen. Um dies zu vermeiden, sollen im folgenden Beitrag die wichtigsten Fragen in Bezug auf die rechtlichen Anforderungen an das E-Mail- und Empfehlungsmarketing beantwortet werden.

Die Versendung von Werbe-Mails

Unternehmer sollten sich grundsätzlich der Tatsache bewusst sein, dass Werbe-Mails nicht nur solche E-Mails sind, die konkret ein Produkt oder eine Dienstleistung bewerben, sondern auch Nachrichten, die nicht direkt mit speziellen Angeboten in Verbindung stehen. Dazu gehören zum Beispiel Nachrichten, in denen der Werbende seinem Kunden zum Geburtstag gratuliert, ihm Frohe Weihnachten wünscht oder um die Teilnahme an einer Studie zu Marktforschungszwecken bittet. Schließlich fallen unter den Begriff Werbe-Mails auch Nachrichten, die per SMS oder über die sozialen Netzwerke verschickt werden.

Gleiche Regeln für Unternehmer und Verbraucher

Für die Beurteilung des Werbecharakters ist dabei auch nicht maßgeblich, wer der Empfänger ist. Ob ein B2B- oder B2C-Verhältnis vorliegt, macht für die Beurteilung der Rechtswidrigkeit keinen Unterschied. Nur die Qualifikation des Eingriffs ist eine andere. Erhält eine Privatperson Werbung, in die er nicht eingewilligt hat, so stellt dies einen Eingriff in das gemäß Art. 2 Abs. 1 i. V. m. Art. 1 Abs. 1 GG verfassungsrechtlich garantierte allgemeine Persönlichkeitsrecht dar, das dem Schutz vor sämtlichen Eingriffen in die persönliche Lebenssphäre einer Person dienen soll. Die Versendung an Gewerbetreibende kann als ein Eingriff in den eingerichteten und ausgeübten Gewerbebetrieb qualifiziert werden. Diese Eingriffe haben zur Folge, dass der Empfänger der unerwünschten E-Mail gegen den Absender einen Unterlassungs- und Schadensersatzanspruch geltend machen kann.

Werbebotschaften als unzumutbare Belästigung

Hinzu kommt ein Verstoß gegen das Wettbewerbsrecht. §7 Abs. 2 Nr. 3 UWG regelt, dass E-Mails eine unzumutbare Belästigung sind, wenn sie ohne ausdrückliche Einwilligung des Adressaten verschickt werden. Darüber hinaus ist nach §7 Abs. 2 Nr. 4 UWG von einer unzumutbaren Belästigung auch dann auszugehen, wenn

- die Identität des Absenders verschleiert oder verheimlicht wird,
- ein Verstoß gegen die besonderen Informationspflichten des § 6 Abs. 1 TMG vorliegt oder
- die E-Mail keine gültige Adresse enthält, unter der der Empfänger den Absender kontaktieren kann, um ihm beispielsweise das künftige Zusenden von E-Mails untersagen zu können.

Ausnahme bei bestehenden Geschäftsbeziehungen

Nur ausnahmsweise wird bei unverlangt zugesandten E-Mails eine Belästigung verneint, wenn die E-Mail-Adresse im Rahmen des Verkaufs einer Ware gewonnen wurde und sich die Nachricht auf ein ähnliches Produkt bezieht, das einen Bezug zur bestehenden Vertragsbeziehung aufweist. Der Adresseninhaber darf aber in keinem Fall der Verwendung seiner Kontaktdaten widersprochen haben, und er muss in jedem Fall darauf hingewiesen werden, dass er der Verwendung seiner Adresse auch später jederzeit widersprechen kann. Ist eine dieser Voraussetzungen nicht erfüllt, ist die Werbemaßnahme rechtswidrig. Diese Ausnahme greift nur bei Werbe-Mails. Werbung per Post oder per Telefon bedarf immer der Einwilligung des Adressaten.

Wann liegt eine Einwilligung vor?

Grundsätzlich bedarf die wirksame Einwilligung der Schriftform. Dies ist in §4 Abs.1 S.3 BDSG geregelt. Zudem ist eine Einwilligung nur wirksam, wenn der Einwilligende genau weiß, wofür er seine Zustimmung gibt. Das heißt, dass sowohl der Umfang der Nutzung der Daten, als auch der genaue Zweck erläutert werden müssen. Insbesondere muss der Name des werbetreibenden Unternehmens angegeben werden. Gefordert wird auch eine konkrete Bezeichnung der Produkte und Dienstleistung für die geworben werden soll. Eine pauschale Einwilligung in die Nutzung der Daten zu Webezwecken ist ungültig, denn sie verstößt gegen das Transparenzgebot. Schließlich muss der Empfänger darüber informiert werden, über welche Kontaktkanäle er in Zukunft Werbung erhält. Es muss also klar formuliert werden, ob die Kontaktaufnahme zu Werbezwecken per Telefon, E-Mail, Post oder Fax erfolgen soll oder gar auf allen Wegen.

Ist eine wirksame Einwilligung erteilt worden, gilt sie nur für das Unternehmen, gegenüber dem sie abgegeben wurde. Die Einwilligung ist nicht übertragbar. Dies gilt auch in Bezug auf Tochtergesellschaften, die nicht explizit aufgezählt wurden.

Die Einwilligung muss ausdrücklich erteilt werden, das heißt, dass der Betroffene aktiv einwilligen muss, beispielsweise durch eine Unterschrift oder im Wege des Opt-in-Verfahrens. Nicht wirksam sind Einwilligungen, die bereits im Voraus standardmäßig angeklickt sind und bei denen das Häkchen aus dem Kästchen entfernt werden muss.

Zwar gibt es auch Regeln zur mutmaßlichen Einwilligung, also zu Fällen, in denen eine Einwilligung vermutet wird, jedoch sind diese gerade für den juristischen Laien sehr schwer zur beurteilen und sollten daher eher nicht ohne Absicherung durch einen Rechtsbeistand angenommen werden, um kostenpflichtige Abmahnungen der Empfänger zu verhindern.

Die Telefonakquise, sogenannte Cold calls

Werbung durch einem Telefonanruf ist bei Verbrauchern nur bei ausdrücklicher Einwilligung erlaubt. Die Voraussetzungen für die Wirksamkeit einer Einwilligung decken sich mit dem gerade Gesagten. Im B2B-Verhältnis reicht dagegen die mutmaßliche Einwilligung aus. Das regelt §7 Abs. 1 S. 2 UWG. Wann eine solche mutmaßliche Einwilligung angenommen werden kann, ist gesetzlich nicht geregelt. Es kommt hier im Einzelfall darauf an, ob das Angebot für den Unternehmer aufgrund seines Geschäftes interessant sein könnte. Nach der Rechtsprechung scheidet eine mutmaßliche Einwilligung bereits dann aus, wenn dem Unternehmen ein objektiv ungünstiges Angebot gemacht wird. Wer fälschlicherweise von einer mutmaßlichen Einwilligung ausgeht, riskiert ein Bußgeld von bis zu 50.000 Euro.

Rechtsfalle Weiterempfehlungslink

Der Bundesgerichtshof (BGH) hat entschieden, dass E-Mails, die über die Tell-a-friend-Funktion über Unternehmensseiten verschickt werden, wie unverlangt versandte E-Mail-Werbung zu behandeln sind. Das bedeutet: Richtet sich die ohne Einwilligung des Adressaten versandte Empfehlungs-E-Mail an einen Unternehmer, stellt dies einen rechtswidrigen Eingriff in den eingerichteten und ausgeübten Gewerbebetrieb dar (Urteil vom 12. September 2013; Az. I ZR 208/12).

Gestaltet ein Onlinehändler sein Empfehlungsmarketing demnach so, dass an Freunde eine Werbe-E-Mail mit Hinweisen auf die Internetpräsenz des Onlinehändlers versendet werden kann, bei der der Onlinehändler aber als Absender der E-Mail erscheint, liegt darin nach Auffassung des BGH eine eigene Werbung des Onlinehändlers. Dies bedeutet wiederum, dass auch der Onlinehändler dafür verantwortlich ist, für den Versand dieser Werbe-E-Mail die rechtlichen Voraussetzungen einzuhalten. Verfügt der Onlinehändler daher nicht über die erforderliche Einwilligung des Empfängers der E-Mail, ist der Versand der Werbe-E-Mail rechtswidrig. Das Tell-a-friend-Konzept wird so zum Eigentor.

Hintergrund hierfür ist die extrem weite Definition des Begriffes der Werbung. Hierzu zählt nämlich auch bereits die mittelbare Absatzförderung – und somit auch ein bloßer Hinweis auf die Internetpräsenz eines Unternehmens.

Spannend und durch den BGH noch nicht abschließend beantwortet bleibt allerdings nun die Frage, ob Tell-a-friend-Konzepte, bei denen als Absender der Werbe-E-Mail der Kunde des Onlinehändlers und nicht der Onlinehändler selbst erscheint, rechtlich anders zu bewerten sind. Dies wäre nur dann der Fall, wenn in einer solchen Konstellation in der E-Mail keine Werbung des Onlinehändlers gesehen würde. Denn nur dann würde es sich um eine rein private Empfehlung, wie sie beispielsweise auch über den Gartenzaun oder in der Kantine ausgesprochen würde, handeln.

Dies dürfte wohl auch von dem Inhalt der Werbe-E-Mail abhängen. Denn sobald der Onlinehändler vorsieht, dass über die Tell-a-friend-E-Mails automatisch als Textbausteine eigene werbliche Inhalte des Unternehmens wie zum Beispiel nähere Produktbeschreibungen oder Hinweise auf Treue- und Rabattaktionen verbreitet werden, dürfte sich das Risiko deutlich erhöhen, dass auch hierin eine Werbung des Onlinehändlers gesehen werden könnte. Bis auf weiteres verbleiben daher bei Tell-a-friend-Konzepten gewisse Haftungsrisiken.

Rechtsfallen bei Social-Media-Buttons

Ein Haftungsrisiko besteht auch bei der Einbindung von Social Media Buttons, wie dem Facebook-Like-Button. Über den Like-Button können Facebook-Nutzer direkt eine Bewertung des Angebotes abgeben, die Inhalte auf fremden Websites empfehlen und an ihre Freunde versenden. Nicht nur die Nutzer haben einen Vorteil. Facebook kann über dieses Social-Media-Button Profile seiner Nutzer und ihrer Verhaltensweisen erstellen. Websites, die den Like-Button integrieren, übertragen automatisch bei jedem Abruf der Seite die IP-Adressen der Nutzer, Informationen über Betriebssystem und Browser und die aufgerufene Website, sodass das Surfverhalten eindeutig nachvollzogen werden kann. Diese Informationen nutzt das Netzwerk dann beispielsweise, um perfekt auf den Nutzer zugeschnittene Werbung anzuzeigen.

Diese Praxis ist aus datenschutzrechtlicher Sicht recht bedenklich. Voraussetzung für die rechtskonforme Erhebung solcher Daten ist grundsätzlich immer das Vorliegen einer konkreten Einwilligung des Betroffenen. Eine wirksame Einwilligung ist bei der Einbindung von Social-Media-Buttons, die diese Informationen automatisch bei jedem Abruf der Website weiterleiten, jedoch nicht vorhanden. Somit ist der Einsatz von Social-Media-Buttons nach deutschem Datenschutzrecht nicht zulässig.

Wer nicht auf den Einsatz von Social Plug-ins verzichten möchte, sollte unbedingt auf die sogenannte Zwei-Klick-Lösung zurückgreifen. Diese zeichnet sich dadurch aus, dass beim Aufruf einer Website zunächst nur eine nicht aktive Schaltfläche eingeblendet wird, die vom Besucher mit einem Klick aktiviert werden muss. Zuvor hat der Besucher auch die Möglichkeit, sich über die Datenübertragung zu informieren.

Negative Meinungsäußerungen und verleumderische Statements in Foren, Blogs und auf Meinungsportalen

Es gilt das Haftungsprivileg der Host-Provider. Wenn man also als Privatperson oder als Unternehmen gegen verletzende oder schädigende Kommentare vorgehen möchte, muss man sich zunächst an den Provider, also an den jeweiligen Seitenbetreiber, wenden.

Dabei ist es wichtig zu wissen, dass den Provider keine grundsätzliche Pflicht zum Löschen oder Sperren der Kommentare trifft. Betreiber von Foren oder Bewertungsplattformen speichern lediglich die Beiträge ihrer Nutzer – sie verfassen sie nicht selbst. Provider, die die Inhalte Dritter speichern, nennt man Host-Provider.

Das Gesetz befreit Host-Provider von einer Haftung für fremde Inhalte (§ 10 TMG). Eine Ausnahme dieser Haftungsprivilegierung besteht allerdings, wenn der Provider von einem rechtswidrigen Inhalt Kenntnis hat – dann muss er unverzüglich tätig werden. Wird der Provider also auf einen verletzenden Kommentar hingewiesen, muss er entsprechende Maßnahmen ergreifen.

Die Gerichte haben diese Haftungsfragen in der Vergangenheit oftmals unterschiedlich und einzelfallabhängig entschieden. Grund dafür ist häufig der hohe Schutzumfang der Meinungsfreiheit. Auch ist nicht immer eindeutig, ob es sich bei einem Kommentar um eine bloße Meinungsäußerung, berechtigte Kritik, unwahre Tatsachenbehauptung oder sogar Beleidigung handelt. Abhängig von Adressat, Reichweite und dem Umfeld, in der die

Äußerung getätigt wurde, können Persönlichkeitsrechte, Wettbewerbsrechte oder auch gar keine Rechte verletzt sein.

Rechtlicher Stellenwert eines Blogs

Anders ist der Fall zu beurteilen, wenn rechtswidrige Inhalte nicht in einem Kommentar oder einer Bewertung, sondern in Form eines Beitrags auf einem Blog veröffentlicht werden. Ein Blogger ist kein Host-Provider, sondern ein Content-Provider – denn er veröffentlicht eigene Inhalte (§ 7 TMG). Ein Blog wird häufig von Einzelpersonen, mitunter sogar unter einem Pseudonym, betrieben und ist entsprechend persönlich gestaltet. Aus rechtlicher Sicht genießen Blogger allerdings keinen Sonderstatus. Solange der Blog nicht ausschließlich zu persönlichen oder familiären Zwecken genutzt wird, unterliegen Blogger der Impressumspflicht (§ 55 RStV).

In der Lindqvist-Entscheidung (EuGH, 06.11.2003 – C-101/01) stellte der EuGH darüber hinaus klar, dass Informationen im Internet grundsätzlich als öffentlich anzusehen sind und der Verfasser dafür haftbar gemacht werden kann. Das gilt auch für das Zueigenmachen fremder Inhalte. Damit sind Inhalte Dritter gemeint, von denen sich ein Provider nur unzureichend abgrenzt. Die oft genutzten Disclaimer (Ich hafte nicht für fremde Inhalte) sind als Haftungsausschluss meist ungeeignet und besitzen höchstens Indizwirkung. Bei Rechtsverletzungen sind neben Unterlassungsansprüchen auch Schadensersatzansprüche sowie Ansprüche auf eine Gegendarstellung oder einen Widerruf denkbar.

Was bei Guerilla-Marketing zu beachten ist

Guerilla-Marketing bietet eine Fülle an rechtlichen Stolpersteinen. Insbesondere bei der Werbung auf öffentlichen Plätzen müssen eine Vielzahl von verwaltungsrechtlichen Problemen beachtet werden. Die Anforderungen an Aktionen in der Öffentlichkeit variieren dabei von Stadt zu Stadt. Flyer-Aktionen und Werbestände sind grundsätzlich genehmigungsbedürftig. Bei den zuständigen Ordnungsbehörden muss zunächst eine Sondernutzungserlaubnis eingeholt werden. In Fußgängerzonen ist oftmals ein Einsatz elektrischer Geräte wie Verstärker komplett verboten. Wenn Werbematerial in großem Maße verteilt wird, muss damit gerechnet werden, dass man etwaige Reinigungskosten übernehmen muss.

Das Überkleben von (Werbe-)Plakaten oder die Anbringung eigener Werbung auf fremder Werbung sollte ganz unterlassen werden. Abgesehen von einer Sachbeschädigung ist dieses Verhalten wettbewerbswidrig, was nicht nur teuer, sondern in der Folge auch rufschädigend sein kann.

Darüber hinaus ist der Inhalt der Werbung beim Guerilla-Marketing oft problematisch. Es ist unbestritten, dass manchmal rechtliche Grenzen bewusst überschritten werden, um zu provozieren. Problematisch ist dabei natürlich, dass die rechtlichen Folgen nur schwer berechenbar sind. Insbesondere Persönlichkeitsrechtsverletzungen haben keinen festen wirtschaftlichen Gegenwert, der sich im Vorfeld kalkulieren lässt. Guerilla-Marketing lebt zu einem großen Teil von der Provokation. Allerdings ist es unerlässlich, derartige Werbekampagnen detailliert zu planen.

Was bei Viralmarketing zu beachten ist

Der Fokus beim Viralmarketing muss auf der Planung liegen. Verbreitet sich ein Video erst mal im Internet, ist eine Schadensbegrenzung nicht mehr möglich. Daher müssen potenzielle rechtliche Probleme von vornherein ausgeschlossen werden. Mit zunehmender Verbreitung nimmt die Intensität von Persönlichkeitsrechts- und Wettbewerbsverletzungen zu.

Aber das stellt nicht das einzige Problem beim viralen Marketing dar. Erfolgt die Verbreitung nicht wie gewünscht, greifen Unternehmen teilweise zu dubiosen Mitteln. Jedoch stellen zum Beispiel der Kauf von Likes auf Facebook oder Views auf YouTube wie auch die Manipulation von Websites wettbewerbswidrige Maßnahmen dar. Selbst wenn die künstliche Verbreitung rechtlich einwandfrei abläuft, ist eine Enthüllung oft mit einer Rufschädigung verbunden. Eine erfolgreiche virale Kampagne lebt von ihrer Natürlichkeit, ein künstliches Aufbauschen widerspricht diesem Sinn. Je nachdem, wie irreführend eine virale Kampagne gestaltet ist, steht der Vorwurf der irreführenden Werbung (§ 5 UWG) oder sogar der Schleichwerbung (§ 6 UWG) im Raum.

Trennung zwischen redaktionellen Inhalten und Werbung

Werbung darf nicht versteckt in redaktionellen Texten untergebracht werden. Das gebietet das sogenannte Trennungsgebot. Es dürfen im Fließtext eines Blogbeitrages beispielsweise keine Werbeanzeigen eingebettet werden, die offensichtlich nicht mit dem redaktionellen Text in Verbindung stehen. Anders, wenn die Anzeige eindeutig als Werbung gekennzeichnet wird. Damit soll Schleichwerbung verhindert werden, die die Entscheidungsfreiheit der Verbraucher in zu hohem Maße beeinflussen würde.

Gefälschte Bewertungen

Schleichwerbung liegt auch dann vor, wenn bewusst gefälschte Bewertungen abgegeben werden. Manche Unternehmen beauftragen Blogger oder PR-Agenturen damit, positive Produktberichte auf den einschlägigen Bewertungsplattformen abzugeben, in dem Wissen, dass die meisten Verbraucher sich bei ihrer Kaufentscheidung von solchen Foren beeinflussen lassen. Der Kauf von positiven Bewertungen ist jedoch wettbewerbsrechtlich absolut unzulässig, da gefälschte Bewertungen in hohem Maße geeignet sind, die Verbraucher in die Irre zu führen. Unternehmen, die diese verbotene Marketingstrategie verfolgen, riskieren teure wettbewerbsrechtliche Abmahnungen.

Geldwerte Leistungen gegen die Abgabe einer Bewertung versprechen?

Das Gleiche gilt, wenn Unternehmer ihre Kunden dazu animieren, positive Bewertungen abzugeben, indem sie ihnen geldwerte Leistungen versprechen. Ein Onlinehändler hatte beispielsweise seinen Kunden 10 Prozent Rabatt auf seine Ware versprochen, wenn die Kunden den Shop in einem bestimmten Bewertungsportal bewerten würden. Der Rabatt sollte bei einer mindestens durchschnittlichen Bewertung auf 25 Prozent erhöht werden.

Das OLG Hamm nahm hier eine Verletzung des Wettbewerbs an. Es ist jedoch nicht per se verboten, seine Kunden zur Abgabe einer Bewertung zu animieren. Es muss lediglich sichergestellt werden, dass die Kunden nicht im Hinblick auf ihre Meinungsäußerung bei der Abgabe der Bewertung unzulässig beeinflusst werden, beispielsweise durch einen finanziellen Anreiz.

14.
Ausblick: Überleben in der Empfehlungsgesellschaft

Ach ja, früher war alles so einfach: Die Anbieter sandten Werbebotschaften aus, die Verbraucher hörten brav zu und kauften dann. Auch wenn dieses Vorgehen heute noch ganz normal erscheinen mag, schon bald wird es sehr anachronistisch anmuten. Statt um Lärm wird es von nun an um Impact gehen, und statt um Reichweite nach dem Gießkannenprinzip geht es schon lange um Relevanz. Zunehmend werden die Unternehmen auf kollaborative Prozesse und die Weisheit der Vielen setzen. An allen Punkten der Wertschöpfungskette werden passende Menschen(gruppen) von außerhalb der Organisation mehr oder weniger intensiv an Weiterentwicklungen beteiligt. Manchmal passiert dies hinter verschlossener Tür, manchmal werden sie öffentlich dazu eingeladen. So kommt es, dass Produkte und Serviceleistungen dann, wenn sie eingeführt werden, bereits eine Fan- und Nutzergemeinde haben, die sich für deren Verbreitung mächtig ins Zeug legt.

Neben solch gezielt ausgelösten Vermarktungsstrategien werden immer mehr Konsumenten von sich aus Initiativen ergreifen. Sie werden Erfahrungsberichte ins Web einstellen, dort auch Empfehlungen aussprechen und den guten Rat Dritter erfragen. So wird Kommunikation dreidimensional. Es entstehen online-offline-gemixte Beziehungen, bei denen der Anbieter selbst meist nur noch eine Nebenrolle spielt. Im Handel ist das alles schon gang und gäbe: Vor den Augen eines mehr oder weniger kompetenten Verkäufers checken wir mal schnell via Smartphone die Bewertungen, die unser Objekt der Begierde erhalten hat. Und oft genug folgen wir den Hinweisen der Menschen im Web sehr viel bereitwilliger als den meist nicht ganz uneigennützigen Argumenten eines angestellten Beraters.

Wenn wir mit Bekannten zusammensitzen, ist es auch ganz normal, dass wir uns gemeinsam über unsere elektronischen Begleiter beugen, um zu erfahren, wie socialmediaaktive User über eine Sache denken und was sie wozu sagen. Im Zeitalter von Always-on werden Onlinepersonen wie selbstverständlich in Offline-Gespräche integriert. Und wer auf einer Produktseite im Internet von den Gesichtern seiner Freunde angelacht wird, weil diese den Gefällt-mir-Knopf gedrückt haben, kauft eher.

Schon bald werden wir nicht einmal mehr selbst nach wohlmeinenden Ratschlägen suchen müssen, via Hyperlocal Services, Like-Machines, Augmented-Reality-Applikationen und passend gewählten Filteroptionen wird uns vollautomatisch nur noch das zugespielt, was von eigenem Interesse und hochwertig ist. »Recommendation is the new search«, sagt der Digital-Darwinist Karl-Heinz Land. Empfehlung statt Suche ist dann das Prinzip. Im Zuge dessen wird das onlinebasierte Weitererzählen immer mehr zu einem Massenphänomen – und fast so was wie Bürgerpflicht. In diesem Kontext kommen dann nur noch die wirklich Guten durch.

In nicht allzu ferner Zeit werden wir uns sogar in Räume begeben können, in denen die Wände lichtemittierende Flächen sind. Gestochen scharf werden dann Menschen von irgendwo auf der Welt vor uns stehen und über ihre Anwendererfahrungen – quasi leibhaftig – berichten. Wenn es so weit ist, dann gibt es für Word of Mouth wohl kein Halten mehr. Denn dann erhalten wir digitalisiert wieder das, was uns Menschen so überaus wichtig ist: Eine Face-to-Face-Kommunikation, bei der wir den Einklang von Sprache und Körpersprache auf Glaubwürdigkeit prüfen können.

So wird die Zukunft eine Empfehlungsökonomie sein. Wer darin überleben will, hat zwei mal zwei Dinge zu tun: An jedem Interaktionspunkt mit Kunden ist zunächst sicherzustellen,

1. dass das, was dort passiert, empfehlbar ist und
2. dass passende Empfehlungselemente eingebaut werden.

Das heißt konkret: Egal, ob B2B oder B2C, alle unternehmerischen Maßnahmen müssen so gestaltet werden, dass sie ihren Beitrag zu einer positiven Mundpropaganda leisten. Die neuen Sales- und Marketingvorgaben lauten danach wie folgt:

1. Entwickle die Kunden, die schon da sind, zum Empfehler weiter!
2. Mach die, die nicht Kunde werden, zu Mundpropagandisten!

Wer dabei die Spielregeln des modernen Empfehlungsmarketing beherrscht, kann in eine nachhaltig profitable Zukunft schauen. Die Möglichkeiten sind, wie wir sahen, vielfältig und facettenreich. Doch den einen goldenen Weg, zu dem man sich eine einfache Wegbeschreibung besorgt, gibt es nicht. Und alte Wege führen nicht zu neuen Zielen. Testen Sie also die Routen, die dieses Buch Ihnen aufgezeigt hat. Finden Sie die, auf denen es sich gut vorankommen lässt, und suchen Sie ständig nach neuen.

Sei wirklich gut, und bring die Menschen dazu, dies engagiert weiterzutragen.

So lautet das Mantra in einer Empfehlungsgesellschaft. Hierzu sind – neben wertigen Angeboten und einer exzellenten Reputation – hoch motivierte Mitarbeiter vonnöten. Mitarbeiter, die nicht nur Spitzenleistungen erbringen können, sondern dies vor allem auch wollen. Basis dafür sind eine kundenfokussierte Unternehmensführung, Kundenloyalität und eine Fankultur. Schließlich geht es darum, Hochgefühle zu bewirken und durch immer wieder neue Kauferlebnisse mit eingestreutem Sternenstaub für begeisternden Gesprächsstoff zu sorgen.

Wer das schafft, wird nicht länger um Empfehlungen betteln müssen. Diese kommen dann von ganz allein. Entflammte Kunden werden die Werbetrommel rühren und von sich aus nach passenden Interessenten suchen. Sie werden sich melden, um potenzielles Neugeschäft zu avisieren. Als enthusiastische Botschafter, glaubwürdige Advokaten und emsige Multiplikatoren werden sie der ganzen Welt erzählen, wie unvergleichlich vortrefflich Sie sind. So werden die schönsten Verkäuferträume endlich wahr: kaufwillige Kunden, die in Scharen kommen, und das von ganz allein.

Dazu wünsche ich Ihnen von Herzen jeden erdenklichen Erfolg.

München, im Frühjahr 2015

Ihre

P.S.: Verfolgen Sie gerne die Weiterentwicklung des Themas auf www.emp-fehlungsmarketing.cc und in meinem Blog. Oder abonnieren Sie meinen Newsletter. Und wenn Sie Fragen, eigene Erfahrungen oder einen Auftrag haben, wunderbar. Schreiben Sie mir unter info@anneschueller.de

In diesem Kontext sei auch folgende kleine Bitte erlaubt: Zum Nutzen all derer, die Ihnen wichtig sind: Empfehlen Sie dieses Buch gerne weiter. Und schreiben Sie bei Gelegenheit etwas Schönes auf den einschlägigen Bewertungsportalen.

Anhang

Gastautoren

Dr. Sylvia C. Löhken ist Expertin für intro- und extrovertierte Kommunikation. Sie hilft als Rednerin, Autorin und Coach Fach- und Führungskräften und ihren Teams, entsprechend ihrer eigenen Persönlichkeit artgerecht zu arbeiten, zu handeln und zu leben. Sylvia Löhken ist Autorin des internationalen Bestsellers *Leise Menschen – starke Wirkung*. Ihr neues Buch *Intros und Extros* zeigt, wie die verschiedenen Persönlichkeitstypen erfolgreich zusammenwirken können. Kontakt: www.intros-extros.com

Der gelernte Journalist Harry Weiland ist Inhaber von casestudies.biz, dem führenden Spezialisten für Referenzmarketing. casestudies.biz unterstützt Unternehmen auf allen Stufen des Referenzmarketings – von der Akquise von Referenzen über die Produktion von Referenzmaterial bis zum Aufbau von Referenzkundenprogrammen. casestudies.biz hat seit 2003 mehrere hundert Case Studys unter anderem für Unternehmen wie Bayer Business Services, TUI Leisure Travel, Lufthansa City Center, HRS, HRworks und Dräger produziert. Kontakt: www.casestudies.biz

Mag. Dr. Magda Bleckmann ist Expertin für Erfolgsnetzwerke. Nach dem Studium der Betriebswirtschaftslehre ist sie seit vielen Jahren als Rednerin und Lektorin an verschiedenen Fachhochschulen, als Wirtschaftscoach und Trainerin tätig. Aufgrund ihrer langjährigen politischen Tätigkeit besitzt sie fundierte Erfahrungen zum Thema Kommunikation und Netzwerken und begleitet mit diesem umfassenden Wissen Führungskräfte auf ihrem Weg nach oben. Kontakt: www.magdableckmann.at

Mark Leinemann ist MR. WOM. Unter diesem Namen stellt der Marketingexperte Unternehmen sein breites Word-of-Mouth-Marketing-Wissen als Berater, Umsetzer, Trainer und Referent zur Verfügung. Als erster WOM-Marketing-Spezialist der Schweiz gehört er zu den führenden Mundpropaganda-Experten im deutschsprachigen Raum. Mark Leinemann lehrt als Gastdozent für Word of Mouth an der HTW Chur und der DHBW Ravensburg, ist freier Trainer für WOM der AGOF Akademie und bloggt zum Thema.
Kontakt: www.mrwom.com

Der gelernte PR-Experte Torsten Panzer war Co-Founder der internationalen Word-of-Mouth-Agentur Buzzer, Geschäftsführer der Social-Media-Akademie und Director Social Media bei der Agentur thjnk. Er startete seine Karriere als Pressesprecher und Leiter Marketing der Kölner denkwerk-Gruppe, bevor er ab 2001 als Mitgründer und Gesellschafter die Agentur ad publica PR führte. Torsten Panzer ist Vorstandsvorsitzender des PR Club, Beirat der Social Media Week Hamburg und als Kommunikationsberater und Dozent tätig.
Kontakt: www.panzer-reputation.com

Christian Solmecke hat sich als Rechtsanwalt und Partner der Kölner Medienrechtskanzlei WILDE BEUGER SOLMECKE auf die Beratung der Internet- und IT-Branche spezialisiert. Er hat den Bereich Internetrecht/E-Commerce der Kanzlei stetig ausgebaut und betreut zahlreiche Medienschaffende, Web-2.0-Plattformen und App-Entwickler. Daneben ist Solmecke Lehrbeauftragter der Fachhochschule Köln für Social Media und Recht sowie Geschäftsführer des Deutschen Instituts für Kommunikation und Recht im Internet an der Cologne Business School.
Kontakt: www.wbs-law.de

Anmerkungen

1 http://www.bitkom.org/74339_74331.aspx

2 http://www.presseportal.de/pm/6694/2409243/berliner-forscher-gehirn-reagiert-au-ergew-hnlich-auf-apple-produkte

3 http://ragazzi-group.de/2011/03/social-media-roi-statistiken-und-zahlen-oder-menschen-und-beziehungen/

4 http://blog.talkabout.de/2011/05/26/social-media-und-mittelstand-wichtich-iss-aufm-platz/

5 http://www.slideshare.net/Spreadly/umfrageergebnisse-social-sharing

6 Schüller, Anne M.; Torsten Schwarz (2010): Leitfaden WOM Marketing

7 http://www.edelman.de/de/studien/data-privacy-and-security/articles/brandshare

8 http://www.dirkkreuter.de/download/vk1201_bildschirm_empfehlungen.pdf

9 W&V: Ausgabe 3/2015

10 Schüller, Anne M.; Torsten Schwarz (2010): Leitfaden WOM Marketing

11 Dictonomie-Studie: http://www.dictyonomie.de/erste_networking_umfrage.html – http://www.dictyonomie.de/networking_umgfrage_unter_profis_fremde_zu_freunden.html

12 Global Trends in Online Shopping, A Nielsen Global Consumer Report, Juni 2010

13 http://www.haufe.de/marketing-vertrieb/online-marketing/empfehlungsmarketing-positive-bewertungen-fuehren-zu-mehr-umsatz_132_268970.html

14 http://www.sueddeutsche.de/digital/heimliche-werbung-im-internet-das-geschaeft-mit-der-gefaelschten-meinung-1.2211777

15 CRM-Studie 2014

16 Harvard Business Manager 2/2008

Literaturhinweise

Bauer, Florian; Hardy Koth: Der unvernünftige Kunde. Mit Behavioural Economics irrationale Entscheidungen verstehen und beeinflussen. Redline, München 2014.

Beilharz, Felix: Social Media Management. Wie Marketing und PR Social-Media-tauglich werden. Business Village, Göttingen 2012.

Berndt, Jon Christoph; Sven Henkel: Brand New. Was starke Marken heute wirklich brauchen. Redline, München, 2014.

Bleckmann, Magda: Das kleine Smalltalk 1×1. Die Kunst, Gespräche zu führen und überzeugend zu wirken. Leykam, Graz 2013.

Bleckmann, Magda: Das kleine Netzwerk 1×1. Die Kunst, Kontakte aktiv zu knüpfen und bewusst zu pflegen. Leykam, Graz 2012.

Cialdini, Robert B:. Die Psychologie des Überzeugens. Wie Sie sich selbst und Ihren Mitmenschen auf die Schliche kommen. 4. Auflage, Huber, Bern 2006.

Christakis, Nicholas A., James H. Fowler: Connected! Die Macht sozialer Netzwerke und warum Glück ansteckend ist. Fischer, Frankfurt 2010.

Eagleman, David: Inkognito. Das geheime Eigenleben unseres Gehirns. Campus, Frankfurt 2012.

Eck, Klaus; Doris Eichmeier: Die Content-Revolution in Unternehmen. Neue Perspektiven durch Content-Marketing und -Strategie. Haufe-Lexware, Freiburg 2014.

Eck, Klaus: Transparent und glaubwürdig. Das optimale Online Reputation Management für Unternehmen. Redline, München 2010.

Fink, Klaus-J.: Empfehlungsmarketing. Königsweg der Neukundengewinnung. 6. Auflage, Gabler, Wiesbaden 2014.

Fischer, Christian M.: Macht Schlagzeilen! 1000 PR-Ideen, um Kunden und Journalisten für Ihr Unternehmen zu gewinnen. Gabal, Offenbach 2009.

Frenzel, Karolina; Michael Müller; Hermann Sottong: Storytelling. Das Harun-al-Raschid-Prinzip. Hanser, München/Wien 2004.

Fuchs, Werner T.: Warum das Gehirn Geschichten liebt. Mit den Erkenntnissen der Neurowissenschaften zu zielgruppenorientiertem Marketing. Haufe, München 2013.

Garnefeld, Ina: Kundenbindung durch Weiterempfehlung. Eine experimentelle Untersuchung der Wirkung positiver Kundenempfehlungen auf die Bindung des Empfehlenden. Gabler, Wiesbaden 2008.

Gladwell, Malcolm: Der Tipping Point. Wie kleine Dinge Großes bewirken können. Goldmann, München 2002.

Gladwell, Malcolm: Blink! Die Macht des Moments. Piper, München 2007.

Godin, Seth: Purple Cow. So infizieren Sie Ihre Zielgruppe durch virales Marketing. Campus, Frankfurt 2004.

Görtz, Christian: Mehr Umsatz durch Marketing-Kooperationen. Die günstigste und schnellste Strategie, um neue Kunden zu gewinnen. Gabal, Offenbach 2010.

Grabs, Anne; Jan Sudhoff: Empfehlungsmarketing im Social Web. Social Commerce, Empfehlungsmarketing und mobile Strategien. Galileo Press, Bonn 2014.

Häusel, Hans-Georg: Think limbic! Die Macht des Unbewussten verstehen und nutzen für Motivation, Marketing, Management. Haufe, Planegg 2014.

Häusel, Hans-Georg: Emotional Boosting. Die hohe Kunst der Kaufverführung. Haufe, Planegg 2009.

Hoffmann, Kerstin: Prinzip kostenlos: Wissen verschenken – Aufmerksamkeit steigern – Kunden gewinnen. Wiley, Weinheim 2012.

Kirby, Justin: Connected Marketing: The Viral, Buzz and Word of Mouth Revolution. Routledge 2005.

Koch, Klaus-Dieter: Was Marken unwiderstehlich macht. 101 Wege zur Begehrlichkeit. Orell Füssli, Zürich 2009.

Langner, Sascha: Viral Marketing. Wie Sie Mundpropaganda gezielt auslösen und Gewinn bringend nutzen. 3. Auflage, Gabler, Wiesbaden 2009.

Löhken, Sylvia: Intros und Extros. Wie sie miteinander umgehen und voneinander profitieren. Gabal Verlag, Offenbach 2014.

Mikunda, Christian: Warum wir uns Gefühle kaufen. Die 7 Hochgefühle und wie man sie weckt. Econ, Berlin 2009.

Oetting, Martin: Ripple Effect. How Empowered Involvement Drives Word of Mouth. Gabler, Wiesbaden 2009.

Patalas, Thomas: Guerilla-Marketing. Ideen schlagen Budget. Cornelsen, Berlin 2006.

Peters, Tom: The Little Big Things. 163 Wege zur Spitzenleistung. Gabal, Offenbach 2011.

Qualman, Eric: Socialnomics. Wie Social Media Wirtschaft und Gesellschaft verändern. Mitp, Heidelberg 2010.

Rankel, Roger; Marcus Neisen: So funktioniert Empfehlungsmarketing heute. Der einfachste Weg, neue Kunden zu gewinnen. Gabal, Offenbach 2013.

Reichheld, Fred; Rob Markey: Die ultimative Frage 2.0. Wie Unternehmen mit dem Net Promoter System kundenorientierter und erfolgreicher sind. Frankfurter Allgemeine Buch, Frankfurt 2011.

Röthlingshöfer, Bernd: Marketeasing. Werbung total anders. Erich Schmidt Verlag, Berlin 2006.

Röthlingshöfer, Bernd: Mundpropaganda-Marketing. Was Unternehmen wirklich erfolgreich macht. DTV, München 2008.

Ronzal, Wolfgang (Hrsg.): Mit den besten Empfehlungen. Österreichs Kunden wählen die besten Finanzdienstleister. Manz, Wien 2013.

Rosen, Emanuel: The Anatomy of Buzz Revisited. Real-life lessons in Word-of-Mouth Marketing. Broadway Business 2009.

Sammer, Petra: Storytelling. Die Zukunft von PR und Marketing. O'Reilly, Köln 2014.

Schäfer, Lars: Emotionales Verkaufen: Was Ihre Kunden wirklich wollen. Gabal, Offenbach 2012.

Schaefer, Mark W.: Einfluss, der sich auszahlt. Die revolutionäre Wirkung von Klout, Social Scoring und Influence Marketing. Talpa, Berlin 2013.

Schmid, Virgil: Spielend verkaufen. Wie Sie Ihre Kunden mit originellen Ideen begeistern. Redline, München 2013.

Schüller, Anne M.: Das Touchpoint Unternehmen. Mitarbeiterführung in unserer neuen Businesswelt. 2. Auflage, Gabal, Offenbach 2014.

Schüller, Anne M.: Touchpoints. Auf Tuchfühlung mit den Kunden von heute. 6. Auflage Gabal, Offenbach 2015.

Schüller, Anne M.; Gerhard Fuchs: Total Loyalty Marketing. 6. Auflage, Gabler, Wiesbaden 2013.

Schüller, Anne M.: Kunden auf der Flucht? Wie Sie loyale Kunden gewinnen und halten. 3. Auflage, Orell Füssli, Zürich 2011.

Schüller, Anne M.; Torsten Schwarz (Hrsg.): Leitfaden WOM Marketing. Marketing-börse, Waghäusel 2010.

Schüller, Anne M.: Erfolgreich verhandeln – erfolgreich verkaufen. Wie Sie Menschen und Märkte gewinnen. BusinessVillage, Göttingen 2009.

Schüller, Anne M.: Come back! Wie Sie verlorene Kunden zurückgewinnen. 3. Auflage, Orell Füssli, Zürich 2009.

Surowiecki, John: Die Weisheit der Vielen. Goldmann, München 2007.

Tapscott, Don; Anthony D. Williams: Wikinomics. Hanser, München 2007.

Taxis, Tim: Heiß auf Kaltakquise. 2. Auflage, Haufe-Lexware, Freiburg 2013.

Vaynerchuk, Gary: The Thank you Economy. HarperCollins, New York 2011.

Wala, Hermann H.: Meine Marke. Was Unternehmen authentisch, unverwechselbar und langfristig erfolgreich macht. Redline, München 2011.

Weinberg, Tamar: Social Media Marketing. O'Reilly, Köln 2010.

Winters, Phil: Customer Strategy. Haufe-Lexware, Freiburg 2014.

Wuring, Nicolette: Customer Advocacy. Msc 2008.

Stichwortverzeichnis

Dell 231
deOleo 221
Deutsche Bahn 235
Dickson, Tom 115
Dictyonomie-Institut 203
Digital Natives 12, 78
Domsalla, Michael 227
Dopamin 56, 60, 64

E

Eck, Klaus 193
Edeka 245
Edelman 139
Edison, Thomas Alva 130
Eichborn Verlag 111
Eicher, David 217
E-Mail 270 ff.
Emotionen 48, 54 f., 85, 87, 141 ff.,
    241, 246 ff.
Empfehler 19, 53, 59
Empfehler-Schublade 36
Empfehlungsadressen 40, 45, 109, 152,
    154, 158, 161 ff., 168 f., 176
Empfehlungsempfänger 37, 38, 50, 58,
    116, 166, 169, 254
empfehlungsfokussierte Analyse 98 f.
empfehlungsfokussierte Strategie 98,
    103
Empfehlungsfrage 160, 164
Empfehlungsgeschäft 81
Empfehlungsgesellschaft 11, 15, 281
Empfehlungsmanagement 97 f.
Empfehlungspotenzial 73, 98 f.
Empfehlungsprozess 16, 258
Empfehlungsrate 14, 98, 102 f., 254,
    257 ff.
Empfehlungsvereinbarung 154 ff., 157
Engelsadvokaten 134
eNPS® 263
Enttäuschungsfaktoren 88
Epic Split 41
eUSP 73 ff.
Evan 189

Evangelist 78
eWOM 41
Extros 62 ff.

F

Facebook 49, 93, 95, 115, 127, 130,
    138, 180, 193, 195, 201 ff.,
    217, 230, 236, 237, 244, 247,
    270, 275, 278
Fallstudie 175
Fan-Gemeinschaften 92
Fan-Kosmetik 92
Fans 16, 27, 29, 33, 59, 70 f., 73, 76,
    90 ff., 114, 120, 137, 188, 195,
    217, 230, 234, 237, 250
Fan-Strategie 95
Ferragni, Chiara 189
Ferstl, Ernst 83
Fink, Klaus-J. 160
Fittkau & Maaß 28
FMVÖ 261
fokussierende Fragen 121
Follower 189, 195, 202, 237, 250
Forum 35, 124, 194, 220, 230
Freese, Ludger 138 f.
Führungskultur 77, 124

G

Gallinat, Jürgen 76
Garber, Karl-Heinz 189
Gehirnforscher 110, 140
Gehirnforschung 59
Geschichten 129, 140 ff., 145 ff.
Gewissensfrage 124 f.
Geyer, Volker 105
Godin, Seth 22
Godzilla 211
Goethe, Johann Wolfgang von 90
Go-Gulf 248
Google 15, 28, 104, 115, 126, 180,
    188, 201, 235, 237, 248, 261
Google+ 104, 180, 201, 248
Görtz, Christian 106

In eigener Sache

Mit großer Freude begleite ich Sie in Sachen Empfehlungsmarketing und Touchpoint-Management. Kommen Sie gern auf mich zu. Ich stehe Ihnen wie folgt zur Verfügung:

- Lebendige Impulsvorträge und hochprofessionelle Keynotes auf Kongressen, Conventions und Jahrestagungen sowie für Management-Meetings, Vertriebskick-offs, Mitarbeiteranlässe, Dinner-Speeches usw.
- Power-Workshops zur Einführung von Touchpoint-Management und Empfehlungsmarketing im Rahmen von Klein- oder Großgruppen.
- Impulsvorträge und Seminare zu diesen weiteren Themen: Kundenloyalität, Mitarbeiterführung in neuen Businesszeiten, Emotionales Verkaufen.

Zu all diesen Themen habe ich auch Bücher geschrieben und Hörbücher herausgegeben. Stöbern Sie einfach mal in meinem Onlineshop auf *www.anneschueller.de*.

Meine Websites	Meine Social-Media-Seiten
www.anneschueller.de	http://blog.anneschueller.de
www.touchpoint-management.de	https://www.xing.com/profile/AnneM_Schueller
www.loyalitaetsmarketing.com	http://facebook.touchpoint-management.de
www.empfehlungsmarketing.cc	http://facebook.loyalitaetsmarketing.com
	http://facebook.empfehlungsmarketing.cc
	http://twitter.com/anneschueller
	http://googleplus.anneschueller.de

Erfolgreich verhandeln – Erfolgreich verkaufen

Anne M. Schüller
Erfolgreich verhandeln – Erfolgreich verkaufen
Wie Sie Menschen und Märkte gewinnen
1. Auflage

232 Seiten; Broschur; 24,80 Euro
ISBN 978-3-93835-895-5; Art-Nr.: 802

Neue Zeiten brauchen neue Verkäufer – und ein neues Verkaufen

Moderne Verkaufsgespräche funktionieren nicht länger nach den mehr oder weniger plumpen Regeln, die vor Jahren noch gültig waren. Denn die Kunden sind – nicht zuletzt durch das Web 2.0 – informierter, kritischer, anspruchsvoller und deutlich fordernder geworden.

Da reicht es nicht mehr, nach altem Strickmuster Verkaufstechniken auswendig zu lernen oder selbst ernannten Gurus nachzubeten. Vielmehr müssen Verkäufer verstehen, wie Menschen kaufen und nach welchen Regeln sie Entscheidungen treffen, um dieses Wissen dann Schritt für Schritt zu einem erfolgreichen Verkaufsgespräch zusammenzusetzen.

In ihrem Buch verknüpft Anne M. Schüller auf einzigartige Weise die Psychologie des Verhandelns und die faszinierenden Erkenntnisse der Hirnforschung mit der hohen Kunst des Verkaufens.

Es modernisiert bestens bewährte und präsentiert neue Verkaufstechniken – auf die heutigen Kunden zugeschnitten. Locker zu lesen bietet es für alle Phasen des Verkaufsgesprächs eine üppige Fülle ganz konkreter Formulierungsvorschläge – für brillante Verhandlungen und unerschöpflich viele Verkaufsabschlüsse.

Digitale Marketing Evolution

Felix Holzapfel et al.
Digitale Marketing Evolution
Wer klassisch wirbt, stirbt
1. Auflage 2015

256 Seiten; Broschur; 29,80 Euro
ISBN 978-3-86980-296-1; Art.-Nr.: 958

Nicht analog glauben. Digital wissen.

Die Digitalisierung hat die Spielregeln, nach denen Menschen ticken und erfolgreiche Unternehmen handeln, grundlegend verändert. Das ist alles andere als neu. Umso erschreckender ist es, dass gerade im Marketing viele an analogen Denkmustern festhalten. Denn nur wer sich der digitalen Evolution wirklich konsequent öffnet und mit ihr geht, wird langfristig bestehen.

Wer klassisch wirbt, stirbt. Es ist an der Zeit, den Schalter im Kopf von analog auf digital umzulegen. In diesem Buch erfahren Sie, wie das gelingt und mit welchen Strategien, Konzepten und Werkzeugen Sie Ihre Zielgruppen gezielt erreichen, anstatt auf gut Glück mit der Schrotflinte auf die Jagd zu gehen.

Warum funktioniert Marketing in der digitalen Welt so anders? Wie denke und werbe ich digital? Wie kann man nicht nur kreativ sein, sondern mithilfe valider Daten wirklich durchschlagende Ideen, Kampagnen und Maßnahmen entwickeln – egal in welchem Kanal? Wie beginnt man mit ganzheitlichen Marketingbotschaften zu überzeugen, statt sich in einzelnen Werbekanälen zu verlieren? Wie macht man die Wirkungen und den Erfolg einzelner Maßnahmen besser messbar?

Diese und weitere Fragen beantworten die Bestseller-Autoren Felix und Klaus Holzapfel sowie Sarah Petifourt und Patrick Dörfler, die ihre jahrelange Erfahrung aus unzähligen Marketing-Kampagnen in diesem Buch gebündelt haben.

www.BusinessVillage.de

Events professionell managen

Melanie von Graeve
Events professionell managen
Das Handbuch für Veranstaltungsorganisation
1. Auflage 2014

248 Seiten; Broschur; 24,80 Euro
ISBN 978-3-86980-260-2; Art-Nr.: 942

Events und Veranstaltungen sind ein einzigartiges Mittel, um Aufmerksamkeit zu generieren, zu informieren und für seine Zwecke zu werben. Dabei stehen die Veranstalter unter hohem Erfolgsdruck. Inhalt und Botschaft des Events müssen erlebbar sein, das Event muss sich vom Wettbewerb abheben, Aha-Erlebnisse bieten, Empfehlungswert haben und perfekt funktionieren. All das stellt Event- und Veranstaltungsmanager im Hinblick auf Planung, Organisation und Durchführung vor große Herausforderungen. Die Veranstaltungsexpertin Melanie von Graeve, Autorin mehrerer Fachbücher, hat in diesem Handbuch das komplette Handwerkszeug für Eventmanager zusammengestellt.

Über fünfzig als praktische Kopiervorlagen gestaltete Check- und To-do-Listen, Kalkulations-, Planungs- und Arbeitshilfen helfen in allen Phasen des Events, den Überblick zu behalten. Dieses Buch ist der perfekte Begleiter für alle, die für Planung, Organisation und Durchführung von Events verantwortlich sind.

Mit Small Talk zum Big Talk

Renate Birkenstock, Ilona Quick
Mit Small Talk zum Big Talk
Ins Gespräch kommen im Gespräch bleiben
1. Auflage 2015

224 Seiten; Broschur; 21,80 Euro
ISBN 978-3-86980-275-6; Art.-Nr.: 953

Sie sind fachkompetent, fleißig, zuverlässig und meinen, das reicht, um beruflich weiterzukommen? Sie denken, Small Talk ist überflüssiges Geplauder?

Aber auch Sie kennen diese Blockaden und Unsicherheiten, sich aktiv in ein Gespräch einzubringen oder zum Beispiel auf Veranstaltungen auf eine fremde Gruppe zuzugehen. Sie haben sich schon mal über sich selbst geärgert, weil andere scheinbar mühelos solche Situationen locker, fröhlich und erfolgreich meistern?

Das können Sie auch! Es ist einfacher, als Sie denken.

Renate Birkenstock und Ilona Quick werden Sie in diesem Buch überzeugen, dass Small Talk ein Türöffner für Ihren beruflichen Erfolg ist.

Die Autorinnen zeigen, wie Sie Beziehungen in Ihrer Branche aufbauen und Akquisegespräche mit einem Small Talk müheloser gestalten. Und schließlich, wie Sie als Gastgeber dafür sorgen, dass Ihre Gäste miteinander ins Gespräch kommen und sich wohlfühlen. Souveräner und authentischer Small Talk erleichtert Ihren Berufsalltag. Fangen Sie noch heute damit an.